CULTIVATION THEORY AND
PRODUCTION TECHNOLOGY OF
KIWIFRUIT

CULTIVATION THEORY AND
PRODUCTION TECHNOLOGY OF
KIWIFRUIT

猕猴桃栽培理论与生产技术

钟彩虹　等　著

科 学 出 版 社

北　京

内 容 简 介

本书不仅是一部猕猴桃生产技术的成果总结，更是一部有关猕猴桃的理论与实践相结合的栽培学理论书籍。书中以栽培学理论为基础，系统介绍猕猴桃的生长发育特性、生态环境要求，以及猕猴桃园建立、栽植和成园后的土肥水、整形修剪、花果管理、灾害预防、果实采收及采后保鲜等，并由此引申到介绍针对生产者容易具体而系统掌握的生产管理技术。

本书适合广大果树科研人员、猕猴桃生产者和经营者、相关科研与教学人员，以及对果树栽培感兴趣者阅读参考。

图书在版编目（CIP）数据

猕猴桃栽培理论与生产技术/钟彩虹等著. —北京：科学出版社，2020.7
ISBN 978-7-03-065555-4

Ⅰ. ①猕… Ⅱ. ①钟… Ⅲ. ①猕猴桃－果树园艺 Ⅳ. ①S663.4

中国版本图书馆 CIP 数据核字（2020）第 106699 号

责任编辑：张颖兵／责任校对：高 嵘
责任印制：彭 超／封面设计：苏 波

科学出版社 出版
北京东黄城根北街 16 号
邮政编码：100717
http://www.sciencep.com

武汉精一佳印刷有限公司印刷
科学出版社发行 各地新华书店经销

*

开本：A4（890×1240）
2020 年 7 月第 一 版 印张：17
2020 年 7 月第一次印刷 字数：420 000

定价：180.00 元

（如有印装质量问题，我社负责调换）

《猕猴桃栽培理论与生产技术》撰著组

顾问：黄宏文

组长：钟彩虹

成员：陈美艳　李　黎　黄文俊　赵婷婷　张　鹏

　　　韩　飞　李大卫　潘　慧　张　琼

作 者 简 介

钟彩虹，女，汉族，1968年2月生，湖南浏阳人，中国科学院特聘研究员，博士生导师。任中国科学院武汉植物园猕猴桃资源与育种学科组组长、中国科学院猕猴桃技术工程实验室主任；兼任中国园艺学会猕猴桃分会理事长、农业农村部种植业（水果）指导专家组成员等。长期从事猕猴桃种质创新与遗传育种、产业关键技术的研发与科技成果推广，先后选育优良新品种19个，其中特色红心品种‘东红’成功实现国内外授权种植。获得国家技术发明专利18项，累计发表论文104篇（第一作者或通信作者），主编专著2部，参与编撰专著3部，制定技术标准11套。近年先后获得省部级科技成果奖一等奖3个（2个排第二、1个排第一），先后主持了各级科研项目30余项和科技成果转化项目20余项。先后获得中国科学院优秀共产党员、“巾帼建功”先进个人、湖北省政府津贴专家等众多荣誉称号，2020年荣获第二届全国创新争先奖状。

序

猕猴桃是我国的珍稀果树资源，自 20 世纪初被新西兰引种驯化，到如今成为颇具特色的世界性水果，仅历经百余年，是资源加科技成就产业的典型农业案例。我国猕猴桃研究和人工栽培起步较晚。1978 年，农林部组织资源普查，开始了我国猕猴桃资源收集、品种选育和大规模产业化栽培。经过 40 余年的发展，目前，我国猕猴桃栽培面积和产量已经占世界的 60% 以上。这期间，国内一批研究机构，包括中国科学院武汉植物园、中国农科院郑州果树研究所、广西植物所、西北农林科技大学、华中农业大学、湖南农业大学、湖北农业科学院等单位，先后在猕猴桃资源发掘、品种选育、栽培技术配套、病虫害防控以及采后保鲜等方面做了大量工作，提升了猕猴桃的科技水平。与此同时，政府组织分别在陕西周至和眉县、四川成都和苍溪、河南西峡和贵州六盘水等地建设了规模化生产基地，提升了产业化水平。猕猴桃产业成为这些地方的重要支柱产业，有力促进了当地农民脱贫致富奔小康的进程。

钟彩虹研究员是近些年活跃在猕猴桃科研和产业领域的专家，目前是农业农村部种植业（水果）指导专家组的成员。她长期从事猕猴桃品种选育和栽培技术研究，取得了诸多成果；她对猕猴桃的研究很深入，涉及面也较广；她理论联系实际，每年花大量的时间在产区调查和指导，积累了丰富的实践经验。新近，她领衔将猕猴桃理论知识、生产技术和自己的实践经验相结合，编写成《猕猴桃栽培理论与生产技术》一书。该书有较好的科学性、实践性和可读性。

我相信，该书的出版对我国猕猴桃产业可持续发展和人才培养均具有重要的意义，谨以为序。

华中农业大学园艺林学学院教授
中国工程院院士　邓秀新
2020年2月2日

前言

猕猴桃因其独特的风味和营养保健价值，深受消费者喜爱，是国际上的重要水果种类。猕猴桃二十世纪初才开始驯化，至今仅有一百一十五年历史；我国虽为它的原生国，但栽培驯化起步较晚。我国真正意义上栽培驯化猕猴桃起始于 1978 年，由中国农业科学院郑州果树研究所牵头联合全国相关单位成立全国性猕猴桃科研协作组，开展全国资源普查与栽培驯化工作，由此拉开了产业化的序幕。我国经过几代猕猴桃人的努力，产业发展迅猛，已经成为世界上猕猴桃栽培面积和产量最大的国家。

我国猕猴桃产业在四十余年发展历程中，研发了许多科研成果、积累了大量实践经验，但同时存在许多的产业问题。本人先后在湖南省园艺研究所和中国科学院武汉植物园从事猕猴桃育种及生产技术研发工作，至今二十八年，在长期的基层培训和考察中，深感有必要撰写一部切合我国猕猴桃生产实践的专著。从 2018 年开始设计框架、查阅文献、整理图片，在广泛总结国内各地猕猴桃栽培经验、参考国内外相关文献资料的基础上，结合本人多年的科研、培训及生产实践经验，历经两年撰著成书。

本书通过八个章节系统介绍我国猕猴桃栽培种类及产业特点、生长发育特性、适宜的生态环境、园地选择和建园、土肥水管理、整形修剪、花果管理、果园灾害及预防等内容，涉及多个学科知识的交叉。

在本书的撰写过程中，李黎和潘慧协助完成第八章，黄文俊协助完成第七章，陈美艳、赵婷婷、李大卫、韩飞、张琼、张琦、刘小莉等做了大量的文献查阅、资料收集整理、数据核实整理等工作，书中插图由张鹏、陈美艳所画，部分照片由陈美艳、韩飞、张莹华、邓蕾、姜正旺提供，叶片结构相关照片由学生胡光明提供。

在本书的撰写过程中，得到了同仁们的大力支持和协助，特别是我国果树专家邓秀新院士对本书编写进行了审阅并为书作序，国际猕猴桃专家黄宏文研究员对本书内容进行了详尽的指导，新西兰食品与植物研究所采后专家杰里米·伯登（Jeremy Burdon）教授和贵阳学院食品与制药工程学院王瑞研究员提供了猕猴桃系列贮藏期受害照片，科学出版社的编辑为本书出版付出了大量的心血，在此表示衷心的感谢。同时，一并感谢为本书提供指导建议的专家和提供图片资料的合作企业和朋友。

本书积累的科技成果由中国科学院、农业农村部、科学技术部、国家自然科学基金委员会，及湖北省科技厅、湖北省农业农村厅、武汉市科技局、湖南省科技厅等各级机构的科研项目支持完成，并得到四川、贵州、湖南、浙江、福建、云南等十余个省的猕猴桃主产区政府及相关企业的支持，在此表示衷心的感谢！

本书参考并引用了国内外同仁的系列研究成果并加以引注，如有疏漏之处，敬请谅解；书中内容及观点难免有偏颇之处，衷心希望同行专家及广大读者批评指正。本人虚心接受并会在后续版本中一并更正。

钟彩虹

2020年1月3日

于荷兰瓦赫宁恩大学

目　　录

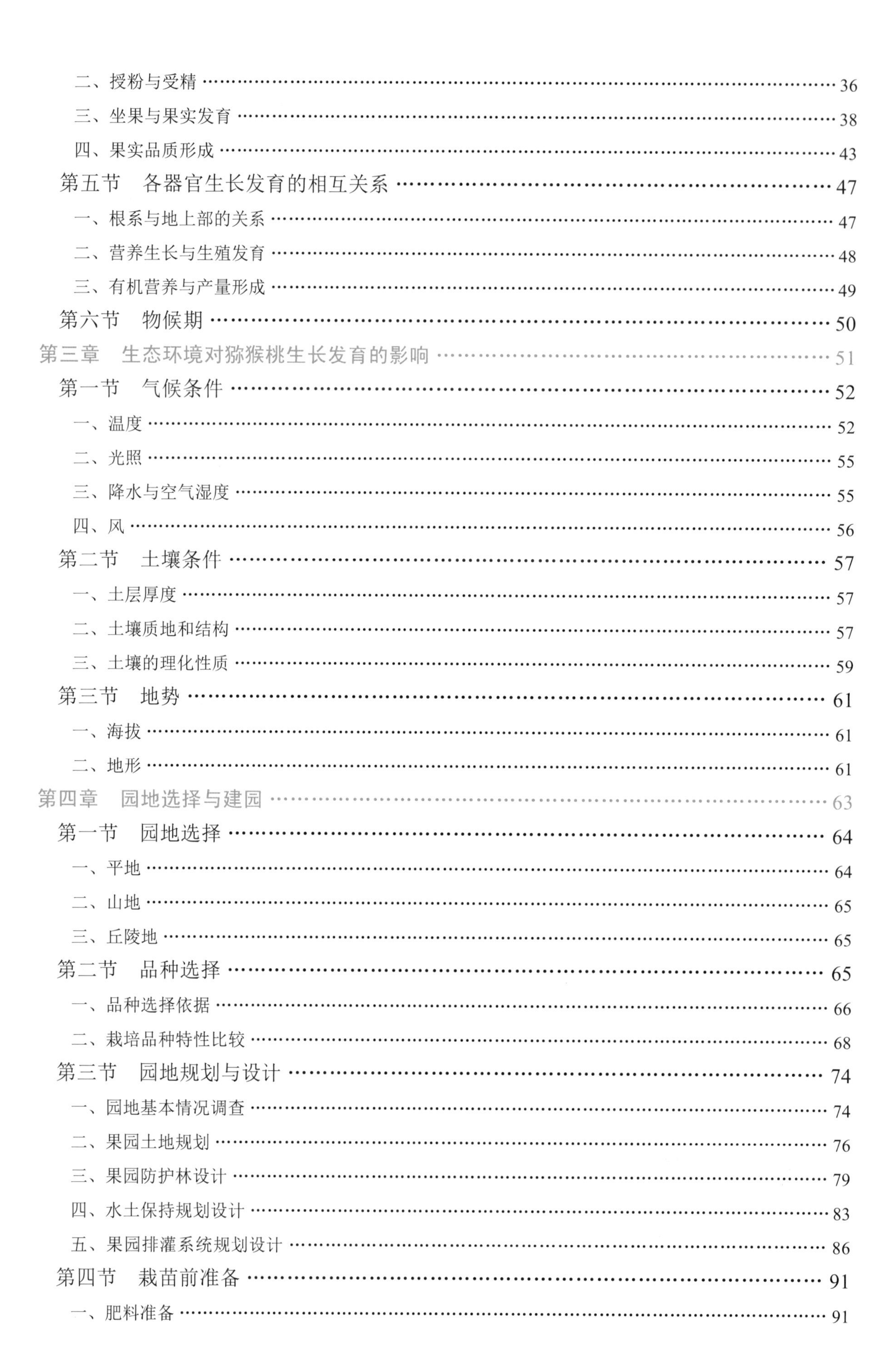

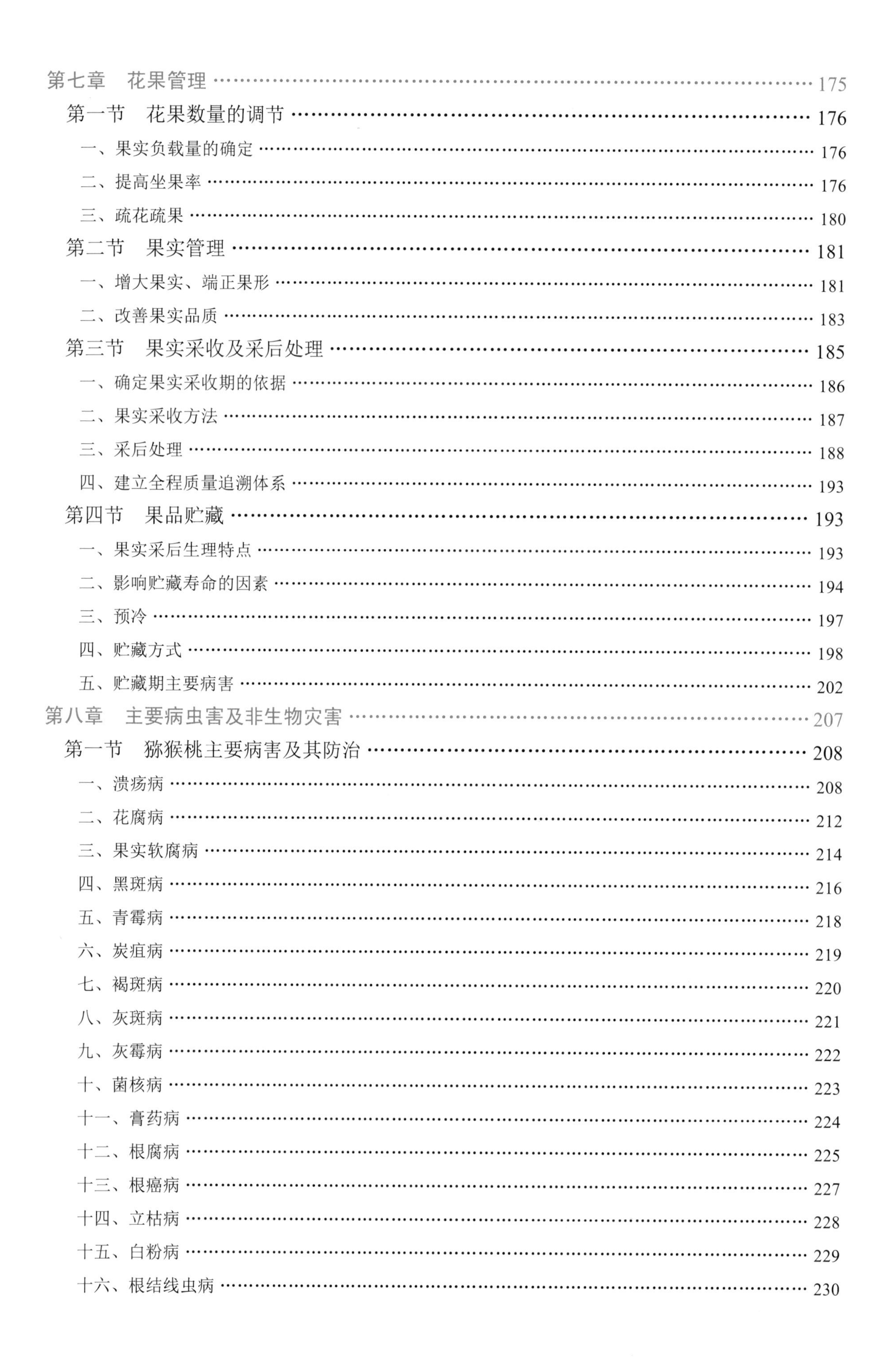

第一章

我国猕猴桃栽培种类及产业特点

猕猴桃属于猕猴桃科（Actinidiaceae）猕猴桃属（*Actinidia* Lindl.），是我国重要的本土果树。猕猴桃于20世纪初开始人工驯化，至今仅110余年历史；其果实风味酸甜爽口、香气浓郁、质嫩多汁，富含维生素C、蛋白质、氨基酸和各类矿质元素等多种营养成分，深受消费者喜爱。猕猴桃产业发端于1904年新西兰女教师伊莎贝尔到湖北宜昌探亲时获得的一把美味猕猴桃种子，经过新西兰植物爱好者的驯化，成为全球性重要的水果产业（黄宏文 等，2013）。我国猕猴桃产业开始于20世纪70年代末80年代初（图1-1）。历经40余年的发展，我国已成为世界上猕猴桃产量和种植面积最大的国家。据2017年第九届国际猕猴桃大会统计，2013～2016年全球猕猴桃平均年产395×10^4 t，我国猕猴桃平均年产量达到243×10^4 t。

图1-1　建立于1981年的湖北省赤壁市十里坪农场‘海沃德’猕猴桃果园

猕猴桃属植物主要分布在中国，除尼泊尔猕猴桃（*Actinidia strigosa* Hooker f. & Thomas，原产尼泊尔）和白背叶猕猴桃（*A. hypoleuca* Nakai，原产日本）外，中国是其他73个种及种下分类单元的起源及分布中心（黄宏文，2009）。目前，市场上的猕猴桃或奇异果（kiwifruit）均属于中华猕猴桃（*A. chinensis* var. *chinensis* Planchon）和美味猕猴桃（*A. chinensis* var. *deliciosa* A.Chevalier），而奇异莓（kiwiberry）或宝贝猕猴桃（babykiwi）属于软枣猕猴桃［*A. arguta*（Siebold and Zuccarini）Planchon ex Miquel］等净果组（Sect. Leiocarpae Dunn）类型。本章介绍猕猴桃主要栽培种类及我国猕猴桃产业发展现状。

第一节　我国猕猴桃主要栽培种类

猕猴桃属植物为功能性雌雄异株，落叶、半落叶或常绿木质藤本植物。猕猴桃种间、种内高度遗传多样性为育种和综合利用提供了丰富的遗传基础。例如：中华猕猴桃（含美味变种）果大味美、丰产稳产，果实大小在所有物种中最大；毛花猕猴桃（*A. eriantha* Bentham）的维生素C含量是中华猕猴桃的10倍；山梨猕猴桃［*A. rufa*（Siebold and Zuccarini）Planchon ex Miquel］具有抗旱、抗高温及耐高湿等优良特性；软枣猕猴桃果皮具有可食性，其果肉颜色多样；等等。黄宏文等在《猕猴桃属：分类 资源 驯化 栽培》一书中详细介绍了所有猕猴

桃属分类、种类（黄宏文 等，2013），此处不再重复阐述，仅参考该书介绍 4 个重要人工栽培种类：中华猕猴桃变种美味猕猴桃（以下简称“美味猕猴桃”）、中华猕猴桃原变种中华猕猴桃（以下简称“中华猕猴桃”）、软枣猕猴桃和毛花猕猴桃。

一、美味猕猴桃

美味猕猴桃属中华猕猴桃变种，又名毛杨桃、毛梨子、藤鹅梨、木杨桃等。植株染色体倍性大多为六倍体，少数为四倍体，野外存在极少数八倍体个体。

植株生长势强。新梢绿色，先端部分密被红褐色长毛。一年生枝红褐色，被短的灰褐色糙毛。二年生枝灰褐色、无毛，皮孔稀、点状或椭圆形、白色，茎髓片层状、褐色。冬芽芽座大，密被硬毛，鳞片常将冬芽包埋其中，仅留小孔。叶纸质至厚纸质，常为阔卵形至倒阔卵形，先端圆形、微钝尖或浅凹，基部浅心形或近平截；叶面深绿色、无毛，叶缘近全缘，小尖刺外伸，绿色；叶背浅绿色，密被浅黄色星状毛和绒毛，主脉和侧脉黄绿色、被浅黄色绒毛；叶柄稀被褐色短绒毛。

雌花多单生，雄花多序生，均甚香；花萼 5 ~ 6 片，萼片椭圆形或卵圆形，密被浅褐色绒毛；花冠直径 4 ~ 7 cm，雌花比雄花略大；花瓣 6 ~ 12 片，7 ~ 8 片居多，白色，花开 1 d 后变为黄色至杏黄色，倒卵形，宽约 2 cm，表面具纵条纹；花丝白色，140 ~ 350 枚；花药黄色，多为箭头状；花柱白色、通常 28 ~ 50 枚，柱头稍膨大；雌花子房短圆柱形，被白色及浅褐色柔毛；雄花子房退化、呈小锥体状，被浅褐色绒毛。

果实有圆柱形、椭圆形、卵圆形、圆锥形、近球形等多种形状，幼果皮绿色，近成熟时变黄褐色或褐色，皮较易剥离，密被黄褐色长硬毛，不易脱落；果点淡褐绿色、椭圆形；果梗深褐色、密被不甚明显的黄斑点（图 1-2）；平均果重 30 ~ 200 g。果肉大多绿色，少部分为黄绿色或黄色，也有果实的内果皮显艳红色；种子椭圆形、多、红褐色或褐色、种皮表面具凹陷龟纹。果肉质地多样，大多较粗，少量细嫩；风味从酸到浓甜、多汁、营养丰富，100 g 鲜果含维生素 C 30 ~ 160 mg、含钾 100 ~ 240 mg，可溶性固形物 8% ~ 25%，总酸 1.6%；果实适于鲜食及加工，其贮藏性较强，果实采后常温（20℃ 左右）后熟天数 9 ~ 49 d，大多数 15 ~ 30 d。在我国果实成熟期通常为 10 ~ 11 月份。

图 1-2　美味猕猴桃枝、叶、花、果

美味猕猴桃为目前最主要的商业栽培类型，在国内和国外分别占超过 60% 和 80% 的种植面积，国内主要种植在陕西、河南、湖北、湖南、贵州、四川、云南等省份。美味猕猴桃原生地多分布于年平均气温 13～18℃ 的区域，喜夏天冷凉地区，抗寒性较强，对环境水分要求较严格，在具有夏秋高温干旱的地区栽培，表现适应性较弱。

二、中华猕猴桃

中华猕猴桃属中华猕猴桃原变种，又名羊桃、藤梨、光阳桃等，植株染色体倍性有二倍体和四倍体。植株生长势由弱到强，且是随着染色体倍性而增加。新梢绿色，密被灰白色绒毛，枝条木质化之后而脱落。一年生枝灰褐色，无毛或稀被粉毛且易脱落，皮孔较大、稀疏、圆形或长圆形、淡黄褐色。二年生枝深褐色，无毛，皮孔明显、圆形或长圆形、黄褐色。茎髓片层状、绿色。冬芽芽座较小，被绒毛，鳞片将冬芽半包埋于其内。叶厚、纸质，阔卵圆形或近圆形，间或阔倒卵形；基部心形、尖端圆形、微钝尖或浅凹；叶面暗绿色、无毛，叶基部全缘无锯齿、中上部具尖刺状齿，主脉和侧脉无毛；叶背灰绿色，密被白色星状毛，主脉和侧脉白绿色、密被白色极短茸毛；叶柄浅水红绿色，无毛被覆盖。

雌花多为单花或聚伞花序，雄花聚伞花序，每花序 2～3 朵，均甚香；花梗绿色、密被褐色绒毛；花萼 4～6 片，萼片椭圆形或卵圆形、密被褐色绒毛；花冠直径 1.9～6.0 cm、白色，花开 1 d 后变为淡黄色，花瓣近圆形、以 6～7 片居多，表面具放射状条纹；花丝白色至浅绿色，通常为 25～80 枚；花药黄色、多为箭头状，雌花花药无花粉或花粉无活力；花柱白色、通常为 20～50 枚，柱头稍膨大，雌花子房扁圆球形、密被白色绒毛；雄花子房退化、密被褐色绒毛。

果实有椭圆形、卵圆形、圆柱形或近球形等多种形状；果皮绿色、绿褐色、黄色、黄褐色至褐色，密被褐色短绒毛，果实成熟后易脱落，果面近乎光滑无毛，萼片宿存；果梗绿色或绿褐色、稀被浅黄色绒毛（图 1-3）；平均果重 20～150 g。果肉黄色、黄绿色或绿色，果心小、圆形、白色，部分类型果实的种子分布区呈现艳红色；风味酸至浓甜、多汁、质细。种子椭圆形、多、红褐色或褐色、种皮表面具凹陷龟纹；果实营养丰富，100 g 鲜果含维生素 C 50～420 mg，可溶性固形物 7%～25%，可滴定酸 0.8%～2.4%；果实适于鲜食及加工；在我国果实成熟期大多为 9～10 月份。果实较耐贮藏，果实采后常温后熟天数 5～25 d，大多数 9～15 d。

图 1-3　中华猕猴桃花和果实

中华猕猴桃主要分布于我国南部地区及中部地区年平均气温 14～20℃ 的区域，相比美味猕猴桃较抗热，耐高温，但抗寒性相对弱。在倒春寒严重的区域，比美味猕猴桃更易受害。

三、软枣猕猴桃

软枣猕猴桃又名软枣子、圆枣子和藤枣等，包括紫果猕猴桃、陕西猕猴桃等变型或变种。植株染色体倍性有二倍体、四倍体、六倍体和八倍体。

植株树势强旺，新梢绿色无毛或偶尔散生柔软绒毛。一年生枝灰色、淡灰色或红褐色，无毛，皮孔明显、长梭形、色浅。二年生枝灰褐色、无毛。茎髓片层状、白色。叶纸质，卵形、长圆形，间或阔卵圆形，先端急短尖或短尾尖，基部圆形或阔楔形，叶面暗绿色、无毛，叶背浅绿色，其侧脉脉间有灰白色或黄色簇毛，叶柄绿色或浅红色。

花为聚伞花序，每序花 1～3 朵；花梗长 7～15 mm；花冠直径 12～20 mm，白色至淡绿色，花萼 5～6 片，萼片卵圆形，长约 6 mm；花瓣 4～6 片、卵形至长圆形，长 7～10 mm，宽 4～7 mm；花丝白色，约 44 枚；花药暗紫色、黑褐色或紫黑色，多为箭头状；花柱通常为 18～22 枚，长约 4 mm；雌花子房瓶状、洁净无毛、长 6～7 mm，雄花子房退化。

果实卵圆形、长椭圆形或近圆形，无毛、无斑点，平均单果重大多 5～30 g，近成熟果实果皮绿色、黄绿色、浅红色、紫红色、紫色等多种，果皮可食用、皮味较酸或酸甜，果肉绿色、紫色或紫红色等，花柱宿存（图 1-4）；味甜略酸、多汁，100 g 鲜果含维生素 C 81～430 mg，可溶性固形物 14%～25%，总酸 0.9%～1.3%，果实适于鲜食及加工。在我国果实成熟期为 7～9 月份。常温后熟时间极短，通常 3～7 d。

图 1-4　软枣猕猴桃的枝、叶、花、果

软枣猕猴桃抗寒性极强，在 −39℃ 条件下也能正常生长发育，主要分布在我国东北地区及其他省份的高海拔寒冷地区，适应性强。近 5 年该种类在我国人工栽培发展较快，特别是北方地区。

四、毛花猕猴桃

毛花猕猴桃，又名毛冬瓜、白毛猕猴桃、毛花杨桃和白藤梨等。植株染色体倍性多为二倍体。植株生长势强旺。一年生枝黄棕色，厚被黄色短绒毛。二年生枝褐色，薄被白粉。皮孔均不明显。茎髓片层状、白色。叶厚、纸质，椭圆形或锥体形，先端小钝尖或渐尖，基部圆形。叶面深绿色、无毛，主、侧脉绿色、无毛，叶缘锯齿不明显，但是有浅绿色向外伸展的小尖刺；叶背灰绿白色、密被白色星状毛或绒毛，主脉和侧脉白绿色，密被白色长绒毛；叶柄黄棕色，被黄色绒毛。

花聚伞花序或多歧聚伞花序，每序花 3 ~ 5 朵，花梗白灰绿色，密被白色短绒毛，花萼 2 ~ 3 片，萼片阔卵圆形，绿色密被褐色绒毛；花冠直径约 4 cm，花瓣粉红色，5 ~ 7 片、近倒卵形；花丝粉红色，110 ~ 160 枚，花药黄色、多为箭头状；花柱白色，通常为 37 ~ 39 枚，柱头稍膨大；雌花子房近圆形或椭圆形、密被白色绒毛，雄花子房退化，被白色绒毛。在武汉，一年可开两次以上花。

果实圆柱形，果皮绿色，密被白色长绒毛，果点金黄色、密、小，皮易剥离，果梗端近平截，萼片宿存；果梗长约 2.0 cm，密被白色绒毛；果实普遍小，平均果重 15 ~ 80 g。果肉深绿色，果心小；种子扁圆形、褐色（图 1-5）。风味甜酸、有青草气味，多汁、质细，营养丰富，100 g 鲜果含维生素 C 561 ~ 1 379 mg，可溶性固形物 5% ~ 16%，总酸 1.3% ~ 2.9%。果实适于鲜食及加工。

图 1-5　毛花猕猴桃枝、叶、花、果

毛花猕猴桃主要分布于广东、广西、浙江、江西、湖南南部、福建等地，近期开始驯化利

用，在浙江泰顺县及周边地区有极少量栽培，品种有浙江省农科院园艺所选育的‘华特’‘玉玲珑’等。中国科学院武汉植物园利用该物种改良中华猕猴桃品种，利用其作亲本培育出了具有商业推广价值的系列种间杂交品种，如‘金艳’‘金圆’‘金梅’‘满天红’‘满天红2号’等，其中‘金艳’已成为全球种植面积和产量最高的黄肉品种；另用其作亲本还培育出观赏品种‘江山娇’和‘超红’等。

第二节 我国猕猴桃产业发展历史与现状

一、产业发展历程

我国猕猴桃产业自1978年开始大规模地资源普查与栽培利用，经过40余年发展，历经了“起步发展—短期回落—快速回升—缓慢发展—飞速发展”五个发展阶段，至2017年，我国猕猴桃的种植面积和产量已连续多年稳居世界第一，平均单产也得到大幅提升。

我国猕猴桃产业的起步阶段是1978～1989年，种植面积从无到最高时期的近2×10^4 hm^2，产品主要用于加工利用。因鲜果或加工品市场销路的原因，种植面积于1989～1990年迅速回落至4 000 hm^2。

1991~1994年，种植面积又得到快速回升，恢复到1989年的规模，近2×10^4 hm^2，产品主要是鲜销。

1994～2011年，猕猴桃产业发展缓慢，从2×10^4 hm^2逐渐上升至7.5×10^4 hm^2，年均增加约3 235 hm^2。

2011～2017年是猕猴桃产业的飞速发展阶段，从7.5×10^4 hm^2上升至24.2×10^4 hm^2，年均增加2.78×10^4 hm^2（图1-6）。我国猕猴桃年产量自1985年开始也和种植面积有相近的变化，至2017年全国总产量达到近255×10^4 t（图1-7）。

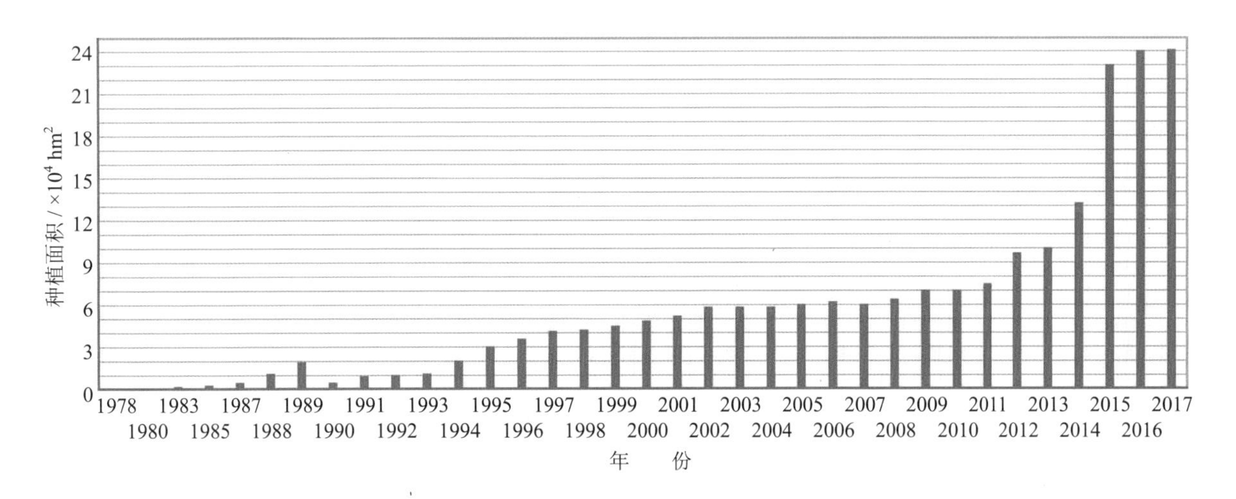

图1-6 1978～2017年我国猕猴桃种植面积变化（钟彩虹 等，2018）

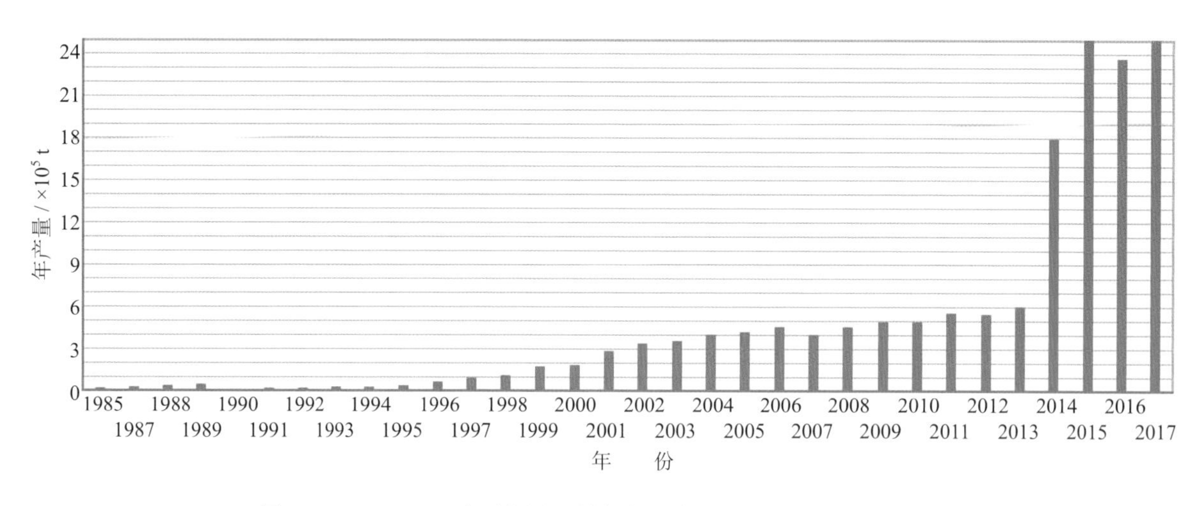

图 1-7 1985～2017 年我国猕猴桃年产量变化（钟彩虹 等，2018）

我国猕猴桃产业的发展历程也体现了我国改革开放四十年来的变化，随着我国各地经济的发展，交通条件的改善，又适逢国家精准扶贫、乡村振兴等重大战略的提出与实施，使得很多生态环境适于种植猕猴桃的偏远区域得到快速发展。同时，近年不断推出的我国自主研发的系列风味香甜浓郁的红、黄、绿肉品种，提升了消费者对国产猕猴桃果品的喜爱程度，也是拉动产业快速发展的重要原因之一。

根据第七届全国猕猴桃大会统计，至 2018 年初，全国猕猴桃种植总面积 24.2×10^4 hm^2（363 万亩，1 亩 = 1/15 hm^2），其中结果面积约 15.8×10^4 hm^2（237 万亩）。种植面积最大的是陕西省（103 万亩），其次是四川省（60 万亩）、贵州省（49 万亩），共有 10 个省份种植面积超过 10 万亩。从全国产量看，2017 年总产量达 255×10^4 t，其中陕西省产量最高（139×10^4 t）。随着产业的快速发展及国家系列惠农政策的不断出台，很多其他领域的企业也踊跃投入猕猴桃产业（图 1-8～图 1-14）。

图 1-8 湖南花垣十八洞‘金梅’猕猴桃产业化扶贫基地（花垣十八洞苗汉子果业有限公司 2016 年摄）

图 1-9　四川蒲江县复兴乡‘金艳’猕猴桃产业化基地（原四川中新农业于 2006~2012 年建设）

图 1-10　江西南昌进贤‘金圆’猕猴桃产业化基地（进贤中铁中基农业有限公司 2019 年提供）

图 1-11 陕西眉县宁渠村猕猴桃标准化生产基地（2018 年摄）

图 1-12 湖北咸宁市赤壁神山兴农科技有限公司猕猴桃标准化产业基地（2019 年提供）

图 1-13　贵州六盘水市水城猕猴桃科技扶贫产业化基地（水城县东部园区管委会张荣全提供）

图 1-14　江西安远县安圣达公司千亩猕猴桃基地（江西安远县果业局提供）

二、产业发展现状

（一）种植区域

猕猴桃育种改良推动了栽培品种的多样化，选育出的不同类型品种适合不同省份气候和地理条件，种植区域也在不断扩大，如中华猕猴桃和美味猕猴桃的生产最南端由原来的广东省和平县（北纬 24.25°）已延伸至云南省屏边县（北纬 22.98°），最北端从陕西省渭南市（北纬 34.50°）延伸至天津市蓟州区（北纬 40.05°）。据统计，中华猕猴桃和美味猕猴桃的种植已发展到全国 22 个省份，可分成五大产区。

（1）西北及华北产区，包括陕西、天津，其中陕西是种植大省，栽培面积 6.9×10^4 hm^2，是我国种植面积和产量最大的猕猴桃生产基地，其美味猕猴桃品种约占 80%。

（2）西南产区，包括四川、贵州、云南、重庆、西藏，是我国发展速度最快的第二大猕猴桃产区。该产区主要以中华猕猴桃红心类型和黄肉类型品种为主，其种植面积占当地猕猴桃总种植面积的 70% 以上。

（3）华中产区，包括湖北、湖南、河南，以中华猕猴桃和美味猕猴桃品种为主，红心类型、黄肉类型和绿肉类型品种均有种植。

（4）华东产区，包括江苏、浙江、福建、江西、安徽、山东、上海，以中华猕猴桃品种为主，少数为美味猕猴桃品种。

（5）华南产区，主要指广东和广西北部地区，以中华猕猴桃品种为主。

此外，东北地区及南方的高海拔区域也开始发展软枣猕猴桃类型品种，总种植面积已超过 2 000 hm^2。

（二）主栽品种

至 2012 年底，我国已审定、鉴定或保护的品种或品系有 120 余个（黄宏文，2013）。另根据农业农村部植物新品种保护办公室统计数据，自 2003 年 7 月猕猴桃属列入我国农业植物新品种保护名录起，至 2018 年 6 月，猕猴桃属共申请 129 个，获得授权 72 个，其中国内申请 112 个，授权 66 个（张海晶 等，2019）。但目前猕猴桃主栽品种仅约 20 个，其中种植面积超过 20 万亩的品种有‘海沃德’‘徐香’‘金艳’‘红阳’等，种植面积 10 万～20 万亩的品种主要有‘贵长’‘米良 1 号’‘金魁’‘东红’等，种植面积 3 万～10 万亩的品种有‘秦美’‘翠香’‘华优’‘翠玉’等，种植面积 1 万～3 万亩的品种有‘金桃’‘金圆’等。

（三）果品采后商品化处理与销售

分选、包装、贴标、保鲜等采后商品化处理是将水果从果品变成商品、延长果实销售期的重要环节。猕猴桃是呼吸跃变型水果，需要低温条件下才能长时间保存。近十年来，猕猴桃采后处理基础设施和技术水平发展迅速。据不完全统计，全国有低温冷库 5 000 多座，年贮藏能力超 100×10^4 t，接近年产量的 40%；加工企业超 100 家，年加工能力约 30×10^4 t，接近年产量的 12%。规模化猕猴桃企业 50 家以上，均具有采后贮藏、分选设施，大幅度延长了

果品贮藏期限，降低了损耗，提高了商品率。

随着消费水平的不断提高，以及消费者对食品质量安全的重视，果品销售方式朝精品化、品牌化发展。近些年全国出现了众多猕猴桃品牌，如“佳沃”“阳光味道”“齐峰”“7 不够”“奇麟果”“华劲凯威”“十八洞”“凉都红心”“中科金果”等。此外，各主产县市为了提高产地知名度，也向农业农村部或国家市场监督管理总局申请了农产品地理标志或国家地理标志保护产品，出现了很多地域品牌，如“周至猕猴桃”“眉县猕猴桃”“都江堰猕猴桃”“苍溪猕猴桃”“蒲江猕猴桃”“水城猕猴桃”“修文猕猴桃”“金寨猕猴桃”“屏边猕猴桃”等。

目前，猕猴桃销售渠道呈现多元化，由传统的收购商到田间地头收购，再到批发市场交易，转变为品牌化销售，产地与各商超直接对接销售。随着互联网和物流业的发展，猕猴桃种植户开始借助电商平台直接将果品推向全国，仅陕西省就有 2 000 家电商。电商与传统的批发、超市零售等线上线下互补，一起构成了猕猴桃果品的完整销售网络，促进了我国猕猴桃产业的发展。

三、产业中存在的问题

我国猕猴桃产业快速发展过程中，种植技术和品种区域实验未能及时普及与跟进，产业规划滞后，尤其是在选择适宜发展的类型和品种、配套技术等方面存在问题突出，限制了产业的健康发展，出现建园成活率低、病虫害发生严重、产量低或品质差等系列问题，给业主带来负面影响。

我国猕猴桃还存在果品综合质量竞争力弱的问题。从消费者对市场上国产猕猴桃的反映看，国产猕猴桃商品最大的问题是果品质量整齐度差、货架期短。标准化种植技术和采后商品化处理技术的缺乏是导致此类问题的主要原因，主要表现在土肥水管理不科学、授粉不良、早采、保鲜不规范、滥用保鲜剂等。

猕猴桃种源混乱导致传染性病害蔓延，也是我国猕猴桃存在的一个问题。近几年带病苗木（接穗）、杂乱苗木（接穗）在全国各地传播迅速，溃疡病、根腐病苗木导致毁树、毁园的情况屡见不鲜；而苗木市场的规范管理、病虫害检疫等需要各级政府的相关部门共同努力才能解决。

四、解 决 措 施

（1）实行品种区域化布局，做好产业发展规划，遵循“适种适栽”的原则，针对种植区域生态环境选择合适的品种是未来我国猕猴桃产业可持续健康发展的重要前提之一。

（2）加强种苗繁育监管，建立良种繁育基地。对种苗的繁育、进出加强病虫害检疫，在产区建立 2 ~ 3 个国家级或省级良种繁育基地，保障种苗的纯度和质量，防止危险性病虫害的传播。

（3）加强科技培训，建立完善的科技培训体系。我国猕猴桃产业发展仍缺少高效的科技支撑，需要大批的中层技术人员、农民职业经理人、农民技术员。产业发展区应加强与相关

科研教学单位的合作，建立产区的科技培训网络，培训中层技术骨干，从而提高整个种植、采后分选、包装及保鲜等鲜果产业链各环节的技术水平。

（4）加大采后商品化处理与保鲜设施的硬件投入。我国猕猴桃每年产量占到全球总产量的 50% 左右，但是高端产品占比极低，采后环节损失较大，应在主产区加大采后商品化处理、物流及保鲜设施的投入，提高采后分选、贮藏保鲜、冷链运输能力，减少果品采后损耗，提高果实综合商品品质。

（5）加强科技研发，从高抗育种、省力化栽培、绿色植保、采后保鲜、果品深加工等方面加强研发，形成创新技术体系。培育高抗优质接穗品种或高抗砧木品种仍是今后相当长时期的重要育种方向。针对危险性病害加强防治技术的深入研究，加速适应机械化栽培的技术更新，将有助于提升我国猕猴桃产业的效率。化肥农药减量增效技术、高效授粉技术、气调冷藏或动态气调贮藏、采收分级标准等，将有利于提升果实综合商品品质。猕猴桃果品功能成分的研究与深加工产品的研发，也是延长产业链、拓宽果品销售渠道的重要措施。

第二章

猕猴桃的生长发育特性

第一节　根　　系

一、根系的作用

根系是猕猴桃的重要地下器官，其主要功能有以下几点。

（1）固地作用。庞大的根系将植株固定于土壤之中，这是一系列生长发育活动过程顺利进行的前提。良好的固地作用可以使植株地上部分在空间上分布合理，各器官生长发育协调。

（2）吸收和运输作用。根系从土壤吸收植株所需要的绝大部分水分与矿质营养，还有部分有机物和二氧化碳等。

（3）贮藏作用。休眠期许多营养物质贮于根中，尤其细根是贮藏碳素营养的重要场所。

（4）合成作用。根系所吸收的许多无机养分，需要在其中被合成为有机物后方可上运至地上部分加以利用。如将无机氮转化为氨基酸和蛋白质，将磷转化为核蛋白，把从土壤中吸收的二氧化碳和碳酸盐与从叶下移的光合产物——糖结合，形成各种有机酸，并且将其转化产物送入地上部参加光合作用过程。根能合成某些激素，如生长素、细胞分裂素、赤霉素等，对地上部生长起调节作用。

（5）分泌作用。根系在代谢过程中分泌酸性物质，能溶解土壤养分，使其转变成易溶解的化合物。根系的分泌物还能将土壤微生物引到根系分布区，并通过微生物的活动将氮及其他元素的复杂有机化合物转变为根系易于吸收的类型。土壤养分缺乏，往往导致根系分泌物增加。

（6）土壤水分亏缺的传感作用。根系对水分亏缺的敏感性远高于地上部，这使得植株能在大量失水前就先行关闭气孔，防止过度蒸腾。因此，根系也是土壤水分亏缺的传感器。

二、根系结构及分布特点

（一）根系类型和结构

猕猴桃实生根系是由种子发育而成的，通常由主根、侧根和须根构成。主根由种子胚根形成，在其上产生的各级较粗大的分枝，统称侧根，侧根上较细的根为须根。扦插、组培、压条等无性繁殖的植株没有主根，只有侧根。粗大的主根和各级侧根可构成根系主要骨架，叫骨干根和半骨干根。须根是根系中最活跃的部分，又分为生长根及输导根、吸收根和根毛。

生长根为初生结构的根，白色，具有较大的分生区，有吸收能力。它的功能是促进根系向新土层推进，延长和扩大根系范围及形成侧分枝——吸收根。其生长迅速，较粗（吸收根的 2～3 倍）而长，没有菌根，生长期较长，可达 3～4 周。生长根经过一定时间后，颜色由白转黄，进而变褐，皮层脱落，变为过渡根，内部形成次生结构，成为输导根。此过程为木栓化，木栓化后的生长根具次生结构，并随年龄加大而逐年加粗，成为骨干或半骨干根。它的机能是输导水分和营养物质并起固地作用，同时还具有吸收能力。

吸收根为白色新根，长度小于 2 cm，粗 0.2 ~ 1.0 mm，结构与生长根相同，但不能木栓化和次生加粗，寿命短，一般只有 15 ~ 20 d，更新较快。吸收根的主要功能是从土壤中吸收水分和矿质养分，并将其转化为有机物。吸收根具有高度的生理活性，也是激素的重要合成部位，与地上部的生长发育和器官分化关系密切（曲泽洲 等，1987）。

图 2-1　中华猕猴桃实生苗根系

中华猕猴桃和美味猕猴桃的根为肉质根，初为乳白色，后变浅褐色，老根外皮呈灰褐色、黄褐色或黑褐色，内层肉红色。一年生根的含水量高达 84% ~ 89%，含有淀粉。成年树根的外皮层厚，常呈龟裂状剥落，根皮率 30% ~ 50%，幼苗的根皮率 70% 左右（图 2-1）。

猕猴桃属植物的不同种类、品种，扦插成活率差异大。钟彩虹等（2014）开展的猕猴桃不同物种硬枝扦插研究表明：葛枣猕猴桃、对萼猕猴桃、大籽猕猴桃和梅叶猕猴桃的生根率 96.0% ~ 100.0%；京梨猕猴桃、柱果猕猴桃、阔叶猕猴桃、黄毛猕猴桃、革叶猕猴桃和桂林猕猴桃极难生根，生根率在 12.5% 以内；中华猕猴桃和美味猕猴桃的生根率分别为 28.3% 和 52.5%（图 2-2）。

图 2-2　中华猕猴桃（右 3 株）与其他种类扦插苗

（二）根系分布

根系的分布是根系功能的一种反映，分布深度和广度受土壤质地、土壤水分、砧穗组合、栽培技术等多方面影响。在质地疏松、土层深厚、表层土壤较贫瘠且轻度缺水的土壤环境中，根系分布深广；而质地黏重、表层土壤肥沃、熟土层浅及水分充足的环境中，根系分布范围小、入土浅。范崇辉等（2003）和王建（2008）等对陕西省 7 年生和 10 年生的两处‘秦美’猕猴桃果园的根系分布进行了研究，认为根系水平分布最远在 95 ~ 110 cm，距主干 20 ~ 70 cm 范围是根系水平分布密集区，约占统计总根量的 86.5%，0 ~ 60 cm 是根系垂直密集分布区，根系占总根量的 90.6% ~ 92.0%，其中 0 ~ 20 cm 范围内根系分布密度最大，60 ~ 100 cm 范围内根系分布极少。

猕猴桃整株树的根系按粗细分，粗度大于 1.0 cm 的主根和侧根占总根数的 60.23%，其中 91.33% 分布在 0 ~ 40 cm 土层内；粗度 0.2 ~ 1.0 cm 的侧根占总根数的 32.34%，主要分布在 20 ~ 40 cm 土层，占 51.79%；而粗度小于 0.2 cm 的须根占总根数的 7.43%，在各个深度土层中都有，最深达 80 cm（王建，2008）。在栽培过程中，如果将肥料施到比根系主要分布区更深的范围内，可诱根深入，增加深层次土壤的根系量，有利于提高树体的抗性。

栽培密度过大的情况下，植物根系分布表现出相互竞争和抑制，当根系相邻时，它们尽量避免相互接触，或改变方向或向下延伸，所以根系分布较深。产生相互抑制的主要原因是：①根系对水分和养分的竞争，特别是对矿质元素氮和磷的竞争；②根系可以释放出萜烯物质或其他根际分泌物；③根系腐烂产生的有毒物质，如根皮苷等。

砧穗组合也对植株根系的深度有重要影响，起主导作用的是砧木。砧木的须根数量和分布深度均有不同，美味猕猴桃比中华猕猴桃分布更广。接穗品种对砧木根系的深度同样有作用，同一种砧木嫁接生长势不同的品种，根系分布深度亦有差异，抗性强的品种（系）会促进砧木根系的生长。

三、影响根系生长的因素

（一）地上部分有机养分

根系的生长、水分和营养物质的吸收以及有机物质的合成都依赖于地上部有机营养的供应。在新梢生长期间，新梢下部叶片制造的光合产物也主要运输到根系。结果过多或叶片受到损害时，有机营养供应不足，则抑制根系生长。在这种情况下，单纯地加强地下管理（如施肥）并不能在短时期内改善根系生长状况。如同时采取疏花、疏果、喷施叶面肥、防治病虫害等减少消耗和增强叶片机能的措施，则能明显促进根系的生长发育。因此，地上部有机养分的供应影响根系生长。

（二）土壤温度

猕猴桃根系的活动与温度有密切关系，但种类不同对温度要求也不同。一般北方原产的种类要求较低，而南方种类要求较高。因此原生于北方或寒冷地区的软枣猕猴桃、狗枣猕猴

桃等种类适宜的生长温度较低，而中华猕猴桃和美味猕猴桃原生于长江中下游各省，对土壤温度要求提高，最适温度一般为 20～25℃。

（三）土壤的水分和通气状况

水分影响根系生长，通常土壤含水量为田间持水量的 60%～80% 适宜猕猴桃根系的生长。接近这个值的上限则强旺生长根多，接近下限时则弱势生长根多。当土壤含水量降低到某一限度时，即使温度、通气及其他因子都适合，根也停止生长。遇干旱根木栓化加重，生长与吸收停止，直至死亡。

土壤含水量过多会导致土壤通气不良，影响根系的生长。土壤含氧不足时，根和根际环境中的有害还原物质，如硫化氢、甲烷、乳酸等增加，细胞分裂素合成下降。果树根系至少要求 9% 以上的氧才能正常生长，需氧多的树种如猕猴桃，要求含氧 15% 以上。同样，土壤中二氧化碳浓度过高，也会影响根系的生长，当浓度在 5% 以上，根的生长就会受到抑制。二氧化碳的浓度常与根系呼吸、土壤微生物及有机物含量有关，根系过密或果园间作物以及杂草的根系过密，也可造成土壤中二氧化碳浓度过高，常导致根系死亡（张玉星，2011）。

土壤的孔隙率也会影响根系生长，当孔隙率低时，土壤气体交换恶化。一般土壤的孔隙率在 7% 以下，植物根系生长不良；在 1% 以下根几乎不能生长。猕猴桃正常生长要求土壤的孔隙率在 10% 以上（曲泽洲 等，1987）。

（四）土壤养分

土壤的营养不像水分、温度和通气条件那样成为限制根系生长乃至导致根系死亡的因子，但它会影响根系的分布与密度，因为根总是向肥力水平高的地方延伸。在肥沃的土壤中根系发育良好，吸收根多，功能强，持续活动时间长。相反，在瘠薄的土壤中，根系生长弱，吸收根少，生长时间较短。充足的有机肥有利于吸收根的发生。氮和磷刺激根系生长，不同的氮素形态对根系影响不同，或细长而广布，或短粗而丛生。缺钾对根的抑制比枝条严重，钙、镁的缺少也会使根系生长不良。

土壤中的矿质元素也影响 pH 值的变化，猕猴桃要求的最适 pH 值是 5.5～6.5，呈微酸性至中性。pH 值超过 7 或低于 5 的土壤均不利于猕猴桃根系生长，且易出现营养失调症。

四、根系在生命周期和年周期的变化

（一）根系在生命周期中的变化

根系的生命周期变化与地上部有相似的特点，经历着发生、发展、衰老、更新与死亡的过程。猕猴桃定植当年，首先在伤口及小根上发生新根，当新梢进入旺长期，会有生长迅速的强旺新根发生，这些根主要表现出补偿生长特性，是起苗过程中伤根的再建造。

2～3 年生猕猴桃树（强旺品种也可在定植当年），在根颈部位及老的根段上发生强旺的生长根，尤其根颈部位发生的新根，长势强、生长快、加粗快，是将来骨干根的重要起源。到 5 年生时，发生的强旺根已奠定了骨干根的基础，之后不再发生或很少发生大的骨干根，

而是以水平伸展为主，同时在水平骨干根上再发生垂直根和斜生根，根系占有空间呈波浪式扩大，在结果盛期根系占有空间达到最大，在各级分根上发生长势较弱的生长根及吸收根母根，分生大量吸收根。这时根系功能强而稳定、骨干根加粗迅速，之后，随着时间的增加，骨干根加粗变慢。

根系局部自疏与更新贯穿于整个生命周期，如吸收根的死亡现象几乎从其生命开始最初一段时间里就已出现。吸收根发生后经过一段时间，逐渐减弱其吸收功能，后期变褐死亡。吸收根母根也逐渐木栓化，有的转变为起输导作用的输导根，有的在母根上继续分生新的吸收根，代替死去的吸收根。

须根的形成与衰亡过程同样有它一定的规律，定植后的前两年须根增长较快，至两年半或三年时达到最大体积，须根上出现初生结构的吸收根和生长根，吸收根迅速死亡，而生长根继续生长并又布满着新吸收根。

树龄越长，各级骨干根越会发生更新。从结果后期起，小的骨干根开始死亡，尤其多年加粗较慢、多分枝的较细骨干根，更新更明显，之后较粗骨干根死亡。随着年龄的增长，根系更新呈向心方向进行，根系占有的空间也呈波浪式缩小，直至大量骨干根死亡。

随着较大骨干根的死亡，会发生部分根蘖（发生根蘖是树势转弱和衰老的表现），地上部表现为发生徒长枝。这两类新器官的再生都表现向基性，对于延缓树体衰老有一定积极意义。若将其根蘖切除，整个根系会很快丧失生活力，而保留根蘖，可使根系保持活力。

（二）根系在年周期内的生长动态

只要土壤条件合适，根系全年都可生长，吸收根也随时发生；但由于地上部的影响，环境条件的变化，以及种类、品种、树龄、负荷和栽培措施的差异，在一年中根系生长表现出周期性的变化。猕猴桃根系活动全年都能进行，但它又受制于地上部各种器官的生长发育情况和环境等，如树龄、贮藏养分、物候期的变化、结果量、栽培措施（如修剪、土肥水管理）、气候条件和病虫危害。这些因素会影响根系生长高峰的出现及出现的早晚和峰值的高低，因此在实际生长过程中根系可能有几次生长高峰。

猕猴桃根系全年生长一般有双峰曲线或三峰曲线两种类型。双峰曲线指根系生长速率在一年中有两次生长高峰，而三峰曲线指一年中有三次生长高峰。王建（2008）对陕西10年生的‘秦美’猕猴桃根系研究表明根系出现两次生长高峰，从萌芽开始至坐果期和坐果后约50～70 d生长缓慢，而从坐果期至坐果后约50 d和坐果后70 d至11月初根系生长相对较快，11月以后停止生长。在春季气温回升早和入冬晚的南方，如广东、广西、湖南南部、江西南部、云贵高原等地区根系开始活动期会比陕西提前，根系生长速率也可能会出现三次高峰。

在年周期中，根系开始生长与地上部萌动生长的先后顺序不一致，主要与枝、芽生长要求的温度不同有关，萌芽前后气温和土温回升速度不同对其也有影响。在气温回升快，土温回升相对较慢的地区，可能是先萌芽后发根；而在气温和土温均回升较快的南方地区，则可能是萌芽与发根同时进行或先发根后萌芽。

不同深度土层中，根系生长有交替进行的现象，这与温度、湿度和通气性变化有关。土壤表层温度、湿度变化很大，土层越深，其温湿度变化越小、越稳定，越有利于根系生长。

所以果园深施有机肥，改善 30～50 cm 土层中的微环境，增加这部分区域的吸收根数量，有利于猕猴桃树体对营养物质的吸收，从而增强其抗逆性。

根系昼夜不停地进行着物质的吸收、运输、合成、贮藏和转化。根系吸收的硝酸根离子（NO_3^-）与叶片合成并下运至根系中的糖合成转化为氨基酸、细胞分裂素和生长素等，白天大量送至地上部生长点如幼叶中合成蛋白质形成新细胞，夜晚营养物质主要用于根系的生长，根系生长发育的能量来源主要是光合产物。

根系中营养物质含量也呈规律性动态变化，其中糖类随新梢生长消耗而急剧下降，停长后开始积累。吸收根中的糖含量始终高于生长根，春、秋两季更为明显。根中的氨基酸在一年中变化较大，生长根在春、秋梢停长后氨基酸含量各有一个高峰，吸收根除春季氨基酸含量较高外，整个生长季节都较低。生长根中的氨基酸的含量是吸收根的 2～3 倍，两类初生根 NO_3^--N 含量除早春外，一直都比较低，但生长根高于吸收根，这可能与生长根还原能力较低有关（张玉星，2011）。

第二节　芽、枝、叶的生长与发育

一、芽的生长与发育

（一）芽的种类

芽是由枝、叶、花的原始体，以及生长点、过渡叶、苞片、鳞片构成的。猕猴桃的芽苞有 3～5 层黄褐色毛状鳞片。芽与种子在功能上有一定的相似点，在一定条件下可以形成一个新植株。

根据芽的性质和构造，冬芽包括叶芽和花芽。叶芽仅包含叶原基，叶芽芽体较小，萌芽后只抽枝长叶。猕猴桃的花芽是混合芽，芽中除包括花原基外，还含有叶原基；芽体肥大饱满，先端圆钝，芽鳞较紧，萌发后先形成新梢，新梢中、下部的叶腋间形成花蕾，开花结果；开花或结果部位叶腋间的芽不再萌发，而成为盲芽。不同种或品种冬芽的大小和形状均有差异，如美味猕猴桃的芽垫较中华猕猴桃的大，但芽的萌发口较小，这也是休眠期区别两者枝条或苗木的重要特征（图 2-3、图 2-4）。

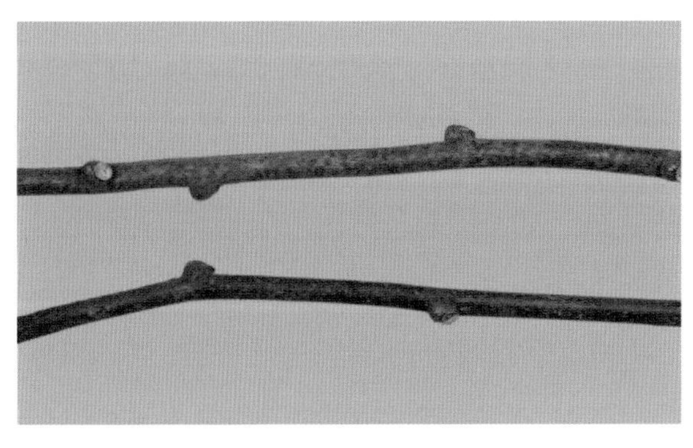

图 2-3　美味猕猴桃冬芽

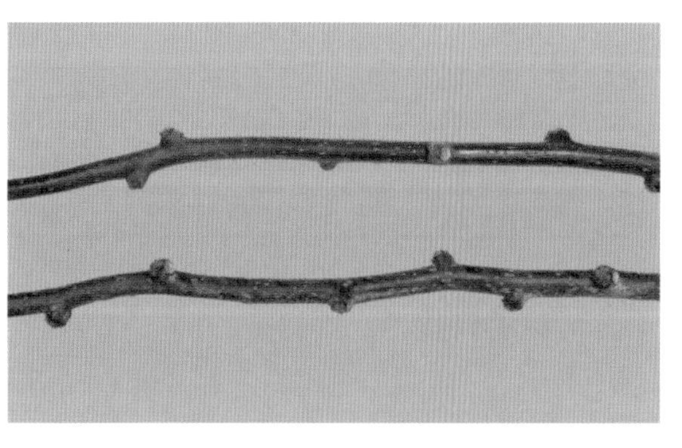

图 2-4　中华猕猴桃冬芽

根据着生的部位，芽可分为顶芽和侧芽。枝条顶端的芽为顶芽，枝条侧边叶腋中的芽为侧芽，又叫腋芽。通常1个叶腋间有1～3个芽，中间较大的芽为主芽，两侧为副芽，呈潜伏状。主芽易萌发，副芽在通常情况下不萌发，当主芽受损或枝条遭遇重剪，副芽则萌发生长。有时主芽和副芽也同时萌发，即在同一节位上萌发2～3个新芽，长成新梢。一般副芽均是叶芽，而主芽既有叶芽又有花芽。猕猴桃的部分新梢顶芽易自枯，因为其顶部大多是假顶芽，实际为腋芽。

猕猴桃是藤本植物，枝条生长有直立、斜向、水平和下垂等多个方向，在水平或斜向生长的枝条上，朝上生长的称上位芽，朝下生长的称下位芽，朝侧向水平生长的称平生芽，斜向上生长的称斜生芽。同一品种的芽因生长部位不同，而萌发率有差异。据湖南农学院林太宏等人对美味猕猴桃品系‘东山峰78-16’和‘东山峰79-09’的嫁接树观察，上位芽萌发率分别达77.8%和71.0%，而下位芽均很低，分别是17.2%和20.0%，斜生芽（包括平生芽）分别为81.7%和51.0%（林太宏 等，1989；王宇道 等，1984）。

据笔者团队对国家猕猴桃种质资源圃内44个品种（系）不同部位芽的萌发率调查表明：上位芽的萌发率最高，达69.41%±17.29%；下位芽的萌发率最低，达43.99%±17.76%；侧位芽（包括平生芽和斜生芽）的萌发率居中，达53.71%±20.72%。侧位芽和下位芽的萌发率有的品种差异不大，特别是丰产性好的品种二者之间没有差异。有的品种下位芽的萌发率略高于侧位芽的萌发率，如‘金艳’‘徐香’等品种（表2-1）。

表2-1 11个主栽品种及配套雄性品种的萌芽率比较（武汉磨山2015年）

品种名称	总萌芽率/%	上位芽萌发率/%	下位芽萌发率/%	侧位芽萌发率/%
‘东红’	70.87±6.59	73.97±15.40	39.21±13.83	84.93±7.97
‘红阳’	59.88±18.90	73.75±26.22	56.34±6.25	48.99±30.62
‘金桃’	44.35±8.76	58.69±3.67	33.70±14.92	41.42±19.03
‘金艳’	57.93±17.42	75.27±10.79	51.18±17.57	46.91±24.96
‘金圆’	57.51±3.72	81.21±14.38	27.58±4.44	60.12±3.28
‘金梅’	53.33±8.47	70.78±2.34	33.19±4.01	59.00±15.98
‘徐香’	72.43±25.90	88.04±15.90	72.28±32.28	54.07±40.58
‘金魁’	56.08±7.06	69.69±5.89	42.54±15.25	55.67±20.89
‘秦美’	56.56±9.06	59.65±23.60	51.85±3.21	54.44±23.65
‘海沃德’	46.12±12.70	49.17±12.96	48.08±2.72	41.07±22.73
‘布鲁诺’	56.90±15.20	65.00±21.21	50.57±18.48	55.77±8.16
‘磨山雄1号’	75.00±10.63	86.32±3.70	56.96±22.90	80.02±8.48
‘磨山雄2号’	57.88±18.33	67.33±23.24	33.96±27.50	69.45±21.36
‘磨山雄3号’	51.12±5.96	71.67±15.04	17.17±3.66	61.57±9.37
‘磨山4号’	77.14±13.48	89.88±6.57	62.99±20.95	78.47±13.87

（二）芽的特性

1. 芽的异质性

一个枝条不同部位的芽体由于其营养状况、激素供应及外界环境条件不同，造成了它们

在质量上的差异，称为芽的异质性。

猕猴桃多为腋芽，其质量主要取决于该节叶片的大小和提供养分的能力，因为芽形成所需的养分和能量主要来自该节的叶片，一般枝条的基部和上部芽质量较差，中部芽质量高；而徒长枝因组织不充分，节间长，芽大多细小、空瘪、质量差（图 2-5）。高质量的芽在相同条件下萌发早，抽生的新梢健壮，花大，生长势强。

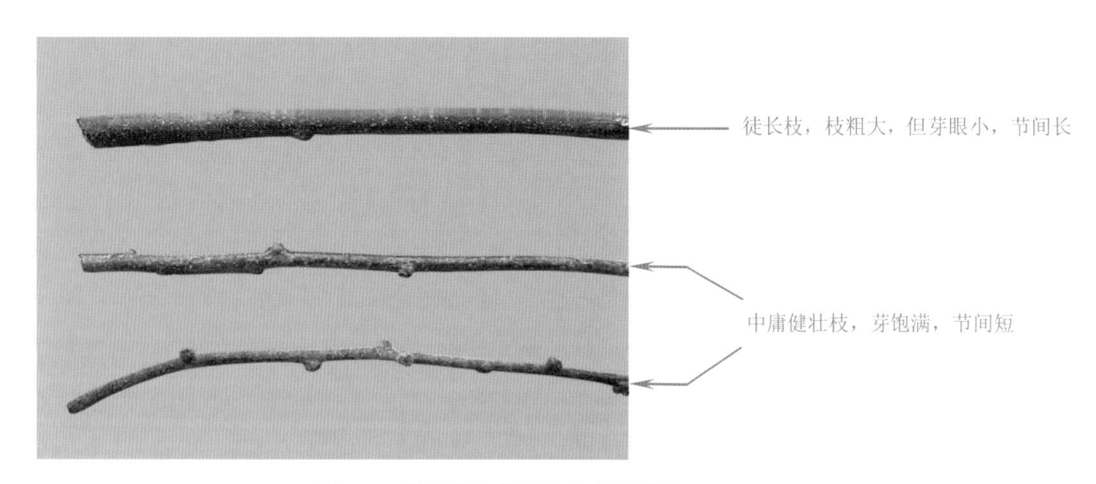

图 2-5　健壮枝和徒长枝上芽的差异

2. 芽的早熟性

猕猴桃的冬芽春季萌发以后形成新梢，当新梢摘心或短剪、新梢尾部下垂时，剪口附近的芽或新梢的上位芽当年又能萌发形成二次梢；同样，二次梢上的芽受到刺激时，可再次萌发，这种特性称为芽的早熟性（图 2-6）。气候温暖的南方地区，芽一年能发 3 次以上；北方天气寒冷，一年萌发次数少，大多有 1～2 次。因此，在合适的气候条件下，其生长成形快，进入结果期早，如定植嫁接苗，加强肥水管理和树体管理的情况下，当年可培养新梢上架，形成“一干两蔓多侧蔓”的基本树形，第二年就可开花结果。

图 2-6　春梢当年萌发二次梢

3. 萌发力与成枝力

枝条上的芽萌动抽生枝叶的能力称为萌发力，以芽的萌发数占总数的百分率表示。萌芽后形成枝条的能力称为成枝力，萌发生长达到 5 cm 长及以上称为枝条，以枝条数占总萌芽数的百分率表示成枝力。

萌发力与成枝力因种类、品种倍性而异。二倍体中华猕猴桃的萌发力高于四倍体中华猕猴桃和六倍体美味猕猴桃，而四倍体中华猕猴桃和六倍体美味猕猴桃的萌发力相差不大。四倍体中华猕猴桃和六倍体美味猕猴桃的成枝力要高于二倍体中华猕猴桃，而四倍体中华猕猴桃和六倍体美味猕猴桃的成枝力的差异较小。笔者团队对国家猕猴桃种质资源圃中 34 个不同倍性的中华猕猴桃品种的萌发力调查表明，二倍体品种的萌发力显著高于四倍体和六倍体品种，而多倍体品种间无差异（表 2-2）。

表 2-2　中华猕猴桃不同倍性品种（系）及不同部位芽萌发力比较（武汉磨山 2015 年）

品种倍性	品种数量 / 个	总萌发力 / %	上位芽萌发力 / %	下位芽萌发力 / %	侧位芽萌发力 / %
2*x*	12	63.06±12.35	76.89±15.56	48.21±16.53	62.75±19.00
4*x*	10	52.39±16.59	64.70±18.31	42.36±18.60	50.24±22.10
6*x*	12	53.18±14.94	65.04±18.14	45.33±19.75	48.68±21.77

4．芽的潜伏力

春季萌发之前雏梢已经形成，萌芽和抽枝主要是节间延长和叶片扩大，芽鳞体积基本不变，并随着枝轴的延长而脱落，在每个新梢基部留下一圈由许多新月形构成的芽鳞痕，称为外年轮或假年轮。每个芽鳞痕和过渡性叶的腋间都含有一个分化弱的芽原基，从枝条外部看不到它的形态，称为潜伏芽（隐芽）。此外，在秋梢和春梢基部 1～3 节的叶腋中有隐芽，称为盲节。

在植株衰老和强刺激作用下（如回缩、重短截修剪等）潜伏芽也能萌发，这种在衰老和强刺激作用下由潜伏芽发生新梢的能力称为潜伏力。猕猴桃的潜伏芽寿命和萌发力均比较强，易于更新复壮，在生产中可利用这一特性恢复树势。

（三）芽萌发与气温的关系

猕猴桃萌芽与气温有关，当春季气温上升到 10℃ 左右时，开始萌动。武汉地区，多在 2 月底至 3 月上中旬萌芽。

二、枝的生长与发育

（一）枝的类型

1．按枝条年龄划分

枝按年龄可分为新梢、一年生枝、二年生枝和多年生枝。当年抽生、带有叶或花，并能明显区分出节或节间的枝条，秋季落叶前均称为新梢，秋季落叶后称为一年生枝。着生一年生枝的枝条为二年生枝，依次类推。不易分辨节间的枝称为短缩枝或丛生枝。

猕猴桃新梢颜色以黄绿色或褐色为主，少数红褐色或紫红色，多具灰棕色或锈褐色表皮毛，其形态、长短、稀密、软硬和颜色等是识别品种的重要特征。新梢的髓呈片层状，黄绿、褐绿或棕褐色。多年生枝呈黑褐色，茸毛多已脱落。木质部有木射线，皮呈块状翘裂，易剥落。随着枝的老熟，髓部变大，多呈圆形，髓片褐色。木质部组织疏松，导管大而多，韧皮部皮层薄。枝的横切面有许多小孔，年轮不易辨认。

图 2-7　营养枝和结果枝

2．按枝条性质划分

枝按枝条性质可分为营养枝和结果枝（图 2-7）。营养枝指只有叶片而没有花的新梢，根据生长势强弱可分为：①发育枝，芽体饱满、生长健壮、节间适中，是构成树冠和下年抽生结果枝的主要枝条；②徒长枝，多由休眠芽或大剪口附近的不定芽萌发而成，生长直立，长而粗，节间变长，芽体瘦小；③衰弱枝，节间极短，叶序排列呈丛状，腋芽不明显，多数是从树冠内部或下位芽萌发而来，易自行枯死。

结果枝（或开花枝）指着生果实（或花）的枝条，根据生长势强弱可分为徒长性结果枝（150 cm 以上）、长果枝（60 ~ 150 cm）、中果枝（30 ~ 60 cm）、短果枝（5~30 cm）和短缩果枝（5cm 以下）。不同猕猴桃种类或品种，其结果枝的类型不一样。据调查，有的品种（系）以短缩果枝结果和短果枝结果为主，一般可占全部结果枝的 50% ~ 70%；而有的品种（系）以长果枝结果为主，长果枝占全部结果枝的 50% 以上。

（二）枝的特性

1．背地性

背向地面生长的枝条旺盛，容易徒长。与地面平行或近平行生长的枝条中庸，组织充实，是下年结果母枝的主要来源。面向地面生长的枝条较衰弱，芽苞小。

2．缠绕性

在北半球，猕猴桃枝条具有逆时针旋转的缠绕性。当枝条生长到一定长度，因先端组织幼嫩不能直立，而需缠绕在其他物体上。枝条靠其先端的缠绕能力，与其他物体或枝条间互相缠绕在一起。

3．自枯现象

部分枝条生长后期顶端会自行枯死，称自枯现象，也叫“自剪现象”（图 2-8）。枝梢自枯期的早晚与枝梢生长状况密切相关，生长势弱的枝条自枯早，生长势强的枝条直到生长停止时才出现自枯。猕猴桃枝条自然更新能力很强，在树冠内部或营养不良部位生长的枝，一般 3 ~ 4 年就会自行枯死，并被其下方提前抽出的强势枝逐步取代，如此不断继续下去，实现自然更新。

（三）枝条年生长量

猕猴桃新梢的年生长量与温度、湿度有关。在武汉地区，新梢全年生长期约为 170 d，分为三个时期：从展叶至谢花约 40 d，为新梢生长前期，主要消耗上年树体积累的营养，加之气温较低，造成生长缓慢，生长量占全年生长量的 16%；随着温度的升高，叶面积增加，光合作用加强，枝梢生长速度逐渐加快，从果实开始膨大至 8 月上旬的约 70 d，为枝梢的旺盛生长期，此期气温适宜，雨量较大，生长量约为全年总量的 70%；8 月中旬至 10 月中旬的约 60 d，新梢生长缓慢，甚至基本停止生长，生长量约为全年总量的 14%。枝条加粗生长高峰主要集中于前期，5 月上中旬至下旬加粗生长形成第一次高峰期，至 7 月上旬又出现小的增粗高峰期，之后便趋于缓慢增粗，直至停止。

图 2-8　猕猴桃枝条自枯

三、叶的生长与发育

（一）叶片结构

猕猴桃的叶为单叶互生，叶片大而薄，膜质、纸质、厚纸质。2019 年 5 月，中科院武汉植物园对几个中华猕猴桃和美味猕猴桃品种的叶片解剖结构进行了显微观测（图 2-9）。不论哪个品种，其叶片都有上下表皮、茸毛、栅栏组织和海绵组织。上表皮细胞排列紧密，形状不规则；栅栏组织细胞整齐排列；叶肉海绵组织为薄壁细胞，细胞间隙小；下表皮具有不规则的气孔（图 2-10、图 2-11）。

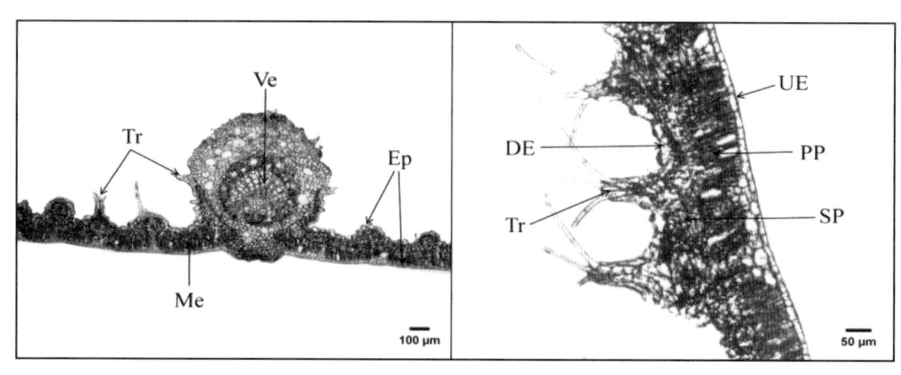

（a）‘东红’

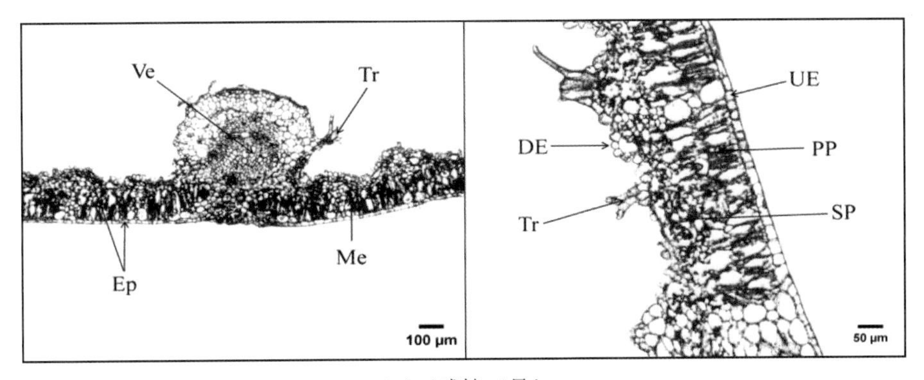

（b）‘武植三号’

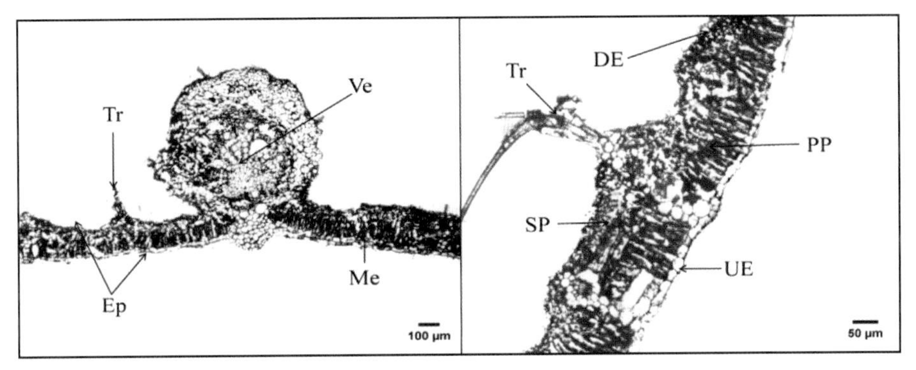

（c）‘金魁’

图 2-9　猕猴桃的叶片解剖结构

注：Ep 为表皮，UE 为上表皮，DE 为下表皮，Tr 为茸毛，Me 为叶肉，Ve 为叶脉，PP 为栅栏组织，SP 为海绵组织。

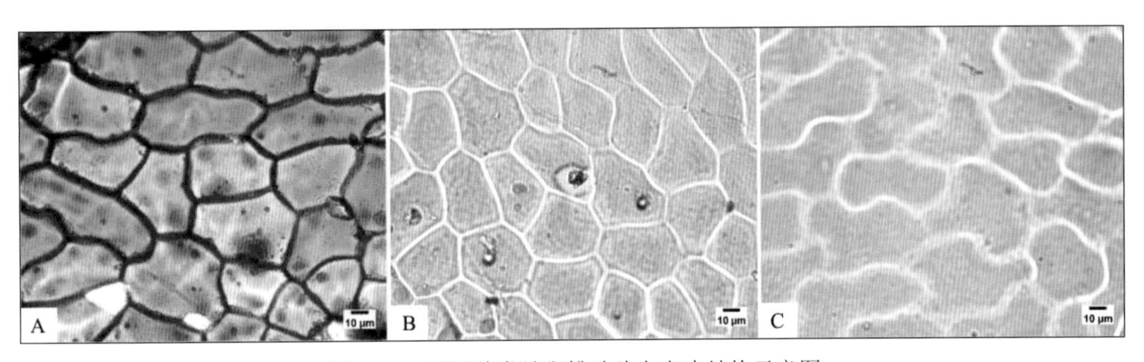

图 2-10　不同种类猕猴桃叶片上表皮结构示意图

注：A 为中华猕猴桃，B 为毛花猕猴桃，C 为毛花猕猴桃与中华猕猴桃杂交二代‘金梅’。

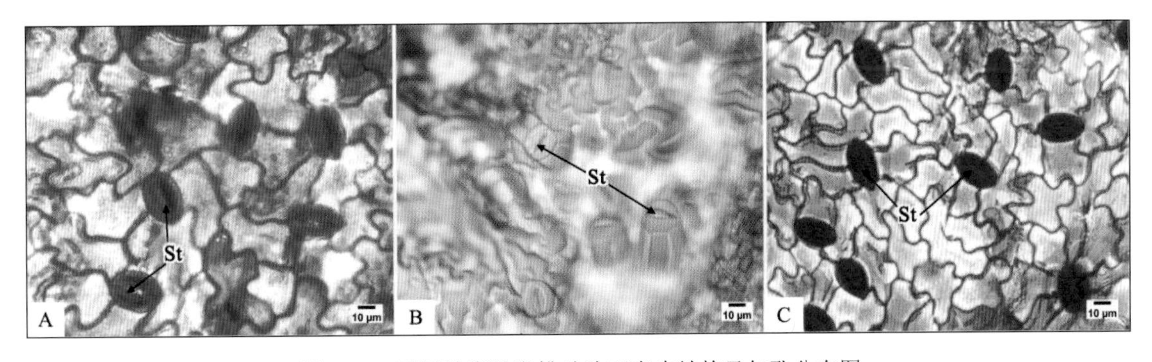

图 2-11　不同种类猕猴桃叶片下表皮结构及气孔分布图

注：A 为山梨猕猴桃，B 为中华猕猴桃（‘桂海 4 号’），C 为山梨猕猴桃×中华猕猴桃；St 为气孔。

从上述图中可以看出，猕猴桃不同种类、品种间，叶片的组织结构均有细微差异，有的气孔密度大，有的气孔密度小。这些叶片组织结构差异可能与它们对外界的抗性差异有密切关系。

（二）叶片特征

猕猴桃叶片形状因品种的不同而有较大差异，有圆形、椭圆形、扁圆形、心形、倒卵形、卵形、扇形等。着生在同一枝条中部和基部节位的叶片大小和形状也有明显差异。叶端急尖、渐尖、浑圆、平截或微凹等；叶基圆形、楔形、心形、耳形等。叶缘多锯齿，有的锯齿大小相间，有的几近全缘。叶脉羽状，多数叶脉有明显横脉，小脉网状。叶柄有长有短，呈绿色、紫红色或棕色，托叶常缺失。叶面为黄绿色、绿色或深绿色，幼叶有时呈紫红色，表面光滑或有毛被。叶背颜色较浅，表面光滑或有茸毛、粉毛、糙毛或硬毛等（图 2-12、图 2-13）。

（a）正面

（b）背面

图 2-12　猕猴桃的不同叶片形状

图 2-13　猕猴桃嫩梢幼叶

（三）叶片生长发育

叶片从展叶至停止生长大概需要 20～50 d，单片叶的叶面积开始增长很慢，之后迅速加强，当达到一定值后又逐渐变慢。新梢基部和上部叶片停止生长早，叶面积小；中部叶片生长期长，叶面积大。上部叶片主要受环境（低温）影响，基部叶片受贮藏养分影响较大。

在武汉地区，中华猕猴桃‘早鲜’‘通山 5 号’‘庐山香’和美味猕猴桃‘海沃德’四个品种的叶片从展叶到基本定形约需 35～40 d。四个品种的叶片均在展叶后的 10～25 d 为迅速生长期，展叶后的 10 d 内及 25 d 后叶面积相对增长率均较小（彭永宏　等，1994）。同一品种叶片的大小取决于叶片在迅速生长期内生长速率的大小，生长速率大则叶片大，否则就小。为了使叶面积加大，在叶片迅速生长期给予合理施肥、灌溉是必要的。

叶片展开后即能进行光合作用，但因呼吸速率高而使其净光合速率往往为负值。此后随叶片增长净光合速率逐渐加强，当叶面积达到最大时，净光合速率最大，并维持一段时间。后随着叶片的衰老和温度下降，净光合速率也逐渐下降，直至落叶休眠。

（四）叶面积指数

叶面积指数是指单位面积上全部果树叶面积总和与土地面积的比值。叶面积指数是衡量叶面积数量的指标，是树冠光合生产效率的基础。多数果树的合适叶面积指数是 4～6，而猕猴桃适宜的叶面积指数为 2～3。日本专家的一项研究认为，当叶面积指数为 2.85 时猕猴桃的单产最高（末澤克彦　他，2008）。

叶面积指数太高，意味着叶片过多造成相互郁闭，功能叶比率降低，果实品质下降；指数太低，则光合产物总量减少，产量降低。叶面积指数在发芽后逐渐增加，夏季达到最大值，并维持一段时间。如果夏季管理不好，短时间后指数会迅速下降。

第三节　花芽分化及其调控

一、猕猴桃花芽分化

（一）花芽分化的概念

由叶芽的生理和组织状态转化为花芽的生理和组织状态，称为花芽分化。芽内花器官的出现称为形态分化。在出现形态分化之前，生长点内部由叶芽的生理状态转向形成花芽的生理状态的过程称为生理分化。部分或全部花器官的分化完成称为花芽形成。外部或内部一些条件对花芽分化的促进作用称为花诱导，主要是以成花基因的启动为特点的变化过程。花芽生理分化完成的现象称为花孕育，成花基因启动后引起一系列有丝分裂等特殊发育活动，继而生长点内分化出花器原始体，完成花孕育。

猕猴桃花芽的生理分化在越冬前就已完成，而形态分化一般在春季，与越冬芽的萌动同步，自萌发前 10 d 开始，至开花前完成形态分化，形成大、小孢子。朱北平等（1993）对美味猕猴桃‘东山峰 78-16’雌花芽形态分化各个时期的研究表明，其雌花芽形态分化始于萌芽前约 10 d，终于开花前 2 d。猕猴桃结果母枝的冬芽内形成花（序），通常是下部节位的腋芽原基首先分化出花序原基，再进一步分化出顶花及侧花的花原基。当花原基形成以后，花的各部分便按照向心顺序，先外后内依次分化。

（二）分化过程的形态标志

猕猴桃花芽分化过程中各阶段的形态标志大体如下（崔致学，1993）。

1．未分化期

未分化期的芽为叶芽，在显微切片解剖图上可看到中央有一短的芽轴，其顶端为生长点，四周为叶原基。幼叶即由叶原基发育而成，幼叶的叶腋间产生腋芽原基，在适宜的条件下，腋芽原基即分化成花。此期主要是花芽的生理分化过程，经历时间长。

2．花序原基分化期

首先腋芽原基的分生细胞不断分裂，腋芽原基膨大呈弧状突；然后腋芽原基进一步向上突起呈半球形；最后半球形突起伸长、增大，顶端由圆变为较平，形成花序原基。

3．花原基分化期

随着花序原基的伸长，形成明显的轴，顶端的半球状突起分化为顶花原基，其下分化出一对苞片，在苞片的腋部出现侧花的花原基突起。

4．花萼原基分化期

在侧花原基形成的同时，顶花原基增大，并首先分化出 1 轮（5～7 个）花萼原基突起，每一突起发育成 1 个萼片。

5．花瓣原基分化期

当花萼原基伸长开始向心弯曲时，其内侧分化出与花萼原基互生的 1 轮（6～9 个）花瓣原基突起，每一突起发育成 1 个花瓣。

6．雄蕊原基分化期

在花萼原基向上伸长向心弯曲覆盖花瓣原基时，花瓣原基内侧分化出两轮突起，每一突起为 1 个雄蕊原基。此时为混合芽露绿后约 4 d。

7．雌蕊原基分化期

当花萼原基向心弯曲伸长至两萼相交时，雄蕊原基内侧分化出许多突起，每一突起为 1 个心皮原基。此时混合芽即将展叶。

8．花粉母细胞减数分裂及花粉粒的形成期

春季冬芽萌动露绿后 22 d 左右，雄蕊花药中的花粉母细胞开始减数分裂，随后形成花粉粒。大约两星期后，花粉粒成熟，成熟后的花粉粒具有 3 条槽，上有发芽孔。

9．雌花的形态分化

雌蕊群出现之后，雌花中的雌蕊发育极为迅速，柱头和花柱的下面形成一个膨大的子房，子房为数十枚心皮合生，呈辐射状排列，为典型的中轴胎座。花柱及子房壁上簇生许多纤细的绒毛。雄蕊的发育较缓慢，虽然也能形成花药，并且有花粉粒，但无发芽能力。

10．雄花的形态分化

在前期与雌花极为相似，直到雌蕊群出现，两者的形态发育才逐渐出现明显的差异。雄

花中也分化出雌蕊群，但发育缓慢，结构也不完全，花柱及柱头不发育，簇生白色茸毛，子房室内无胚珠；而雄蕊群却极为发达，发育很快，雄蕊上的花药几乎完全覆盖了退化的雌蕊群。中华猕猴桃雄花为二歧聚伞花序，包括顶生花和侧生花，侧生花的形态发育与顶生花相似，仅分化时间稍迟，当顶生花的雄蕊原基出现时，其侧生花开始萼片原基分化。

（三）花芽分化临界期和花芽分化期

花芽分化临界期生长点内生理生化状态极不稳定，代谢方式易于改变。花芽分化临界期也称为生理分化期。此期如果条件适宜，即可分化成花芽，否则即转化为叶芽。猕猴桃果实采收前后是花芽生理分化的临界期，此期是调控花芽分化的关键时期。

花芽分化期花芽开始形态分化，其分化速度随品种和外界条件而异。朱北平等（1993）对美味猕猴桃‘东山峰 78-16’雌花芽形态分化的各个时期进行研究的结果表明，结果母枝中的氨基酸总量、蛋白质、可溶性糖和氮、磷、钾等矿质元素以及碳氮比，在花芽形态分化前均不断升高，而进入分化盛期时则迅速下降。

二、花芽分化与其他器官的关系

（一）枝叶生长

良好的枝叶生长是花芽形成的物质保证。在年生长周期中，花芽的形成依赖于前期健壮的营养生长，前期良好的枝叶生长促进成花。但也不是营养生长越旺越好，还必须有适宜的生长节奏，枝梢过旺生长常会抑制花芽分化。适宜的生长节奏是指枝叶在前期旺盛生长的基础上能够及时减缓或停止，枝叶由消耗占优势转向积累占优势。新梢顶端是生长素的主要合成部位，高水平的生长素刺激生长点继续不断地分化出幼叶。它加强呼吸作用，提高吸收能力，造成顶端优势，调动营养物质向新梢顶端运转；它促进蛋白质合成、节间伸长和输导组织分化，从而使生长着的新梢顶端具有比其他器官较高的竞争力。新梢停止生长或通过人为摘心，可以降低生长素的含量，促进营养物质累积，从而有利于形成花芽。

叶片在成花中有突出作用，它既影响糖分的供应，也影响激素平衡，其中包括叶片本身合成的激素和通过蒸腾从根部运上来的细胞分裂素等。例如，新梢上部的幼叶是赤霉素的主要合成部位之一，赤霉素刺激生长素活化，防止生长素分解，两者共同促进新梢节间伸长。赤霉素同时可加速淀粉水解，使之消耗用于新梢生长。因此，摘除嫩叶，有利于降低赤霉素含量，抑制新梢生长。新梢中下部成熟叶中抑制生长物质增多，如脱落酸和根皮素含量增高，而生长素和赤霉素水平降低。脱落酸抑制淀粉酶发生，促进淀粉的合成和累积，有利于枝梢充实、根系生长和花芽分化。

新梢和老枝的不同开张角度影响其代谢方向，是由于直立枝顶端生长素含量高，而斜生枝、水平枝和下垂枝依次降低。直立枝内，乙烯含量差异很小；枝条开张角度越大，乙烯含量越高。乙烯与生长素表现了明显的拮抗，乙烯抑制生长素产生与转移，削弱顶端优势和新梢生长量，从而有利于营养物质积累、根系生长和花芽形成。

（二）开花和结果

开花（特别是盛花期）消耗大量贮存养分，造成根系生长低峰并限制新梢生长量，因而开花量的多少就间接影响新梢停止生长后花芽分化的质量。果实既直接影响营养的分配又影响激素的平衡，果实发育前期，由于种胚生长阶段产生大量赤霉素和生长素，使幼果具有很强的竞争养分的能力，从而抑制果实附近新梢上花芽分化进程。但到果实采收前的一段时间，种胚停止发育，生长素和赤霉素水平降低，乙烯增多，果实竞争养分能力降低，导致花芽分化进入高峰期。

（三）根系生长

根系生长与花芽分化呈明显的正相关，主要与吸收根合成蛋白质和细胞分裂素的能力有关。另外，根系通过水分和矿质养分的吸收影响花芽分化，如灌溉和施用铵态氮肥（硫酸铵）既能促进根系生长，又能同时促进花芽分化（曲泽洲 等，1987）。

归纳果树不同器官与花芽分化的动态关系，说明花芽分化的直接因素是营养物质的积累水平，而营养物质的累积首先取决于新梢生长状态和新梢内源激素间的平衡关系所引起的代谢方向的转变。一般来说在新梢内部，生长素与赤霉素处于高水平时，促进生长抑制花芽分化；反之生长素与赤霉素处于较低水平，脱落酸增多，乙烯和细胞分裂素处于较高水平时，有利于花芽分化。花及果实对花芽分化的抑制作用表现在营养和激素两个方面，而根系对花芽分化的影响主要是通过水分、无机养分和细胞分裂素来起作用。

三、影响花芽分化的环境因素

（一）光照

光是花芽形成的必需条件，在多种果树上都已证明遮光会导致花芽分化率降低。湖南省园艺研究所开展生长期遮阴实验，对二倍体中华猕猴桃品种‘丰悦’、四倍体中华猕猴桃品种‘翠玉’和六倍体美味猕猴桃品种‘米良 1 号’遮阴，遮光率为 70%，结果表明：第二年显著降低了二倍体品种‘丰悦’的成花率，对照和遮阴处理的结果枝平均花蕾数分别是 4.3 个和 0.4 个，有显著性差异；四倍体品种‘翠玉’的成花率也有所降低，对照和遮阴处理的花蕾数分别是 2.9 个和 1.7 个；而对六倍体美味猕猴桃品种‘米良 1 号’基本无影响，说明美味猕猴桃‘米良 1 号’比较耐阴，而中华猕猴桃‘丰悦’需要光照更强（袁飞荣 等，2005）。光照影响花芽分化的原因可能是光影响光合产物的合成与分配，强光下新梢内生长素的生物合成受抑制，而弱光导致根的活性降低，影响细胞分裂素的供应。紫外光钝化和分解生长素，抑制新梢生长，诱发乙烯产生，促进花芽形成。

（二）温度

在北半球，猕猴桃花芽生理分化时间一般是气温较高的 6 ~ 8 月份，以 20℃ 左右较适宜，当高温来临早于常年时，花芽分化开始的时间也提早。但冬季也需要足够的 0 ~ 7℃ 低温积累

来打破休眠，如美味猕猴桃类型需要 900 ~ 1 600 h，中华猕猴桃需要 600 ~ 900 h。在我国南方一些猕猴桃产业新发展区，因暖冬导致花芽分化不整齐、花芽数减少，花期比北方产区延长 5 ~ 10 d。

（三）水分

花芽分化临界期之前短期适度控制水分，抑制新梢生长，有利于光合产物的积累，促进花芽分化。花芽形成需要保持土壤含水量为其田间持水量的 60% ~ 70%，在此限度内，会增加植物体内氨基酸，特别是精氨酸水平，从而有利于成花；同时叶片中脱落酸含量增高，从而抑制赤霉素的生物合成并抑制淀粉酶的产生，促进淀粉累积和抑制生长素合成，有利于花芽分化。

水分过多时会引起细胞液浓度降低，氮素供应过量，延长新梢生长，不利于花芽分化。水分过低时，会影响根系对营养物质的吸收，同样不利于花芽分化。

四、花芽发育与花芽质量

（一）影响花芽发育的因素

1．气象因素

气温过低可对花造成伤害，特别是开花前 20 d 左右，如遇突然降温或长时间低温，会严重影响花芽质量，从而影响开花坐果；但开花前温度过高也会使花性器官发育不良。干旱胁迫或水涝等逆境可使发育中的花芽败育。光照直接影响叶片的营养积累，郁闭果园树冠内膛光照条件恶化，致使内膛很多叶片成为无效叶，营养物质积累减少，不利于花芽发育。

2．营养水平

当年结果量过多，会消耗大量养分，不仅影响花芽形成的数量，也会使花芽质量下降。土壤肥力差也会影响有机营养的积累水平，致使花芽质量降低。花芽后期的发育状况，取决于树体的贮藏营养状况。秋季叶片制造的光合产物开始向树体中心部位骨干枝和根部转移，作为贮藏营养供给花芽的进一步发育和第二年春季各新生器官的建造和生长。由于病虫危害或其他管理造成叶片早落，都会降低树体的贮藏营养水平，从而影响花芽质量。

（二）花芽质量对产量和品质的影响

花芽质量对产量和果实品质有较大的影响，优质花芽是生产优质果品的基础。质量好的花芽芽体饱满，花期整齐，花朵大，坐果率高，所结果实大且果形好。相反，质量差的花芽坐果后果实偏小，果实畸形且不整齐。这是因为果实的大小直接取决于果实的细胞数量和细胞大小，而细胞大小取决于细胞分裂的次数。猕猴桃果实有两个细胞分裂期，即花前花芽内子房分裂期和花后幼果分裂期。

有些猕猴桃果园的花芽质量较差，严重影响了产量和品质，特别是密植果园中较为常见。劣质花芽的花器官发育不完善，雄蕊花粉粒少，花粉发芽率低；雌蕊的子房小，胚囊活性低，柱头短，接受花粉的能力低且时间短，因而直接影响授粉受精。

五、花芽分化的调控

果园栽培技术措施可在一定程度上调控花芽的形成和质量，但各种技术措施实施的时间和强度都因品种、树龄和树体状况而不同，所产生的效果也会有所不同。

（一）调控时间

中华猕猴桃（含美味猕猴桃）不同品种、不同个体的花芽分化的时间有早有晚，持续时间较长。但在地区、树龄、品种相同的情况下，对产量构成起主要作用的枝条类型基本相同，花芽分化期也大体一致。因此，调控措施应在主要新梢（次年结果母枝的前身）花芽诱导期进行，进入分化期后效果则不明显。

（二）平衡生长与结果

平衡生长与结果是调控花芽分化的主要手段之一。促进花芽形成主要有如下措施：幼树轻剪、长放、拉枝，缓和生长势；徒长春梢重短截促发二次梢，降低长势；旺树长放少截，控制肥水，加强生长期修剪。在猕猴桃种植中需要保持合理的结果量，减少树体养分的消耗，调节生长与结果的关系，保证优质花芽的形成。

（三）改善光照条件

通过修剪，改善树体的光照条件。对于栽植密度过大，叶幕层重叠，全园郁闭的果园，应及时疏除远离主干或主蔓的营养枝，对强旺结果枝摘心短截，保证有散射阳光照进棚架下。特别是在花芽分化的关键时期，应当及时进行夏季修剪使保留的枝、叶光照良好。

（四）加强土肥水管理

土壤的理化性状，特别是土壤通气性能，对根系的生长和吸收功能影响很大。通过土壤深翻扩穴，改善土壤的理化性状，可使根系处于良好的土壤环境中，最大程度地发挥吸收功能，使树体健壮，叶片功能强，进而提高花芽质量。

合理施肥，有利于促进花芽分化和提高花芽质量。从成花质量方面看，增施有机肥料比单纯施用化肥效果好；而化肥的施用应根据不同物候期确定种类。生长前期（萌芽前和幼果期）应多施氮肥，促进萌芽，加速细胞分裂，促进新梢生长和幼果膨大、迅速增加叶面积；而在花芽分化临界期（果实采收前后），除弱树外一般不需过量施氮肥，而是补充磷肥、钾肥，后期要严格控制氮肥用量，防止树体旺长，影响花芽分化和发育。

花芽形成后进一步的发育需要充足的氨基酸，氨基酸是氮素营养贮藏的主要成分，采果后补充氮肥增加根茎中有机氮的贮藏水平，从而满足花芽发育所需要的氨基酸。但秋季叶片从根系中吸收氮、磷等移动性矿质元素的能力降低，叶片容易衰老，其光合功能会突然下降，因此，通过叶面喷施氮肥，可防止叶片衰老，延长叶片光合时间，提高叶片光合能力，增强根系吸收功能，对提高花芽质量十分有益。

生长前期充分的水分可保证新梢的生长和叶面积的扩大，而花芽分化期以后过多的水分以及水分的剧烈变化会严重影响优质花芽的形成。生产中，应严格控制后期灌溉，保证土壤含水为其田间持水量的 60%～80% 即可。生产中应尽量采取滴灌、微喷灌或喷灌等措施灌溉，防止忽干忽湿，以形成优质花芽。

第四节　开花、坐果与果实发育

一、花器构造与开花

（一）花器构造

猕猴桃是功能性的雌雄异株植物，即分雌株和雄株。从形态上看，雌花、雄花都是两性花，由花萼、花瓣、雄蕊和雌蕊组成，各部分数量的多少因种类、品种而异（图 2-14、图 2-15），只是由于花粉败育或子房退化，分别形成了功能性的单性花。

图 2-14　猕猴桃雌花结构

图 2-15　猕猴桃雄花结构

不同猕猴桃品种的花器大小不同。钟彩虹（2012）对 45 个中华猕猴桃和美味猕猴桃品种花的形态进行了调查，结果表明：花大小与品种染色体倍性有显著的相关性，二倍体品种的花冠直径显著小于四倍体品种，四倍体品种小于六倍体品种；六倍体品种的花瓣数和雄蕊数要显著多于二倍体和四倍体品种；二倍体品种的雌花柱头数最少，而四倍体品种和六倍体品种相近。

猕猴桃花瓣多呈倒卵形或匙形，绝大部分品种花刚开放时花瓣为乳白色，后变为淡黄色或黄褐色。少部分种间杂交猕猴桃品种的花瓣为玫瑰红色或粉红色，从初开至谢花均保持同一颜色，如‘满天红’等。雌蕊有上位子房，多室，胚珠在中轴胎座上，花柱分离，呈放射线状，花后宿存。雄花子房退化，花柱较短，雄蕊多数有“丁”字花药，纵裂，呈黄色；雌花中有短花丝和空瘪不孕的药囊。猕猴桃雌花多单花，少数聚伞花序（图 2-16），但品种之间有差异。如中华猕猴桃品种‘金桃’和美味猕猴桃品种‘金魁’的花为单花，而中华猕猴桃品种‘武植三号’和美味猕猴桃品种‘布鲁诺’的花为序花，每个花序 1 ~ 3 朵；毛花猕猴桃与中华猕猴桃杂交的品种‘金艳’花序为多歧聚伞花序，每花序有花 3 ~ 7 朵。雄花多呈聚伞花序，极少数单生，每个花序 3 ~ 6 朵花。

（a）单花

（b）花序

图 2-16　猕猴桃单花和花序

（二）开花

猕猴桃花从现蕾到开花需要 25 ~ 40 d。雄花的开放时间较长，为 5 ~ 8 d，雌花为 3 ~ 5 d。雄株全株开放的时间为 7 ~ 20 d，而雌株仅 5 ~ 7 d。花开放时间多集中在早晨，一般在 7:30 以前开放的花朵数量为全天开放的 77% 左右，11:00 以后开放的花朵仅占 8% 左右。从单株来看，开花顺序为：向阳部位的花先开；同一枝条上，下部的花先开；同一花序，顶生花先开，两侧花后开。单花开放的寿命与天气变化有关，在开花期内如遇天晴、干燥、风大、高温等，花的寿命缩短；反之，如遇天阴、无风、低温、高湿等，花的寿命延长。

二、授粉与受精

（一）授粉

猕猴桃为雌雄异株，自然界中雄花产生的花粉通过昆虫、风等传到雌花柱头上。因此，授粉效果与开花时的天气状况有关，风和日丽的天气有利于传粉，而阴雨绵绵的天气阻碍花粉的传播。授粉效果更与花粉、柱头生命力的强弱有关，一般雌花的受精能力以开放前 2 d 至开放后 2 d 最强（此时花瓣为乳白色），花开 3 d 后授粉结实率下降，花瓣开始变黄，柱头顶端开始变色，5 d 以后柱头不能接受花粉。花粉的生活力与花龄有关，花前 1 ~ 2 d 至谢花后 4 ~ 5 d，花粉都具有萌发力，但以花瓣微开时的萌发力最高，此时花粉管伸长快，有利于深入柱头进行受精。

（二）受精

雌花的柱头呈分裂状，分泌汁液。花粉落上柱头后，通过识别即开始萌发生长，诱导生长素的增加，呼吸强度也随之上升，这时要消耗大量的糖类等能源物质和氧气。脯氨酸是花粉中的主要氨基酸，花粉管伸长所必需的蛋白酶合成与脯氨酸直接相关。同时，花粉管伸长时进行大量的 RNA 转译，形成多种酶类，如花粉管伸长依赖于可溶性的纤维素酶和果胶酶的增加，以软化细胞壁。精核必须到达卵细胞才能受精，助细胞可以分泌指示花粉管生长方向的向化物质（钙和硼等），使精核到达胚囊中，卵细胞与精核融合发育成胚，极核与另一精核融合形成胚乳。

齐秀娟等（2013）利用解剖学研究了美味猕猴桃‘徐香’与‘郑雄 1 号’授粉后花粉管的行为和受精与胚发育过程，结果表明：花粉传到柱头上 1 h，柱头表面有荧光点出现；3 h，花粉粒大量整齐萌发，多数花粉管已经穿过柱头表面；7 h，花粉管进入花柱道生长，并多处出现胼胝质塞，分布较为均匀，荧光较强；10 ~ 20 h，花粉管已伸长到花柱底部，且花粉管数量庞大；20 h，花柱底部较近的极少数胚囊有花粉管到达其珠孔位置，绝大多数胚囊在授粉后 45 h 花粉管破坏助细胞，释放两精子；75 h，很多胚囊内反足细胞已经消失，合子细胞质变浓，初生胚乳核分裂先于合子，即受精极核首先分裂成多个胚乳细胞；100 h，仍可以见到许多胚囊内的合子没有进行分裂，只有初生胚乳核分裂；花后 30 d 胚囊出现大量的游离核，胚乳细胞变得浓厚；花后 60 d，胚乳细胞几乎充满胚囊，细胞质逐渐变得浓厚，细胞核明显增大，形成了小球形胚；花后 90 d，胚体与邻近的胚乳细胞形成间隙，并有明显扩大的趋势；花后 120 d，胚乳细胞分布于靠胚囊壁内侧周围，出现了心形胚或成熟胚。

（三）影响授粉受精的因素

首先是猕猴桃雌雄配子亲和性。当亲和性出现问题时，不能正常受精，形成种子。如亲缘关系远的猕猴桃种间杂交时，会表现出原位萌发率低，花粉管生长较晚、数量少、波纹状弯曲、胼胝质不规则沉积、末端膨大，受精延迟，胚乳退化、形成空胚腔干瘪种子，坐果率低等现象。这些现象可能与花粉管顶端的生长及胼胝质的不均匀堆积有关（齐秀娟 等，2013；梁铁兵 等，1995；Harvey et al.，1991）。

其次，正常的授粉受精还要求有合适的环境条件。花粉的萌发具有集体效应，一般越密集萌发力越强，花粉管伸长也越快，所以配置授粉树要有一定数量。适宜浓度的硼肥有利于花粉萌发，硼在花粉萌发中对果胶质合成起重要作用，加硼时花粉管尖端不会破裂。维生素、氨基酸、植物激素和生长调节剂（如生长素、萘乙酸）及微量元素（如镁、锌）都能促进花粉萌发和花粉管伸长。胺类物质（如丁二胺、精胺和亚精胺）、脂肪酸、臭氧则抑制花粉管伸长。

直接或间接影响树体贮藏营养的因素都可影响授粉受精。对衰弱的树，花期喷施尿素可提高坐果率，可能是因为弥补了氮素营养不足，延长了花的寿命。应当指出，上年秋季施用氮肥也会增加树体中糖的积累，可提高坐果率。如果糖的贮藏量少，又不能由外部施用弥补，则坐果率会显著降低。具有隔年结果倾向的品种或野外猕猴桃雌株常表现大小年，在大年时有效授粉期长，小年时有效授粉期短，可从贮藏营养水平高低来解释。

坐果需要胚和胚乳的正常发育，缺少胚发育所必需的营养物质，如糖分、氮素以及水分，常是引起胚停止发育或落果的主要原因。这种养分缺少的起因可能是树体虚弱、贮藏营养不够，也可能是器官间的竞争（如花和幼果过多），如重修剪、水分和氮肥过多导致枝叶旺长，与幼果竞争养分。水分不足、叶片渗透压高于幼果也能引起果实脱落。此外，氮与磷的亏缺也可使胚停止发育。因此，增加贮藏营养或调节养分分配的栽培管理措施，如摘心、疏花疏果、花期及时施肥，都可提高坐果率。

温度可影响花粉发芽和花粉管伸长。猕猴桃花粉萌发的最适温度为20～25℃，低温下萌发慢。温度也影响花粉通过花柱到达子房的时间，如果温度较低，花粉管伸长慢，到达胚囊前，胚囊已失去受精能力。花期遇到过低温度，会使胚囊和花粉受到伤害；同时开花慢而叶生长快，叶片首先消耗了贮藏营养，不利胚囊的发育和受精。低温也影响授粉昆虫的活动，一般蜜蜂活动要求15℃以上的温度，低温下，昆虫活动弱。

花期大风（风速17 m/s以上）不利于昆虫活动，干风或浮尘使柱头干燥，不利于花粉发芽。阴雨潮湿不利于传粉，花粉很快失去生活力。光照不足会造成落果，开花期过多的降雨不利于授粉，而促进新梢旺长，对胚的发育不利。

三、坐果与果实发育

（一）坐果机制

在开花时子房生长极慢，一旦受精，子房又重新加速生长，因为授粉、受精可促使子房内形成激素。花粉中含有生长素和赤霉素等激素，且花粉管也可释放出使色氨酸转化为生长素的酶。受精后胚和胚乳也合成生长素、赤霉素和细胞分裂素等，均有利于坐果。子房内部的这种变化构成了一个营养中心，使受精子房连续不断地吸收外来同化产物进行蛋白质合成，细胞迅速分裂。而那些未受精子房在花后停止发育，是内源生长激素减少而抑制生长物质增多的结果。

（二）坐果习性

猕猴桃成花容易，坐果率高，其雌花如果没有败育，几乎所有受精雌花都能坐果，所以丰产性好。中华猕猴桃结果母枝可连续结果3～4年，结果枝大多从结果母枝的中、上部芽萌发。中华猕猴桃通常以中、短果枝结果为主，通常能坐果2～5个，结果性能好的品种能坐果6～8个，主要在结果枝的第2～8个节位着生。

猕猴桃各类结果枝所占比例和结果能力与品种遗传特性和树体管理有关。生长中等或强壮的结果枝，可在结果当年形成花芽，成为次年的结果母枝；而较弱的结果枝，当年所结果

实较小，也很难成为次年的结果母枝。单生花与序生花的坐果率，在授粉良好的情况下无明显差异（图 2-17）。单生花在后期发育中，果形较大，而花序坐果越多，则果形越小，但在栽培条件良好、整树叶果比较大时，即使 1 花序结果 2～3 个，也能长成较大的果实。

（a）单花结果状

（b）序花结果状

图 2-17　猕猴桃单花和序花结果状

（三）果实生长发育

1. 果实细胞分裂与膨大

果实细胞分裂一般有两个时期，即花前子房期和花后幼果期。子房细胞分裂一般在开花时停止，受精后再次迅速分裂。猕猴桃果实受精之后果肉细胞分裂持续 3～4 周后停止，中柱细胞分裂则能延长到 8～9 周，但分裂速度变慢。因此，花期和果实发育前期改变细胞数目的机会多于果实发育后期。

不同品种花后细胞分裂时期不同，Hopping（1976）认为猕猴桃品种‘海沃德’的果肉组织自开花至停止分裂期为 21 d，中柱自开花至停止分裂期为 80 d。同一树种中大果品种和晚熟品种细胞分裂期较长。同一果实，不同部位细胞停止分裂的时期不同，一般胎座组织先停止，随后是子房内部、中部、外部顺序停止。果实不同部位细胞分裂的时期、方向以及它们与细胞膨大时期的相互作用，对细胞最终的大小、形状及果肉的质地都有影响。

细胞分裂之后体积膨大，同一个果实内这两个过程在时间上有段交叉，果实细胞膨大的倍数常达数百倍之多，且果肉细胞膨大常表现为等径膨大。细胞的数目和大小是决定果实最终体积和重量的两个最重要因素，同一株树上的大果比小果的细胞数目多。在细胞分裂初期或中期进行疏果使细胞数目增加，有时细胞体积也相应增加；在细胞分裂末期进行疏果只能增加细胞体积。因此，疏果应尽早进行，达到同时增加细胞数量和体积的效果。

2. 果实生长发育曲线

猕猴桃果实从谢花到果实成熟需要 120～200 d，果实发育过程中，体积和重量不断增加，果肉内含物不断发生变化。综合多项研究结果发现，果实谢花后 50～60 d 内是体积和重量迅速增加的时期，后期缓慢增长，呈现双 S 形曲线。果实的可溶性固形物和可溶性总糖质量分

数于谢花后约 90 d 稳定在 4%～5%，以后增高，超过 6% 迅速增高；果实硬度在谢花后 50～60 d 增大，以后下降（钟彩虹 等，2011；张鹏 等，2011；金方伦 等，2010；卜范文 等，2003；安华明 等，2002；安华明，2000）。

下面以国家猕猴桃种质资源圃内中华猕猴桃品种‘金桃’、种间杂交品种‘金艳’与毛花猕猴桃‘6113’果实生长发育规律为例来具体阐述（钟彩虹 等，2015；张鹏 等，2011）。

果实的纵、横径和鲜重的增长曲线呈现双 S 形（图 2-18）。谢花后 60 d 内（特别是谢花后 30 d 内）是果实体积和鲜重的快速增长阶段，主要表现为细胞分裂增生和细胞增大；谢花后 50～70 d，果实大小达到了成熟大小的 80% 左右，鲜重达到成熟时的 70%～75%；谢花后 120 d 果实纵横径和单果重变化极小，至生理成熟期会略降，例如‘金桃’和‘金艳’的单果重分别于谢花后约 160 d 和 180 d 开始下降、纵横径分别于谢花后 150 d 和 180 d 开始略有下降。

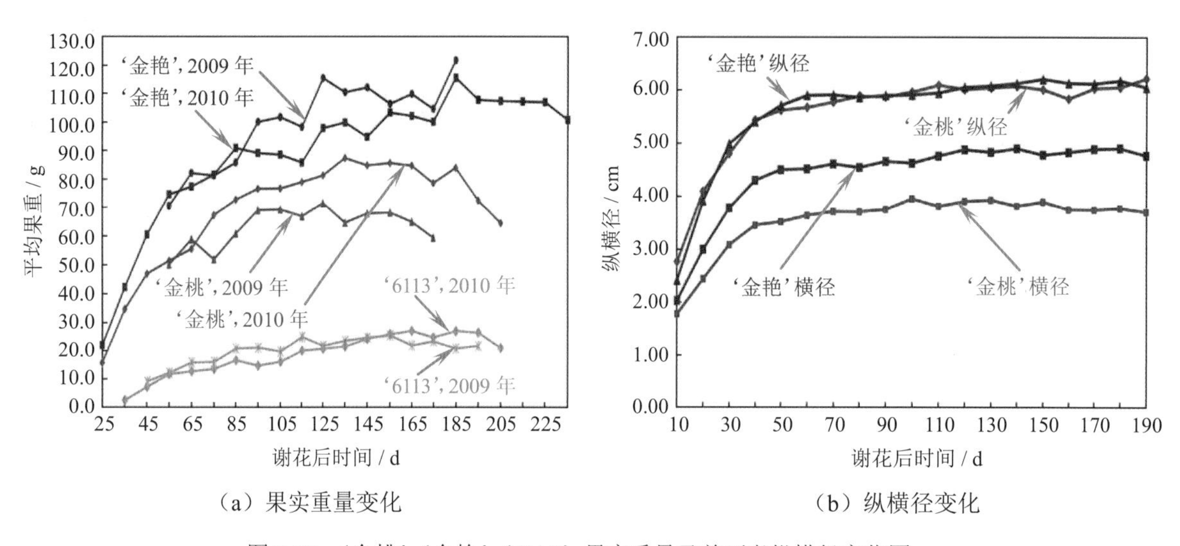

（a）果实重量变化　　（b）纵横径变化

图 2-18 ‘金桃’‘金艳’‘6113’果实重量及前两者纵横径变化图

果实中淀粉的积累则是从谢花后约 60 d 开始，至谢花后约 130 d（‘金桃’）～约 150 d（‘金艳’和‘6113’）达到最大值，此时果实中淀粉的含量远高于可溶性总糖的含量，说明这段时期果实中淀粉来源于叶片光合同化产物，以糖的形式转移至果实内，再合成淀粉贮存。随后，淀粉开始水解转化为糖，其含量迅速降低［图 2-19（a)］。

果实可溶性固形物和可溶性总糖的含量正好与淀粉相反，在谢花后 90 d 内趋于稳定，可溶性固形物保持在 5% 左右。谢花后 135 d（‘金桃’）和 155 d（‘金艳’和‘6113’），这两个指标进入快速增加期，特别是可溶性固形物达到 6% 以后，增加速度更迅速（图 2-20）。结合常温贮藏实验结果，果实可溶性固形物和可溶性总糖的含量处于迅速上升期是果实采收的最佳时期。

果实干物质含量在谢花后 100～130 d 时增长较快，之后增长放缓。‘金桃’约在谢花后 160 d 干物质含量达到峰值，‘金艳’则在 180 d 左右［图 2-19（b)］，与纵横径和重量变化比较，表明干物质含量达到最大值以后，重量不再增加。因此，果实必须在干物质含量达到顶峰前完成采收，否则后期重量减轻。果实总酸含量于谢花后 105 d 内快速增高，后期变化相对变小［图 2-21（a)］。

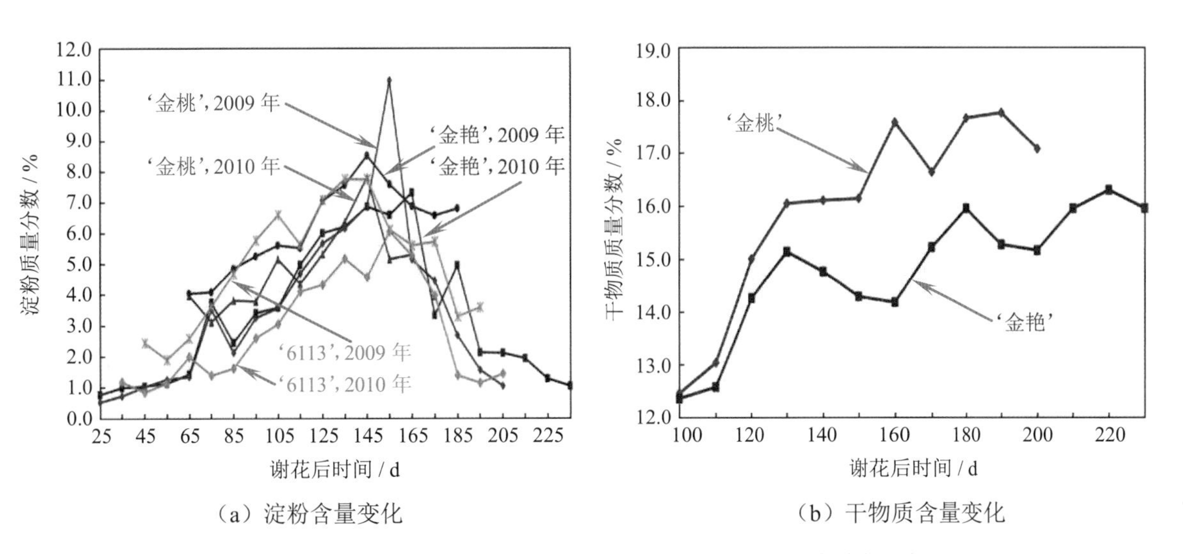

（a）淀粉含量变化　　（b）干物质含量变化

图 2-19　‘金桃’‘金艳’‘6113’果实发育中淀粉及前两者干物质含量变化图

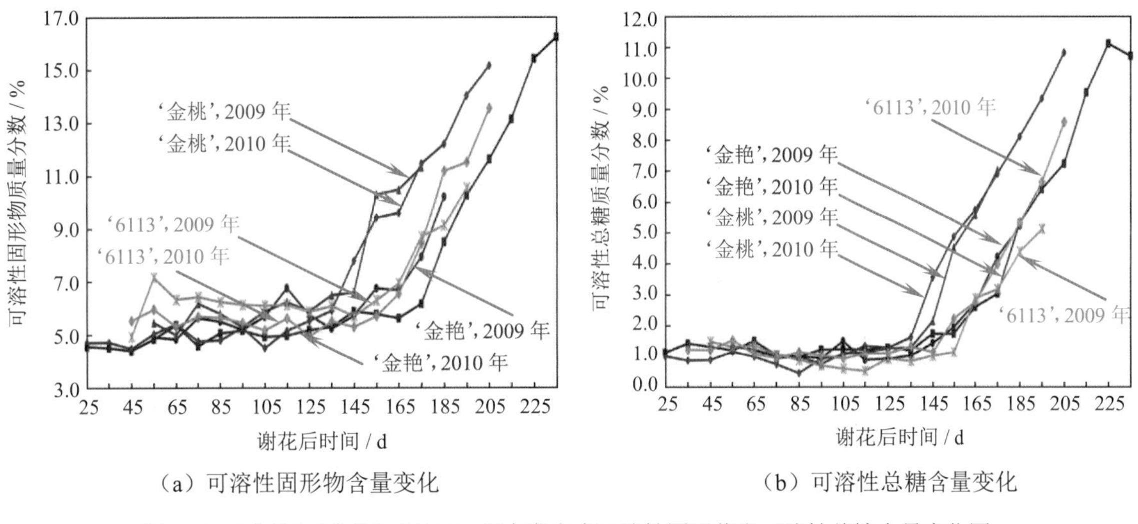

（a）可溶性固形物含量变化　　（b）可溶性总糖含量变化

图 2-20　‘金桃’‘金艳’‘6113’果实发育中可溶性固形物和可溶性总糖含量变化图

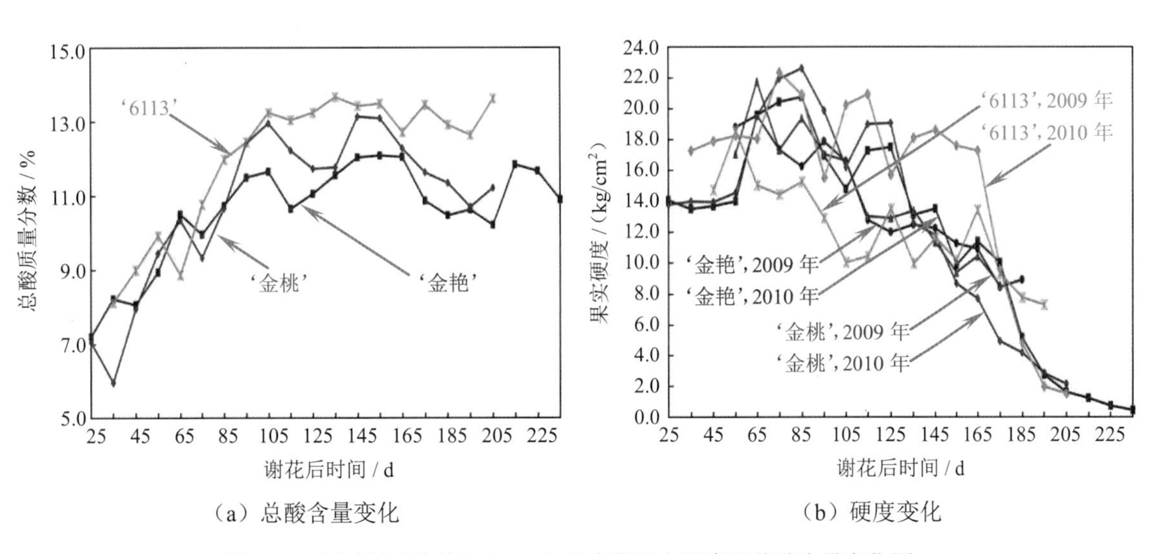

（a）总酸含量变化　　（b）硬度变化

图 2-21　‘金桃’‘金艳’‘6113’果实发育中硬度和总酸含量变化图

果实硬度于谢花后的 55 d 内，‘金桃’和‘金艳’的果实硬度均维持在 15 kg/cm^2 左右，而‘6113’于谢花后的 65 d 内，硬度维持在 18 kg/cm^2 左右。三者硬度均于谢花后 65 ~ 85 d 达到最大值，随后硬度呈波浪式下降。‘金桃’下降过程中，出现一次增长峰，而‘金艳’和‘6113’出现二次增长峰［图 2-21（b）］。

（四）影响果实生长发育的因素

1. 养分贮藏

果实细胞分裂主要依赖蛋白质的供应。落叶果树果实细胞分裂所需的营养主要依赖前一年的贮存养分，如果前一年贮藏不足，就会影响单果细胞数，最终影响单果重量（张玉星，2011）。开花期子房大小对细胞分裂期也有一定影响。子房大，细胞基数多，产生激素早且含量高，所以细胞分裂快，数量多；相反，子房小，细胞基数少，产生激素含量低，养分吸收力低，细胞分裂慢，常导致果实脱落。

2. 叶果比

果实发育中后期的果重增加主要来自细胞体积的增大，此期叶片大量形成，果实重量增长也主要在该时期完成，因此，叶果比对果实发育起着重要作用。据研究，‘红阳’猕猴桃的叶果比在（1 ~ 6）∶1 时，果实的单果重、纵横径、内在品质等促进效果随着叶果比的增加而逐渐增强，以 6∶1 时效果最好（陈敏，2009）。大部分品种的叶果比以（3 ~ 6）∶1 为好，具体叶果比受品种、树龄、树势等影响，应针对不同品种开展实验确定最佳值。

3. 种子数量与发育

猕猴桃种子数量多而小，位于中轴胎座周围（图 2-22）。

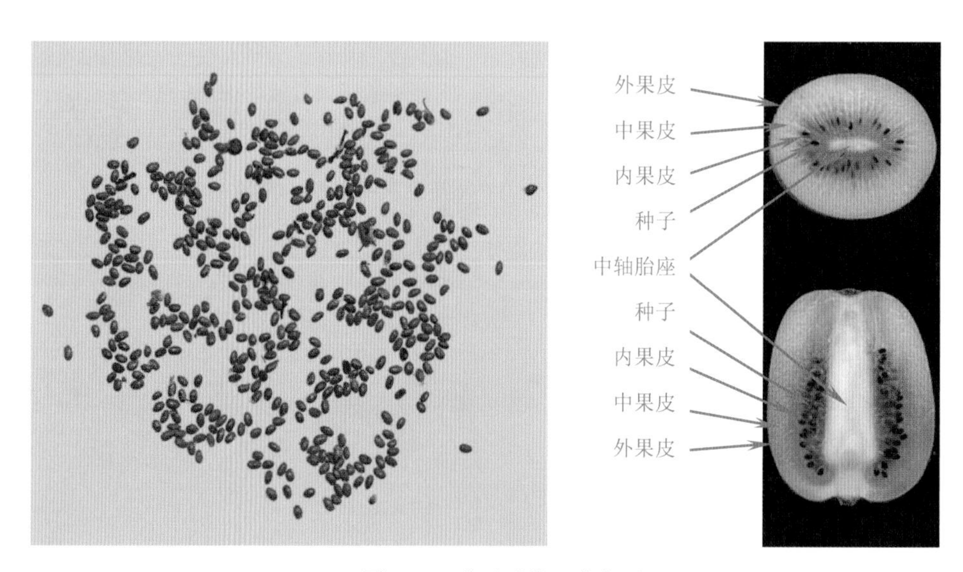

图 2-22　种子形状及分布区

种子长度的发育开始于受精之后，经过 60 d 左右，此时珠心发育到最大程度，随后胚乳和珠心内层发育完全。与其他果树不同的是，当其胚乳和珠心迅速生长时，胚却仍停留在双细胞阶段。直到谢花后 60 d，双细胞的胚才进行分裂形成珠心胚，然后迅速发育。种子在果

实的缓慢生长阶段逐渐充实，种皮渐硬，由白色转为淡褐色。众多研究指出，美味猕猴桃单果种子数与果重呈直线正相关；中华猕猴桃的大果形果实的种子数也不低于 450 ~ 600 粒的阈值。所以，一般认为，生产大果形的果实必须保证种子数达 600 ~ 1300 粒/果。

四、果实品质形成

果实品质由外观品质和内在品质构成。外观品质包括大小、果形、整齐度、光洁度、果面毛被、果面颜色、硬度等；内在品质包括风味、质地、汁液、固酸比（或糖酸比）、香气和营养等。

（一）果实成熟指标

猕猴桃果实只有达到生理成熟阶段才能采收，因从坐果至成熟外观色泽变化较小，主要通过检测生理指标才能判断其成熟度。陈美艳等人连续三年对黄肉猕猴桃品种‘金艳’和‘金桃’多个地区的数十个果园开展了研究，测定了采收时干物质、可溶性固形物、硬度和色度角（色度仪对果肉颜色测出的 h 值），以及后熟时果实的可溶性固形物、硬度、总糖、总酸及糖酸比、固酸比、果实后熟时长和货架期，通过对各指标开展相关性分析发现：采收时可溶性固形物含量影响后熟品质较小；与果实后熟风味品质最相关的是采收时干物质含量，而采收时果实硬度主要对果实的后熟时长及货架期有影响，即与果实的贮藏性相关（陈美艳 等，2019，2017）。因此，果实采收时的干物质含量是评价后熟风味品质的重要基础指标，只有当干物质含量达到每个品种的基础值时，即果实进入成熟阶段，才可以采收。

而果实硬度是评价果实贮藏性的重要指标，同一品种在干物质含量相同时，硬度越大，其果实越耐贮。单纯或过量施化肥的果园一般果实硬度较低，果实贮藏性降低。重施有机肥、科学追施化肥的果园果实硬度一般较大，贮藏性增加。同时，当干物质含量达到品种本身的风味品质时，则可根据果实采后的用途来决定采收期。立即销售的果品，可以在果实硬度较低时采收，易于后熟，贮藏期短，风味品质更优；需要长期贮藏的果品，则要求在果实硬度较大时采收。

对于黄肉品种，还可结合果肉颜色直观观察，当果肉颜色偏黄时采收较佳。例如，黄肉品种‘金艳’在果实所含干物质达到 16% 时，其后熟风味品质能体现浓甜清香的特性，即果实进入成熟期；当可溶性固形物达 8% ~ 12%、色度角在 103°、果实硬度不低于 8 kg/cm^2 时采收，其果实贮藏期最长，长达 5 ~ 6 个月；如果在果实可溶性固形物 6.5% ~ 8% 或 12% 以上时采收，果实的贮藏期缩短，适于就近销售。

果实成熟后期至采收后，淀粉迅速转化为糖、果胶开始溶解、细胞壁软化，对于黄肉品种，叶绿素会降解，而叶黄素、类胡萝卜素保留，果肉变黄，糖和可溶性固形物的含量升高，果实达到固有的风味和香气（Ferguson et al.，2007）。

（二）果实大小、色泽

猕猴桃果实大小、果面毛被、果肉颜色和果肉质地与品种染色体倍性有显著的相关性，

二倍体品种果实的平均单果重小于四倍体品种，而四倍体品种平均单果重小于六倍体品种。二倍体品种果实的果面毛被主要是无毛到短茸毛，而四倍体品种主要是绒毛，六倍体品种为硬毛或刚毛。二倍体和四倍体品种果实果肉颜色主要是黄色或黄绿色，其中也有极少数绿肉品种，如二倍体品种‘华光 2 号’的果肉是绿色或浅绿色；四倍体品种‘武植三号’‘翠玉’等果肉是绿色，而六倍体品种果肉颜色主要是浅绿色到深绿色。极少部分品种的内果皮也有红色，如‘红阳’‘东红’‘楚红’等红心类型品种（钟彩虹 等，2016）。

果肉中叶绿素、类胡萝卜素、花青素、叶黄素、黄酮和黄酮醇等成分是决定果肉色泽的重要植物色素，具体分水溶性色素和脂溶性色素，水溶性色素主要指花色素等，脂溶性色素主要是类胡萝卜素等，如美味猕猴桃‘海沃德’果肉中以 β-胡萝卜素、叶黄质、堇菜黄素、新黄质为主；而中华猕猴桃‘Hort16A’的类胡萝卜素含量与组成与‘海沃德’相近，但因为其叶绿素降解而使果肉呈现金黄色。

环境条件和树体营养对果实色泽发育有一定影响。红心猕猴桃品种如‘红阳’‘东红’‘楚红’等，只有在夏季最热月平均气温 28℃ 以内，昼夜温差较大的区域，才有利于花色素的形成，使内果皮显现鲜艳的红色，而在夏季高温干旱条件时，红色易消退。对于黄肉品种，生长季节光照过强，不利于叶绿素的降解。经过对 8 个地区 80 多个‘金艳’果园的果品采收时色度角检测，发现光照强度与色度角的 h 值成正比，即光照越强，其 h 值越大，果肉越绿。

（三）果实内在品质

1. 果实质地

猕猴桃的果实由外果皮（表皮）、中果皮、内果皮和中轴胎座（果心）四部分组成（图 2-22），中华猕猴桃和美味猕猴桃果实一般只有后三个部分为可食部分。猕猴桃果肉质地因品种不同而有差异，二倍体和四倍体的中华猕猴桃品种果肉质地均细嫩，而六倍体的美味猕猴桃品种大部分质地较粗，仅极少数果肉质地细嫩，如‘沁香’‘徐香’等。质地软化是果实成熟衰老的重要特征，果实软化导致的硬度下降直接影响果实的商品性。

影响果实硬度变化的因素很多，研究表明，叶片中氮含量常与果肉硬度呈负相关，叶片含氮量越高，果实硬度越低。钙和磷可增加硬度。如采前一个半月内光照良好，则果实内糖分多，硬度高。水分多，果个大，果肉细胞体积大，果肉硬度就低。干旱年份，旱地的果实比灌溉果园的硬度大。使用激素也会影响果实硬度，用氯吡苯脲（“果实膨大剂”）增大果实的同时，也会降低果实的硬度。

2. 果实风味

风味是许多物质含量的综合效应，其中最重要的是糖酸比（或固酸比）。笔者团队近两年对 32 个物种或种间杂交种质的研究认为，果实中主要的糖是果糖、葡萄糖和蔗糖，这三种糖中果糖含量变化最小，为 12.87 ~ 38.17 mg/g；葡萄糖其次，为 16.81 ~ 46.79 mg/g；而变化最大的是蔗糖，为 1.53 ~ 71.21 mg/g。

商业栽培种类中，中华猕猴桃、美味猕猴桃果实中的葡萄糖含量最高，蔗糖最低，如美味猕猴桃果实含葡萄糖 39.70 mg/g、含果糖 32.14 mg/g、含蔗糖 22.83 mg/g，中华猕猴桃果实

含葡萄糖 37.92 mg/g、含果糖 32.21 mg/g、含蔗糖 20.96 mg/g。毛花猕猴桃果实所含的糖同样是以葡萄糖、果糖和蔗糖为主，但蔗糖含量更低，如秃果毛花猕猴桃果实含葡萄糖 33.98 mg/g、含果糖 30.85 mg/g、含蔗糖 18.79 mg/g，白花毛花猕猴桃果实含葡萄糖 31.02 mg/g、含果糖 28.03 mg/g、含蔗糖 12.98 mg/g，大果毛花猕猴桃果实含葡萄糖 34.11 mg/g、含果糖 27.44 mg/g、含蔗糖 14.62 mg/g。

不同染色体倍性的中华猕猴桃、美味猕猴桃品种的三种糖中，差异最大的是蔗糖，不同染色体倍性的品种之间相互呈显著性差异，以二倍体品种最高，其次是六倍体品种，四倍体品种最低。果糖以二倍体含量最高，与四倍体品种有显著性差异，而与六倍体品种无差异。三种倍性品种间的葡萄糖含量无显著性差异。

猕猴桃果实中的酸主要是柠檬酸和奎宁酸，其次是苹果酸。32 份种质中，20 份物种或种间杂交种质果实含柠檬酸均超过 10.0 mg/g，19 份的奎宁酸超过 10.0 mg/g，苹果酸均未超过 5.8 mg/g。商业栽培的中华猕猴桃、美味猕猴桃果实均以含奎宁酸和柠檬酸为主，而苹果酸含量极低。美味猕猴桃果实含奎宁酸 13.84 mg/g、含柠檬酸 13.00 mg/g、含苹果酸 2.70 mg/g，中华猕猴桃果实含奎宁酸 15.46 mg/g、含柠檬酸 11.72 mg/g、含苹果酸 2.56 mg/g。而毛花猕猴桃果实却是以含柠檬酸为主，另两种酸的含量极低，如大果毛花猕猴桃果实含柠檬酸 9.01 mg/g、含奎宁酸 4.81 mg/g、含苹果酸 1.91 mg/g，白花毛花猕猴桃果实含柠檬酸 11.37 mg/g、含奎宁酸 2.33 mg/g、含苹果酸 1.76 mg/g，秃果毛花猕猴桃果实含柠檬酸 10.45 mg/g、含奎宁酸 1.50 mg/g、含苹果酸 1.21 mg/g。

不同染色体倍性的中华猕猴桃、美味猕猴桃品种三种酸之间的差异，主要表现在四倍体品种与二倍体品种和六倍体品种之间，而二倍体品种和六倍体品种之间无差异，其中奎宁酸以四倍体品种含量最高，而苹果酸和柠檬酸以四倍体品种含量最低。

糖和酸的含量与成分构成果实的风味，主要取决于果实中的糖酸种类、糖酸浓度和糖酸比，品种、采收早晚、树体营养与负载量、肥料种类和环境条件等都能影响糖酸的含量。

3. 果实香气

果实中芳香物质含量虽极低，但对果实的品质影响极大，是一个重要的特征性品质指标。果实香气成分主要包括醛类、醇类、酯类、内酯类、酮类、醚类和萜烯类等挥发性化合物，目前在猕猴桃中已鉴定出 100 种香气物质，它们使果实成熟后，具有成熟果香味，且伴有甜气味。

大量研究证实，不同种类、不同品种猕猴桃的香气成分存在差异。涂正顺等（2002）研究发现中华猕猴桃‘魁蜜’和‘早鲜’分别以甲酯类和乙酯类为果实的主要香气成分；Günther 等（2015）研究发现中华猕猴桃‘Hort16A’中果实香气成分主要为丁酸乙酯；谭皓等（2006）研究发现美味猕猴桃‘金魁’果实的主要香气成分是醛类物质（*E-E*）-2,4-己烯醛。董婧等（2018）对 6 个中华猕猴桃品种的果实开展了香气成分的鉴定，鉴定出 92 种香气成分：‘翠玉’‘金桃’‘金艳’中香气成分主要是酯类化合物，分别含有 16、17、11 种酯类，丁酸乙酯最多，相对浓度分别达 77.57%、65.29%、53.35%；‘楚红’中香气成分主要是醛类，有 10 种，相对浓度达 73.9%；‘东红’中香气成分主要是萜类，有 9 种，相对浓度达 75.53%，其中萜品油烯

63.05%；‘西选 2 号’中香气成分主要由醛类和萜类组成，包括 2 种醛类（44.2%）和 2 种萜类（46.68%），其中萜类主要是桉油精（45.65%）。辛广等（2009）检测到软枣猕猴桃果实的主要挥发性香气物质是萜类物质萜品油烯。

不同栽培方式下果实的香气成分的含量及具体组成也会有变化。郑浩等（2019）对生态栽培和有机栽培的中华猕猴桃品种‘H-1’果实的香气成分进行了测定，结果表明在有机栽培的果实中共检测出 38 种果香成分，而生态栽培的果实中共检测出 43 种香气成分，均属酯类、烯醛和醇类化合物，其中 1-甲基-4-（1-甲基乙基）-1,3-环己二烯和苏合香烯两种化合物只在有机栽培的果实中检测到，而在生态栽培的果实中也检测到 7 种特异性化合物，分别是丙酸乙酯、2-甲基-5-（1-甲基乙基）-双环［3.1.0］-2-己烯、丁酸乙酯、己酸乙酯、（*E*）-2-癸烯醛、（*R*）-5,7-二甲基-1,6-辛二烯、辛酸 8-羟基-甲酯。两种栽培模式的果实中相同的香气成分，其含量有差异，如有机果实中的丁酸甲酯含量是生态果实的 4 倍以上，而生态果实的（*E*）-2-戊烯醛、（*E,E*）-2,4-庚二烯醛和（*E*）-2-庚烯醛含量分别是有机果实的 5.0 倍、2.7 倍和 2.1 倍。

4. 果实营养

猕猴桃果实富含多种维生素，特别是维生素 C 的含量非常高，在果实营养方面极为重要。钟彩虹等（2016）对国家猕猴桃种质资源圃 40 余个不同中华猕猴桃、美味猕猴桃品种果实开展了营养成分鉴定，包括果实中所含的维生素 C、可溶性固形物及矿质元素。结果表明：不同染色体倍性的品种间营养成分含量有显著性差异。以四倍体品种的果实含维生素 C 最高，均值达到 150 mg/100g，其次是二倍体品种和六倍体品种果实，均值分别是 100 mg/100g 和 91.8 mg/100g；可溶性固形物质量分数均值以二倍体品种果实最高，达到 15.2%，六倍体品种居中，为 14.6%，四倍体品种最低，为 13.0%。各染色体倍性的品种果实钾含量具有显著性差异，其中四倍体品种含钾最高，均值约 2 241 mg/kg，远高于二倍体品种（均值 1 925 mg/kg）和六倍体品种（均值 1 720 mg/kg）。三种染色体倍性品种的果实氮含量相近；磷含量以六倍体品种果实最高，均值约 400 mg/kg，其次是四倍体品种，二倍体品种最低，均值仅 310 mg/kg；钙含量同样是六倍体品种果实最高，均值约 432 mg/kg，而二倍体和四倍体品种相近，均值约 344 mg/kg。

（四）果实贮藏性

猕猴桃果实采后后熟时间的差异表明了不同品种间的贮藏性差异，一般来说美味猕猴桃品种的果实后熟时间远长于中华猕猴桃品种果实。钟彩虹等（2016）对国家猕猴桃种质资源圃中保存的 40 余个品种开展了果实后熟时间的鉴定，结果表明六倍体美味猕猴桃品种的果实后熟天数均值约为 24 d，而四倍体中华猕猴桃品种约为 14 d，二倍体中华猕猴桃品种仅 8 d。果实软熟时的果实硬度是以美味猕猴桃品种的为最高，平均 1.1 kg/cm^2，而中华猕猴桃品种平均 0.5 kg/cm^2。

鉴定结果还表明，同一倍性品种果实贮藏性差异也较大。例如：美味猕猴桃品种中，以品种‘海沃德’和‘布鲁诺’最耐贮，果实常温后熟时间分别达到 49 d 和 46 d，而‘秦美’和

‘米良 1 号’后熟时间仅 15 d 和 13 d；四倍体中华猕猴桃品种中，以‘金桃’最耐贮，常温后熟时间达 25 d，最不耐贮的‘金阳’常温后熟时间是 5 d；二倍体中华猕猴桃品种中，以‘东红’最耐贮，常温后熟时间达 25 d 以上，最不耐贮的‘红阳’仅 6 d。种间杂交品种‘金艳’果实的常温后熟时间长达 42 d，与同期成熟的品种‘海沃德’和‘布鲁诺’相近，且果实软熟后货架期长，10 月采收后，11 月间的常温下达 15 d 以上。

表 2-3 列出武汉生产的 47 个品种后熟时间（钟彩虹 等，2016），可以看出上述规律。

表 2-3　武汉 47 个栽培品种果实常温（20℃）下后熟天数比较

品种	倍性	果实后熟时间 / d	品种	倍性	果实后熟时间 / d	品种	倍性	果实后熟时间 / d
‘海沃德’	6*x*	49	‘米良 1 号’	6*x*	13	‘庐山香’	4*x*	8
‘布鲁诺’	6*x*	46	‘川猕 2 号’	6*x*	9	‘夏亚 15 号’	4*x*	8
‘金魁’	6*x*	35	‘金艳’	4*x*	42	‘湘麻 6 号’	4*x*	6
‘Khomer’	6*x*	30	‘金桃’	4*x*	25	‘金阳’	4*x*	5
‘香绿’	6*x*	29	‘华光 3 号’	4*x*	23	‘东红’	2*x*	25
‘华美 1 号’	6*x*	26	‘建科 1 号’	4*x*	22	‘金玉’	2*x*	20
‘和平 1 号’	6*x*	26	‘金霞’	4*x*	20	‘Hort16A’	2*x*	15
‘长安 1 号’	6*x*	25	‘武植三号’	4*x*	20	‘川猕 3 号’	2*x*	14
‘徐冠’	6*x*	24	‘夏亚 1 号’	4*x*	16	‘华光 2 号’	2*x*	10
‘新观 2 号’	6*x*	21	‘金丰’	4*x*	15	‘桂海 4 号’	2*x*	9
‘西选 1 号’	6*x*	21	‘华优 2 号’	4*x*	15	‘金水 III’	2*x*	9
‘徐香’	6*x*	20	‘通山 5 号’	4*x*	13	‘金农’	2*x*	9
‘沁香’	6*x*	17	‘翠玉’	4*x*	12	‘丰悦’	2*x*	7
‘川猕 1 号’	6*x*	16	‘魁蜜’	4*x*	10	‘红华’	2*x*	7
‘三峡 1 号’	6*x*	16	‘早鲜’	4*x*	10	‘红阳’	2*x*	6
‘秦美’	6*x*	15	‘金早’	4*x*	10			

数据来源：中科院武汉植物园 2013～2015 年测定，摘自钟彩虹等（2016）。

注：表中品种均是在可溶性固形物 7%～8% 时采摘。

第五节　各器官生长发育的相互关系

一、根系与地上部的关系

因为中华猕猴桃和美味猕猴桃较难生根，所以猕猴桃苗木多采用嫁接苗，还有少量的扦插苗和组培苗。扦插苗和组培苗属于自根果树，各器官间关系处于遗传性决定的相互关系中；而嫁接苗则受砧木、接穗相互间的关系制约，砧木和接穗都力求保持自身遗传性决定的生长发育规律，同时又受到各自对方的功能制约。嫁接在不同生长类型砧木上的同一品种，树体大小、生长势、果实品质和抗逆性都有差别。

砧木对接穗的影响包括寿命、树高和生长势，萌芽、开花、落叶和休眠等生长过程，果实成熟期、品质，以及树体抗性等；而接穗对根系的影响包括根系生长势和分枝角度，根系分布的深度与广度，抗逆性等。笔者团队自 2011 年开始用 8 种砧木嫁接同一品种‘金梅’，观察砧木对接穗品种的影响，结果表明：‘金梅’与 8 种砧木的嫁接成活率是 16.67% ~ 83.30%，其中中华猕猴桃和美味猕猴桃作砧木嫁接成活率最高，达 80% ~ 100%，其次是大籽猕猴桃、梅叶猕猴桃和对萼猕猴桃，而软枣猕猴桃作砧木的嫁接成活率在 30% 以下；同时，不同砧木的嫁接口粗度差异大，嫁接后的前三年，嫁接口上下部分差异小；随着树龄越长，砧木和接穗部分差异逐渐加大，有的出现“小脚”现象，至 2019 年（8 年生树），出现“小脚”现象的砧木类型增多（图 2-23）。

（a）上下相近

（b）出现“小脚”

（c）“小脚”现象

图 2-23　不同物种嫁接‘金梅’品种 8 年生树砧穗接合部生长状

根系和地上部各器官的关系表现相互促进和调节，根系吸收土壤中的水分和矿质营养，并向上运输无机营养、氨基酸和细胞分裂素。而地上部制造有机养分、赤霉素和生长素等，并运送到根部利用。地上部和根系的生长高峰交互出现。损伤根系会抑制地上部的生长，此时地上部有机物向下运输量增加，以促进根系恢复。在休眠期适当对根系进行断根修剪可促发新根，不同时期对地上部进行修剪，如冬、夏季修剪，疏花疏果等，有利于保证产量，提高果实品质。

二、营养生长与生殖发育

猕猴桃树包括根、茎、叶、花、果实、种子等营养器官和生殖器官，其根、茎、叶属于营养器官，主要功能是吸收、合成和输导；花、果实、种子属于生殖器官，主要功能是繁衍后代。猕猴桃是多年生植物，营养生长和生殖发育交错进行，而且不同年份的生殖器官发育也有重叠发生，营养生长和生殖发育相互影响很大。

营养生长是生殖发育的基础，生殖器官的数量和强度又影响营养生长。它们的相互依赖、竞争和抑制，主要表现在营养物质分配上。生殖器官是影响物质分配最显著的器官，开花早晚、花芽质量、坐果率和果实大小均会影响枝叶生长。果实发育初期对营养调运能力大，中后期调运能力小，这时新梢旺长常导致果实品质降低。

枝条生长、花芽分化和果实生长三者存在着密切关系。猕猴桃的花芽分化多在新梢生长缓慢期或停止生长以后开始，枝条健壮、单叶面积大，能够为果实生长和花芽分化提供物质基础，但枝叶生长过旺反而不利于果实生长和花芽分化。因此，在生产中，要注意控制叶果比，平衡营养生长与生殖发育，从而延长树体的结果年限。

三、有机营养与产量形成

猕猴桃的组织和器官中干物质的 90%～95% 来源于光合产物，称为有机营养。光合作用不仅是植物生命活动的基础，也是产量和质量形成的决定因素。

光合作用从本质上讲就是水被氧化和二氧化碳被还原合成葡萄糖最终形成淀粉的过程，影响果树净光合速率的因素主要有种类、品种、砧木及栽培措施。此外，叶片的发育阶段、生长调节物质、水分、温度、光强、二氧化碳浓度和病虫危害等因素也会影响光合作用。例如，夏季净光合速率的变化常呈双峰曲线，高温和水分亏缺导致叶片气孔关闭、呼吸增强，出现光合作用的午休现象。

幼叶虽有光合作用能力，但自身发育需要消耗大量光合产物，只有当其叶面积达到一定叶龄时其产生的光合产物才可开始外运。彭永宏等（1994）对中华猕猴桃品种‘早鲜’‘通山5号’‘庐山香’和美味猕猴桃品种‘海沃德’叶片进行了光合作用研究，结果表明：四个品种的叶片均是发育到该品种最大叶面积的三分之一时，叶片的净光合速率（Pn）为零，以后随着叶片越大，光合产物的外运率越大，当展叶后 35～40 d 达到最大面积时，光合产物的外运率最大，叶片衰老期又逐渐降低，如果健壮叶受到严重损伤或进行人工摘除，幼叶也可停止生长并提早外运。

光合产物的外运率不仅与叶龄有关，也与品种和外界环境有关系。彭永宏等（1994）的研究结果表明：猕猴桃光合作用的光补偿点是 50～88 μmol /（$m^2 \cdot s$），光饱和点是 678～922 μmol /（$m^2 \cdot s$）；光合作用最适宜叶片温度是 25～31℃，但品种不同而存在差异，如‘早鲜’和‘通山5号’是 28～31℃，‘庐山香’和‘海沃德’是 25～28℃。光合作用适宜的土壤相对含水量是 68.8%～74.9%，即低于或高于这个范围均不利于叶片光合作用。晴天（日平均气温 >26℃、土壤湿度 65%～80%）和多云天的净光合速率值均大大高于阴天和高温干旱天（日平均气温 >30℃、土壤湿度 <50%）。因此，猕猴桃虽需要充足的光照，但在高温和低湿情况下，光照不能有效利用。

在栽培管理中，要求温度、湿度和光照均适合猕猴桃生长，叶片才能充分利用光能，制造大量的光合产物积累或转运到需要的部位利用，从而增强树势、提高产量。因此，从提高光能利用率的角度看，要增加产量就必须抓住提高叶片净光合速率、光合产物外运率和用于生殖生长的光合产物比率这三个环节。

第六节 物 候 期

猕猴桃生长发育阶段与气温关系密切。当春季气温上升到 10℃ 左右时，美味猕猴桃树液开始流动，进入伤流期；此时幼芽开始萌动，15℃ 以上才能开花，20℃ 以上才能结果。当秋季气温下降到 12℃ 左右时，进入落叶休眠期。整个生长发育过程约需 210 ~ 240 d（崔致学，1993）。由此可见，在美味猕猴桃生育期内，日平均气温不能低于 10 ~ 12℃，否则其个体发育过程将受到影响。

猕猴桃不同种类和品种的物候期差异较大。在武汉地区，大部分猕猴桃种类的萌芽大多在 2 月底至 3 月初，开花期从 4 月上旬至 6 月上旬，中华猕猴桃二倍体类型最早开花，毛花猕猴桃 5 月中下旬开花，阔叶猕猴桃、桂林猕猴桃和长绒猕猴桃 6 月上旬开花。中华猕猴桃和美味猕猴桃的栽培品种的开花期与品种染色体的倍性有显著的相关性，二倍体品种的初花期平均比四倍体品种早 7 ~ 10 d，其中最早开花的二倍体品种比最早开花的四倍体品种的开花时间早 6 d，而比四倍体品种中最晚开花的品种早 14 ~ 16 d，且所有二倍体品种的初花期均与四倍体品种无重叠，即表明所观察的二倍体品种开花期均比四倍体品种花期早；四倍体品种的初花期早于六倍体品种约 7 d，但两者间有部分品种的开花期重叠（钟彩虹，2012）。

相应的果实成熟期差异也较大，最早成熟的品种大多是二倍体中华猕猴桃品种，最晚成熟的是六倍体美味猕猴桃品种，四倍体中华猕猴桃的成熟期居中。从毛花猕猴桃与中华猕猴桃杂交 F_1 代选育出的四倍体黄肉品种‘金艳’的成熟期与母本毛花猕猴桃相同，10 月底成熟，与美味猕猴桃‘海沃德’相近（钟彩虹 等，2016）。

猕猴桃物候期受气候影响较大，同一品种在不同的生态环境中，其萌芽、开花的时期亦不相同，如中华猕猴桃‘红阳’在云南屏边、贵州水城等低纬度高海拔区域，1 月下旬至 2 月初萌芽，3 月中旬开花；在武汉是 2 月底至 3 月初萌芽，4 月上旬开花；在陕西眉县、周至等地，3 月上旬萌芽，4 月中下旬开花。

第三章

生态环境对猕猴桃生长发育的影响

第一节 气候条件

一、温　　度

（一）猕猴桃生长适宜的温度条件

温度是猕猴桃重要的生存因子之一，限制其分布的诸多温度因子中，主要是冬季极端低温、年平均气温和生长期积温。具有重要商业价值的中华猕猴桃和美味猕猴桃广泛分布在我国有猕猴桃属分布的大部分地区，其野外生长区域年平均气温为 11.3 ~ 20.0℃，极端最高气温是 35 ~ 44℃，极端最低气温是 -23 ~ -6℃，生长期 ≥10℃ 有效积温为 4 500 ~ 6 000℃，无霜期 160 ~ 335 d。其中中华猕猴桃在年平均气温 14 ~ 20℃、美味猕猴桃在年平均气温 11 ~ 18℃，且 ≥10℃ 有效积温为 4 000 ~ 6 000℃，极端最低气温为 -20.0 ~ -6.0℃，最冷月平均气温 3 ~ 10℃、最热月平均气温 22 ~ 30℃ 的条件下分布最广（黄宏文 等，2013；朱鸿云，2009；崔致学，1993）。

冬季绝对最低温是决定猕猴桃不同物种、品种分布北限的重要条件，超越这个界限即发生低温伤害。如中华猕猴桃在冬季休眠期可耐 -12℃ 低温，美味猕猴桃能耐 -15.8℃ 的低温，软枣猕猴桃可耐受的极端低温是 -20.3℃。值得注意的是，当中华猕猴桃、美味猕猴桃持续遇到 -9 ~ -10℃ 的低温 1 h 以上时，休眠期的猕猴桃树也会发生严重冻害，且因地表温度更低，一般藤蔓的根颈部常先发生冻害（图 3-1）。晚霜及“倒春寒”容易损害嫩叶、幼芽，遇 2℃ 以下低温持续 0.5 h，幼芽、嫩梢易冻坏、冻死（图 3-2），同时春季低温常使萌芽延期或萌发不整齐。花粉萌发、花粉管伸长、受精及坐果也与花期温度密切相关。

图 3-1　休眠期主干冻害状

图 3-2　春季倒春寒嫩梢和嫩叶受害状

夏季极端高温会对猕猴桃造成严重影响。夏季高温可以导致猕猴桃营养生长过旺，抑制生殖生长，导致果实内可溶性固形物积累减少，尤其夏季夜间高温会消耗果实发育前期积累的干物质，对果实品质或者成熟期造成一定影响。夏季高温亦会影响树体生长，如在湖南、江西等省局部地区，7～8 月份的最高气温达 40℃ 以上，叶片易凋萎，甚至干枯，果实停止生长，严重时发生热害，如遇上强光则产生“日灼”(图 3-3)。红心类型品种更不耐高温，夏季气温超过 30℃ 时，其枝、叶、果的生长量显著下降，达到 33℃ 以上就会导致日灼，提早落叶，影响树势和果实品质，特别是果实受光面灼伤更重，同时果实的内果皮红色会因高温而退掉（王明忠 等，2013)。

（a）果实热害

（b）果实日灼

（c）枝干日灼

图 3-3　夏季高温果实和枝干受害状

（二）生长期积温计算

生长期积温分为活动积温和有效积温两种。活动积温是果树生长期或某个发育期活动温度之和；而有效积温是生长期中生物学有效温度的累积值。有效积温比活动积温稳定，更能确切地反映猕猴桃等落叶果树对热量的需求。

活动积温计算公式为

$$A=\sum_{i=1}^{n}t_i \qquad (t_i>B)$$

式中：A 为活动积温；n 为生长期（或某一生育期）的初日至终日所经历的天数；t_i 为第 i 日平均气温；B 为生物学零度；$t_i > B$ 为高于 B 的日平均气温，即活动温度。

有效积温计算公式为

$$K = (X - B)\,n$$

式中：K 为某一生育期内有效积温；X 为生长期（或某一生育期）的平均气温；B 为生物学零度；n 为生长期（或某一生育期）的初日至终日所经历的天数。

生物学零度指的是在综合外界条件下能使果树萌芽的日平均气温，即生物学有效温度的起点。生物学零度和有效积温值为引种、区划和花期预报提供依据（张玉星，2011）。

猕猴桃在一定温度下开始生长发育，为完成枝、叶、花、果的正常生长发育，其发育过程要求一定的积温。如果生长期温度低，则生长期延长；如温度高则生长期缩短。这也解释了同一品种在不同地方的物候期和生育期不一致的原因，有些品种虽在某些地区能越冬，且年平均气温也适宜，但如果该地区长年温度偏低，达不到该品种成熟需要的有效积温，则果实不能正常成熟，该地区则不适宜该品种的种植。

笔者根据武汉地区部分品种的多年物候期数据及对应的武汉市的气象数据，计算了部分品种的果实生长积温，结果表明不同倍性中华猕猴桃品种的果实的活动积温和有效积温随着染色体倍性的增加而增加，如中华猕猴桃二倍体品种果实的有效积温约 4 200℃，四倍体品种果实的有效积温是 4 800℃，六倍体品种果实的有效积温是 5 000℃。因此，各地区发展猕猴桃选择品种时，不仅要看年平均气温、冬季极端低温等，也要考察当地生长期内的活动积温和有效积温，如果积温不够，则果实不能在正常时期成熟。

（三）低温需冷量

同其他温带落叶果树一样，中华猕猴桃和美味猕猴桃有自然休眠的特性。猕猴桃在冬季进入自然休眠后，需要一定低温才能正常通过休眠期，而解除自然休眠（内休眠）所需的有效低温时数称为果树的需冷量，又称为低温需求量。新西兰专家研究指出，猕猴桃自然休眠在4～10℃，其中5～7℃低温下最有效，低于0℃时解除自然休眠的作用不理想。冬季经930～1 000 h 的 4℃ 低温积累，可以满足解除休眠的需要（张洁，2015）。如果需冷量不足，则植株不能正常完成自然休眠过程，春季萌芽不整齐，或花器官畸形或严重败育。如近几年在低纬度高海拔地区的云南屏边、贵州水城、江西安远或寻乌等新产区，出现萌芽不整齐、雌花花期延长到 15～20 d，都与暖冬有关，特别是一些需冷量高品种，表现更严重。

赵婷婷等人对国家猕猴桃种质资源圃的中华猕猴桃二倍体和四倍体、美味猕猴桃六倍体部分品种的需冷量开展了研究（Zhao et al.，2017）。结果表明，冬季经过 230～900 h 的 0～7.2℃ 的低温积累，可以满足解除休眠的需要，经过 660～1 200 h 的 0～7.2℃ 的低温积累，可促进成花。但不同品种对冬季需冷量是不相同的，采用犹他模型（Utah model，CU）和 0～7.2℃ 模型（CH）分别对部分中华猕猴桃复合体品种的需冷量进行了计算，结果表明二倍体品种（系）（‘东红’‘金玉’‘武植七号’）的萌芽最低需冷量约为 220 h（0～7.2℃ 低温），四倍体品种（系）（‘金桃’‘金霞’‘东玫’）和六倍体品种（‘金魁’‘川猕 1 号’‘布鲁诺’）萌芽最低需冷量分别为 617 h 和 769 h；二倍体品种形成花芽最低需冷量为 655 h，四倍体品种

和六倍体品种形成花芽最低需冷量分别为925 h和956 h。二倍体品种所需需冷量与四倍体和六倍体品种所需值均呈现显著性差异，四倍体品种与六倍体品种的需冷量间无显著性差异。

上述结果也表明，同一品种的花芽和叶芽的需冷量不一致，花芽的需冷量高于叶芽，说明花芽和叶芽自然休眠过程对有效低温的累积要求存在差异。从内部花器发育和产量要求考虑，对某个品种的区域规划时，要考虑该品种的成花需冷量。

二、光　　照

猕猴桃喜光耐阴，对强光直射敏感，喜散射光。幼苗期性喜阴凉，怕高温强日照。成年树需要良好的光照才能健壮生长，一般认为日照率（即株间光照强度/自然光照强度）以40%～45%为宜，日照时数在1 300～2 600 h，即可满足猕猴桃的生长发育。何科佳等（2007）研究认为：在夏季高温、强光、低湿的天气条件下，猕猴桃处于严重的胁迫状态，叶、果表面温度极高，蒸腾剧烈，光合效率降低；适度遮阴极大地改善了冠幕下微环境，有效缓解高温、强光、低湿的危害，消除叶片光合作用的“午休”现象；但过度遮阴也会导致全天光合效率下降，光合产物积累减少。如在长沙地区，‘翠玉’猕猴桃应采用轻度遮阴，遮光强度约为25%，而‘米良1号’遮光强度约50%综合效果最佳。

三、降水与空气湿度

猕猴桃野外集中分布区，大多属于湿润和半湿润气候区。猕猴桃在长期的进化发育过程中已形成了喜欢湿润的遗传特性，在低山丘陵、峡谷溪流的小生态环境中，猕猴桃群体或个体均生长繁茂，数量也多。中华猕猴桃主要生长在年降水量为1 000～2 000 mm、相对湿度为75%～85%的地区，而美味猕猴桃主要分布在年降水量 600～1 600 mm、相对湿度为 60%～85%的地区。

猕猴桃根系浅，肉质根，抗旱性较一般果树差。不同猕猴桃类群、品种（系）之间的抗旱性有差异。湖南农业大学园艺系对抗旱性强弱不同的美味猕猴桃品系的组织学与生理生化特性的研究表明：抗旱性强的品系叶片表皮蜡质颗粒致密、分布密度大，表皮毛的簇数及每簇毛的数量较多，茸毛密度大，栅栏组织较厚；在干旱条件下，抗旱性强品系的束缚水与自由水比值和过氧化氢酶与过氧化物酶的活性都比抗旱性弱的品系高，且蒸腾强度与叶片萎蔫系数较低，光合强度较高，叶片电导率增加较少（王仁才 等，1991）。

中华猕猴桃和美味猕猴桃的根系亦不耐水涝或高湿，如根系长期处在高湿的环境下，易发生根腐病。南方的梅雨季和北方的雨季，如果连续下雨而果园排水不畅，会造成根系腐烂，严重时会导致植株死亡。中科院武汉植物园在湖北省大悟县宣化店镇的育种基地分别于2013年6月、2015年6月及2016年7月19日遭遇三次水淹，最后一次水淹时间长达24 h，基地水深约1.2 m，最终导致4年生的美味猕猴桃系列、中华猕猴桃系列种内杂交群体半年内50%～60%死苗，中华猕猴桃与软枣猕猴桃的杂交群体也达50%以上死苗，且活下来的植株树势衰弱，后期陆续死亡；白背叶猕猴桃、软枣猕猴桃、毛花猕猴桃、网脉猕猴桃等多个物种的实生树也同样达到50%～60%死苗，后期陆续死亡；然而，山梨猕猴桃和中华猕猴桃杂交群体及山梨猕猴桃种内杂交群体半年内仅30%左右植株死亡，但后期也出现树体老化、主干裂皮严重等症状。

四、风

猕猴桃对风非常敏感，花期需要微风辅助授粉，同时微风可以调节园内的温度、湿度，改变叶片受光角度和强度，增加架面下部叶片受光的机会等。但生长季节强风又会对果园造成损伤，例如新梢折断、幼果风疤、叶片被风吹破碎或脱落、传播病虫害等。夏季干热风引起枝叶萎蔫、叶缘干枯反卷；冬季干冷风导致抽条等。而自然状态下，猕猴桃生长于丛林之下，多集中在背风向阳的地方。因此选地时必须选择背风向阳的地方建园，必要时营造防护林或搭设防风网（图3-4）。

（a）生长季节（白色遮阳网防溃疡病）

（b）冬末初春

图3-4　新西兰猕猴桃果园防护林

第二节　土 壤 条 件

土壤是由矿物质、有机质、土壤水分、空气和微生物等组成的，能够生长植物的陆地疏松表层，具有生命力、生产力和环境净化力，是一个动态生态系统。其本质特征是土壤肥力，可为地面上的植物提供机械支撑，同时也提供其水分、养分和空气等生长发育条件，是植物生长的基础。因此，土层厚度、土壤质地和结构、理化性质等土壤条件对猕猴桃各器官的生长发育都有重要影响。

一、土 层 厚 度

猕猴桃是多年生的果树，如果在土层厚度大的土壤中生长，则根系分布深，吸收养分与水分的有效容积大，水分与养分的吸收量多，树体健壮抗性强，利于抵抗环境胁迫，促进优质丰产。

猕猴桃果园土壤一般选择旱地农业土壤，旱地农业土壤从地表向下一般分为四层，即表土层、犁底层、心土层和底土层。其表土层接近地表，干湿交替频繁，温度变化大，属于根系生态不稳定层，加上耕作影响，根系易受损伤，不能充分利用这一土层土壤的良好条件。因此，栽培上可仿照自然群落，采用覆盖、生草、免耕等土壤管理制度，为表土层根系的生长创造较好的土壤环境。犁底层土壤紧实、水肥通透性差，严重妨碍根系的伸展，在建园时需要破除。当表土层和梨底层比较薄时，需通过深翻、熟化等改良措施，增加心土层或底土层的有机质含量，提高微生物活性，从而改善心土层甚至底土层的生态环境，为根系的垂直生长创造条件。

二、土壤质地和结构

土壤质地类型一般包括砂质土、黏质土、壤土和砾质土等，决定着土壤蓄水、导水性，保肥、供肥性，保温、导温性，土壤呼吸、通气性和土壤耕性等（张玉星，2011）。

砂质土，含砂多，黏粒少，保水性差，通气透水性强，吸附、保持养分能力低，好气性微生物活动旺盛，有机质分解快而含量较低。其土壤热容量小，昼夜温差大，俗称热性土。

黏质土，含砂少，黏粒和粉粒多（黏粒常超过30%），颗粒细小，质地黏重，保水保肥性好，供肥比较平稳，矿质养分丰富，特别是钾、钙、镁等含量较高，但养分转化慢，通气透水性较差，易积水，湿时泥泞干时硬，宜耕范围较窄。其土壤热容量大，温度稳定，但春季土温上升慢，俗称冷性土。

壤土，介于砂质土和黏质土之间，兼有两者的优点，砂黏适中，通气透水性好，土温稳定。养分丰富，有机质分解速度适当，供水供肥能力和保水保肥能力均强，且耕性表现良好。

砾质土，含石砾较多，土层较薄，保水保肥能力较低。土壤随石砾的含量产生不同的影响。少砾石土，对机具虽有一定磨损，但不影响对土壤的管理，果树可以正常生长；中砾石土，如利用则需要将土壤中粗石块除去；多砾石土，需要进行调剂和改良。

在以上四种土质结构中，猕猴桃选择园地时，最先考虑的是壤土，主要有冲积土、黄壤、红壤、黄褐壤、棕壤等，以腐殖质含量高的砂质壤土最佳，其次是粗砂质土，再次是砾质土。黏质土不宜考虑，其黏性重，改造时间长，难度大，改土成本高。（图 3-5、图 3-6）。

图 3-5　适于种植的各类疏松土壤

（a）水稻田

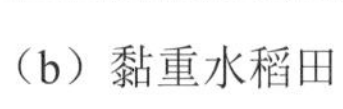

（b）黏重水稻田

（c）砾质土

图 3-6　不适合种植土壤

实际中，各地的土壤可能不是单一土质，而是多种土质并存（图 3-7）。土壤剖面中的黏质土夹层厚度超过 2 cm 时就会减缓水分的运行，而超过 10 cm 就能阻止来自地下水的毛管水上升运行。土壤质地层次排列方式和层次厚度对土壤水分运动和营养发挥有重要影响。果园土层下如存在坚硬的黏土层，根系向下生长会受阻，果树根系分布则较浅。砂砾层会使肥水淋失，黏土层易造成积水，使根系遭遇水淹，导致生长与结果不良。在这类土壤上建园，通常要通过爆破或深耕使适宜根系活动的土层加厚到 80 ~ 100 cm。

图 3-7　水稻田土壤结构

土壤结构是指土壤颗粒排列的情况，如团粒状、柱状、片状、核状等，其中以团粒状结构最适合猕猴桃生长与结果。团粒结构主要靠土壤有机质特别是腐殖质胶结而成，有机质养分丰富，土壤孔隙大，毛管与非毛管比例适当，能协调土壤中水分、空气、养分的矛盾，保持水、肥、气、热等土壤肥力诸因素的综合平衡。

三、土壤的理化性质

（一）土壤温度

土壤温度与矿质营养的溶解、流动与转化，有机质的分解，土壤微生物的活动等密切相关，直接影响猕猴桃根系的生长、吸收及运输能力，进而影响猕猴桃的生长发育。据华中农业大学对‘艾伯特’品种的根系观察发现，当土壤温度为 8℃ 时根系开始活动，20.5℃ 时根系进入生长高峰期，在 29.5℃ 时新根生长基本停止（崔致学，1993）。

不同土层的温度不相同，表层土壤的温度变化快，而底层土壤的温度相对稳定。笔者团队 2018 ~ 2019 年利用 CGMS-1 作物长势在线观测站监测国家猕猴桃种质资源圃基地（武汉磨山）及湖北丹江口中试基地，在 7 ~ 9 月份，15 cm 表层土壤的日温差都是 3℃ 左右，30 cm 深土层日温差是 2℃ 左右，45 cm 深土层日温差仅 0.2 ~ 0.5℃。全年土壤最低温度出现在 1 ~

2 月份，最高温度出现在 7～8 月份。

（二）土壤水分

土壤水分是重要的土壤肥力要素，是猕猴桃生长发育所需水分的主要来源。土壤水分可划分为吸湿水、膜状水、毛管水和重力水，其中吸湿水和膜状水均不能被根系有效利用，只有毛管水在土壤中移动性强，能溶解并携带养分运输到植物根际，是最有效的水分。在地下水位比较深的土壤中，毛管水与地下水不相连接，这种毛管水叫毛管悬着水，其最大含量为田间持水量。当土壤含水量达到田间持水量时，多余的水在重力作用下沿非毛管孔隙向下渗透，这部分水称为重力水。这部分水容易流失掉而不能充分被根系利用。重力水过多，易发生内涝。因此生产中应尽量避免大水漫灌，减少重力水的含量，从而减少养分的流失（张玉星，2011）。

猕猴桃根系大多适宜田间持水量 60%～80% 的土壤。当土壤含水量低到高于萎蔫系数 2.2% 时，根系停止吸收，光合作用开始受到抑制。通常落叶果树在土壤绝对含水量为 5%～12% 时叶片凋萎（柿 12%，梨、栗 9%，葡萄 5%）。当土壤干旱时，土壤溶液浓度高，根系不能正常吸收反而发生外渗现象，所以施肥后强调立即灌溉以便根系吸收；当土壤水分过多时，会导致土壤缺氧，缺氧产生硫化氢等有毒物质，抑制根的吸收，以致停止生长。

土壤地下水位的高低是限制根系分布深度、影响果树生长结果的重要因素。猕猴桃要求地下水位在 1.2 m 以下，地下水位越高，根系越浅。因猕猴桃根为肉质根，对氧气更敏感，对土壤要求有更高的透气性。

我国猕猴桃产区分布广，气候多样，不同地区土壤水分状况差异很大。以贵州水城为例，其为低纬度高海拔区域，属高原气候，春夏之间（4～6 月份）易发生春旱，这期间降水少，蒸发大，土壤水分迅速损失，含水量降低至全年最低水平，影响猕猴桃的开花、坐果与生长。此时加强保墒、及时灌溉非常重要。而对于江西安远和寻乌等产区，在春夏之间（4～6 月份）正是春雨绵绵的季节，降水量过多，土壤含水量达到全年最大值，土壤底墒和深墒得到恢复，但这个时期雨水过多，容易内涝，应加强排水，同时注意防治高温、高湿引发的病害。

土壤水分的高低可通过改良土壤、覆盖和增厚土层、及时排灌等措施来调节。

（三）土壤通气性

土壤的通气性指土壤空气、近地面大气以及土体内部的气体三者之间相互交换的性能。猕猴桃等需氧量多的果树根系一般在土壤空气中含氧不低于 15% 时生长正常，不低于 12% 时才发生新根。土壤空气中二氧化碳浓度增加到 37%～55% 时，根系停止生长，通气不良使土壤中形成有毒物质使根系中毒（曲泽洲 等，1987）。当土壤处在渍水或通气严重受阻的情况下，土壤空气中常会出现部分微生物嫌气分解有机质的产物如硫化氢（H_2S）、甲烷（CH_4）、氢气（H_2）、磷化氢（PH_3）、二硫化碳（CS_2）等还原性气体，若累积到一定程度会对根系产生毒害作用，严重时造成死亡。

（四）土壤酸碱度

土壤酸碱度（pH）影响土壤中各种矿质营养成分的有效性，进而影响树体的吸收与利用。当土壤接近中性时，参与有机质分解的微生物有效性最高，氮素营养最佳。在酸性环境中时，可溶性铁、铝增加，有效磷易被固定；同时钾、钙、镁盐可以溶解，这些元素也易被氢离子（H^+）从土壤胶体表面交换出来，因而容易随淋溶而流失，所以常表现缺失。同时，硼在强酸性土壤中易流失，在石灰性土壤中生成硼酸钙而降低有效性。当 pH 值为 7.5～8.5 时，磷酸根又易被钙离子所固定。钙、镁的有效性以 pH 值为 6～8 时最好，但钙中和了根分泌物而妨碍对铁的吸收，使猕猴桃易发生失绿症。土壤 pH 值不同，微生物的数量、种类有差异，进而影响到土壤养分的转化和土壤肥力水平。猕猴桃根系适于微酸性土壤，最佳的土壤 pH 值是 5.5～6.5。

第三节　地　　势

一、海　　拔

在同一纬度下，海拔是影响猕猴桃布局及其生长发育的重要生态因素，太阳辐射量、有效积温、昼夜温差、空气湿度，以及土壤类型、养分有效性等常随海拔高程的变化而发生显著变化。气温随海拔升高递减的速率因气候条件和季节而异，在气候干燥的山地变化更有规律；一般来说在相同纬度时，海拔每升高 100 m，平均气温降低 0.5～1.0℃。

受温度变化的影响，无霜期随海拔升高而缩短。海拔高的果园，光照条件好，遇倒春寒时，只有轻微的平流霜，受害轻。坡脚和山腰海拔相对低，地势低洼，冷空气聚集，对开花坐果有严重影响。山地果树的萌芽期、展叶期因海拔升高而推迟，而果实成熟、枝梢停止生长等因海拔升高而提早，即果实的生育期缩短。

猕猴桃属植物分布受不同生境尤其是不同纬度、海拔梯度导致的温度和湿度变化的影响较大。同一物种的垂直分布范围不是固定的，在不同的纬度区域因气候不同可能出现海拔分布差异化。例如软枣猕猴桃，在广西猫儿山主要集中分布在海拔 1 500 m 以上的区域；而在中国东北，分布范围从海拔 600 m 延伸到 2 000 m，这主要由该物种对温度、湿度条件的要求所决定。与此类似，美味猕猴桃在北纬 35°、海拔约 1 100 m 的地区分布比较丰富，而在北纬 25°，却多分布在海拔 2 300 m 以上的地区。

二、地　　形

平地、丘陵地及山地均可种植猕猴桃。平地和缓坡丘陵地是较适宜种植猕猴桃的地形，但平地要求做好排水系统。山地要尽量将坡度控制在 15° 以内，以利于保持水土。坡向宜选择南坡或东南坡等避风向阳的地方，不宜选北坡，以满足猕猴桃对阳光的需求。避开山顶或风口，以免果园遭遇风害。对于偏远贫困山区，要在地形复杂、超过 15° 的山地建园的情况经常见到（图 3-8），需要实施坡改梯的水土保持工程，同时在山顶种植深根性的乔化树，涵养水源，但坡度不能超过 25°（图 3-9）。

（a）江西赣南，坡改梯

（b）四川邛崃，未做坡改梯

图 3-8　坡度超过 15° 的山地果园

图 3-9　坡改梯水土保持工程

第四章

园地选择与建园

第一节 园 地 选 择

园地选择，应以园地评价为依据，遵循“适地适栽”的原则，使猕猴桃与园地的生态条件相适应，以充分发挥所选品种的生产潜力，最终达到优质、丰产、增收的目的。实际操作中，可以根据计划栽培的种类或品种的生态要求选择园址，也可根据现有园地的生态条件确定适宜栽培的种类或品种。园地评价主要从气候、土壤、交通、地理位置和人文环境等多方面综合考虑，其中首要的是气候条件，特别是在灾害性天气频繁发生而目前尚无有效方法防护的地区，园址选择恰当与否，直接关系到果园的存亡。有些地区即使猕猴桃能够生存，但不能达到优质高产的目标，也不宜发展。因此，园地的选择，必须以较大范围的生态环境为基础，再进行小范围的筛选，才能获得事半功倍的效果。

小范围选择时主要考虑土壤条件、地下水位、灌溉水源、安全保卫等因素，以选择最适于计划种植的品种为依据。建园地点关系到猕猴桃今后是否能健康生长、正常结果，也涉及建园的投入和建园后园区的管理成本，因此园地选择是果园建设至关重要的第一步。

适宜猕猴桃种植的类型主要有平地、山地和丘陵地等类型，不同类型园地特点不相同。

一、平 地

平地是指地势较平坦，或向一方轻微倾斜或高差不大的波状起伏地带，主要分布在平原和盆地区域。平地区域气候和土壤因子基本一致，没有垂直分布变化。相应的水土流失较少，土层较深厚，有机质含量较高，果树根系入土深，利于果树生长和结果。低海拔区域平地虽然水分较充足，但通风、日照和排水均不如山地和丘陵地的果园，果实的色泽、风味、干物质及糖含量、贮藏性等方面也比山地和高原地带果园差。

平地由于其成因不同，分为冲积平原、山前平原、泛滥平原等，其中冲积平原的土层深厚，土壤肥沃，灌溉便利，便于使用农业机械。但对于肉质根的猕猴桃而言，需选择地势较高、排水方便、地下水位大于 0.8 m 的疏松地块建园。

山前平原的物质组成复杂，出山口物质较粗，坡度大，到中部物质逐渐变细，坡度变小，向冲积平原过渡。山前平原在近山处常有山洪或石洪危害，不宜建园。在距离山边较远处，土壤较细，地面平缓，又有一定的坡降，便于排水，既有丰富的地表水，又有埋藏不深易于开采的丰富地下水资源，综合水土条件较为优越，适于猕猴桃种植。

泛滥平原是沙滩地带，土壤相对贫瘠，且偏砂质，土壤理化性状不良，田间持水量很低，极易造成养分缺少和水分不足，不利于建果园。如选择这种类型，需营造防风固沙林，解决灌溉问题，增加土壤有机质含量，并充分发挥沙滩地因昼夜温差大形成的果实含糖量高、品质好的优势。濒临湖、海等大水体的果园，空气湿度大，气温较稳定，不易受到低温或冻害等灾害性天气危害；但滨湖滨海地春季气温回升较慢，果树萌芽迟，昼夜温差小，对果实品质不利。靠近水面的区域，地下水位较高，土壤通气不良，不适于猕猴桃种植。同时，湖海边风大，猕猴桃易受害。

二、山　　地

山地由于地貌的起伏变化，坡向、坡度的差异较大，常常出现小气候带。复杂的山地常出现在同一海拔上，某些地带应属温带气候，但实际却是近似亚热带的气候，这是一种逆温现象，与热空气上升积聚在该地带有关；而在某些地带应属亚热带气候，但由于地形封闭，导致冷空气滞留积聚，形成了近似温带的气候。因此，同一块山地，常因坡向与坡度的不同，同一个品种类型分布不在同一高度，甚至分布高度错落可达数百米。有时同一品种即使分布在同一等高地带内，但物候期、生长势、产量和品质等方面出现明显的差异。例如：在云南省屏边县，同一个猕猴桃品种，在高海拔地区的萌芽和开花期反而比低海拔地区的早。

选择山地时，要考虑坡度、坡向对光、热、水等条件的直接影响。坡度越大，农田平整的土石方量也越大，小于 1 m 的地面微起伏可以平整，更大的起伏要考虑修筑梯田。坡度在 8° 以下时适宜机耕，8° ~ 17° 时尚可机耕，超过 17° 则难以机耕。山地一般较易缺水，因此需要考虑周边水源及建设灌溉设施。

因此，山地建园时，应充分进行调查研究，熟悉并掌握山地气候垂直分布带与小气候带的变化特点，这对于正确选择最适宜生态带及适宜小气候带建立果园，因地制宜地确定品种及栽培技术具有重要的实践意义。

三、丘　陵　地

丘陵地常指地面起伏不大、相对高差在 200 m 以下的地形，其中顶部与麓部相对高差小于 100 m 的丘陵称为浅丘，相对高差 100 ~ 200 m 的丘陵称为深丘。丘陵地是介于平地与山地之间的过渡性地形，地势一般较山地和缓。浅丘的特点近于平地，而深丘的特点近于山地。

与深丘相比，浅丘坡度较缓，冲刷程度较轻，土层较深厚，顶部与麓部土壤和气候条件差异小，建园时水土保持工程和灌溉设备的投资较少，且交通较方便，便于使用农业机械，是较为理想的建园地点。

深丘具有山地特点，海拔与坡向对小地形气候有明显影响，实施栽培技术较为复杂，且大都交通不便，产品与物资运输较为困难。

第二节　品 种 选 择

我国自 1978 年开始全国性的猕猴桃野生资源调查及育种研究，从早期引种新西兰品种‘海沃德’开始，到后来的以我国自选品种为主，猕猴桃产业经过了 40 多年的不断发展。截至目前，我国自主培育了 150 多个优良品种或品系，其中主要是中华猕猴桃和美味猕猴桃，极少量软枣猕猴桃和毛花猕猴桃（黄宏文，2013）。黄宏文等在《中国猕猴桃种质资源》一书中已详细介绍了我国猕猴桃的栽培品种，在此不再一一阐述，本节重点介绍品种选择依据及主要栽培种类的品种特性比较。

一、品种选择依据

（一）雌性品种

商品果园要以生产优质、安全、美味的果品来满足市场需要，为广大消费者服务并取得高效益是其根本任务。因此，选择合适的品种是果园实现丰产优质的前提，也是可持续发展的关键。选择的品种应具备以下条件。

（1）具有独特的经济性状。栽培品种除具备强健长势、强抗逆性、高产优质等基本特征外，还必须具有独特的经济性状，如成熟期适宜、风味和质地独特、贮藏性特强、美观的果形、诱人的果色、适于鲜食或加工等，这是生产名、优、特、新果品的种质基础。

（2）适应当地生态条件。每个猕猴桃品种都有其相应的种植范围，没有能够适应我国各地所有环境的品种。因此，品种选择时，必须遵循"适地适栽"原则，选择适于计划发展区生态条件如气候、土壤的良种，实现优良品种的优势区域布局。

（3）适应市场需要，经济效益高。果园的经济效益最终是通过果品在市场上的销售而实现的。对某个品种质量优劣的评价，须接受市场和消费者的检验，因此根据市场需求选择品种是商品果园的出发点。果实外观是吸引消费者的重要标志，如果面光洁无毛的中华猕猴桃品种比果面有硬毛的美味猕猴桃品种更受消费者喜爱。果实风味是留住消费者的重要内在品质，如风味浓甜的'红阳''东红''徐香''金艳''翠香'等类似品种在市场上深受消费者欢迎。果实的货架期长短是决定其在水果批发市场是否受欢迎的重要特性，如风味好但不耐贮的早熟品种'红阳'长期贮藏损耗大，适于短期贮藏或就近销售，而风味偏酸的'海沃德'因其极耐贮，销售中损耗能控制在5%以内，反而更受水果批发市场的欢迎。

供应全国大中城市商超和批发市场或出口销售的果园，一般建议选择耐运输、果实后熟期长、货架期长的优质品种，每个县主栽品种2～3个为宜。供应城郊或景区游客为目的的观光采摘果园，可选择果实后熟期略短、货架期中长的品种，且品种宜多样化，每个观光果园宜选择5～6个品种。生产加工原料的果园，则需要选择适宜加工的品种，以加工厂的需求决定品种搭配。

（二）授粉品种

猕猴桃为雌雄异株，在生产上必须配置授粉品种。因此需要从花期、花粉量及花粉活力等考虑授粉品种的配置。首先，要求与雌性品种花期一致，最好是早于雌性品种2～3 d开花，晚于雌性品种2～3 d谢花，即授粉品种的花期长，涵盖了雌性品种的花期，如果1个授粉品种做不到，可考虑配置花期相近的2个授粉品种。其次，要求花量大、出粉率高、花粉发芽率高，且与雌性品种授粉亲和力强，能产生高品质的果实。

（三）授粉品种配置

猕猴桃的雄株与雌株的距离，依据传粉媒介而定。猕猴桃的传粉媒介是微风和昆虫，因此在雄株配置时需考虑风向及蜜蜂的活动习性。一般主要有梅花式和行列式两种配置方式。

1．梅花式

按雌雄比例（5～8）∶1，猕猴桃树采用方形种植，以一株雄株为中心，周边配置5～8株雌株，有利于授粉（图4-1）。

（a）5∶1配置

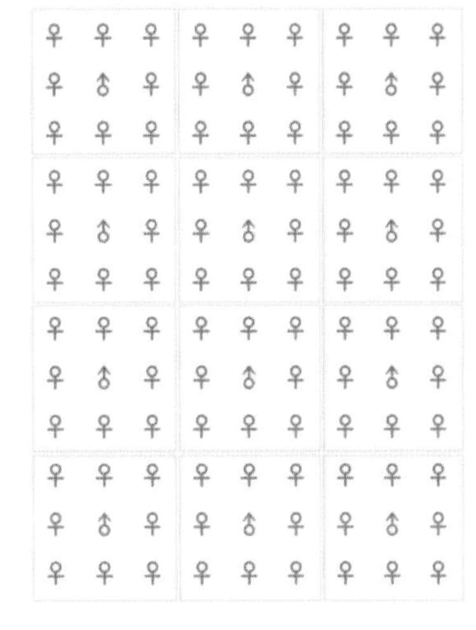

（b）8∶1配置

图4-1　梅花式雌雄配置方式

注：♀为雌株，♂为雄株。

2．行列式

大中型果园，配置授粉树可采取行列式，沿小区长边开始，按树行的方向整行栽植雄株。可1行雄株配1～2行雌株［雌雄比例（1～4）∶1］，并将雄株整成窄条带状，既有利于机械传粉、蜜蜂传粉，又有利于保障合理的结果面积（图4-2）。

（a）2∶1雄株带状定植

（b）雄株带状定植的新西兰果园

图4-2　行列式雌雄配置方式

注：♀为雌株，♂为雄株。

二、栽培品种特性比较

（一）花的生物学特性比较

1．初花时间和花期比较

中华猕猴桃 100 多个品种或品系的花期相差 1 个多月，且同一个品种在不同地方花期不相同。以武汉地区为例，花期大多集中在 4 月上旬至 5 月上旬，中华猕猴桃品种比美味猕猴桃品种早，详细介绍见第二章。目前国内 13 个主栽雌性品种及 7 个配套雄性品种（系）在武汉地区的初花时间和花期见表 4-1。

表 4-1　武汉地区中华猕猴桃和美味猕猴桃主栽品种的初花时间和花期

品种	性别	倍性	初花时间	花期 / d	品种	性别	倍性	初花时间	花期 / d
‘红阳’	♀	2*x*	4 月中旬	5	‘磨山 4 号’	♂	4*x*	4 月中下旬	15
‘东红’	♀	2*x*	4 月上中旬	5	‘磨山雄 5 号’	♂	4*x*	4 月中下旬	13
‘红阳雄’	♂	2*x*	4 月中旬	10	‘徐香’	♀	6*x*	4 月下旬至 5 月初	6
‘磨山雄 1 号’	♂	2*x*	4 月上中旬	13	‘金魁’	♀	6*x*	4 月下旬至 5 月初	7
‘磨山雄 2 号’	♂	2*x*	4 月上中旬	13	‘秦美’	♀	6*x*	4 月下旬至 5 月初	7
‘金桃’	♀	4*x*	4 月下旬至 5 月初	6	‘米良 1 号’	♀	6*x*	4 月下旬	5
‘金艳’	♀	4*x*	4 月底至 5 月初	6	‘贵长’	♀	6*x*	4 月下旬至 5 月初	6
‘武植三号’	♀	4*x*	4 月下旬	7	‘海沃德’	♀	6*x*	5 月上旬	7
‘翠玉’	♀	4*x*	4 月底至 5 月初	7	‘磨山雄 3 号’	♂	6*x*	4 月下旬	12
‘金圆’	♀	4*x*	4 月下旬至 5 月初	5	‘徐香雄’	♂	6*x*	4 月下旬	9

2．花颜色和大小比较

中华猕猴桃和美味猕猴桃类型品种花的花瓣为白色、花蕊为黄色；毛花猕猴桃类型品种花的花瓣为红色、花蕊为黄色；软枣猕猴桃类型品种花的花瓣为白色，花蕊为黑色，见第一章的图 1-2 ~ 图 1-5。而毛花猕猴桃和中华猕猴桃的天然杂交后代培育出的观赏鲜食兼用品种‘满天红’花的花瓣为玫瑰红色，花蕊为黄色（图 4-3）。

图 4-3　观赏鲜食兼用品种‘满天红’的花

中华猕猴桃和美味猕猴桃各品种花的大小不同，但染色体同一倍性的雌性品种间花的大小相近，而雄性品种的花小于雌性品种，六倍体美味猕猴桃和四倍体中华猕猴桃的花冠直径、花瓣数、柱头数、子房体积均比二倍体中华猕猴桃大，但美味猕猴桃花的雄蕊数远比所有倍性的中华猕猴桃的花多，详见第二章第四节。

（二）果实特性

1. 果实形态特征

目前猕猴桃主要栽培品种大多属于美味猕猴桃和中华猕猴桃，且多数是多倍体品种，只有红心类型品种为二倍体品种。绿肉类型主要有美味猕猴桃‘海沃德’‘徐香’‘金魁’‘秦美’‘米良 1 号’‘贵长’‘翠香’等和中华猕猴桃‘翠玉’‘武植三号’等品种，共同特点是果肉绿色或浅绿色、果肉质地致密或细嫩、风味浓郁香甜或酸甜适口，区别在于美味猕猴桃果面有褐色硬毛。黄肉类型主要有中华猕猴桃‘金桃’‘华优’‘金丰’‘金农’‘Hort16A’‘G3’等和毛花猕猴桃与中华猕猴桃杂交后代系列品种‘金艳’‘金圆’‘金梅’‘满天红’‘满天红 2 号’等，果肉质地细嫩，风味浓甜，果面密被软毛，有的成熟时脱落。红心品种主要有中华猕猴桃‘红阳’‘东红’‘楚红’‘红华’‘晚红’‘脐红’等和美味猕猴桃‘红美’‘龙山红’‘东玫’等。中华红心系列果面密被软毛、成熟时脱落光滑，果实外果皮为黄色或黄绿色，而种子分布区呈现鲜艳的红色，果实横切面像个鲜红的太阳；而美味红心系列果面密被硬毛，成熟时不脱落，果实外果皮为绿色或黄绿色，种子分布区呈现鲜艳的红色。这些主栽品种的果实特征见表 4-2，营养成分见表 4-3。部分主栽品种果实的外观见图 4-4 ~ 图 4-6。

（a）‘海沃德’　（b）‘徐香’　（c）‘贵长’

（d）‘翠香’　（e）‘金魁’　（f）‘翠玉’

图 4-4　部分绿肉猕猴桃品种的结果状

（a）‘金桃’ （b）‘金艳’ （c）‘金圆’

（d）‘金梅’ （e）‘金霞’ （f）‘满天红 2 号’

图 4-5 部分黄肉猕猴桃品种的结果状

（a）‘红阳’ （b）‘东红’ （c）‘红华’

（d）‘晚红’ （e）‘楚红’ （f）‘红美’（四川苍溪余中树提供）

图 4-6 部分红心猕猴桃品种的结果状

表 4-2　国内常见的 13 个栽培品种果实性状

品种	倍性	外观性状描述				内在性状描述		
		平均果重 / g	果形	果皮颜色	果面毛被（成熟）	果肉颜色	果实横切面	果肉质地
‘红阳’	2x	65～75（自然） 80～110（CPPU）	圆柱或梯	绿色	光滑、无	中果皮黄绿色，内果皮鲜红色	圆	细嫩
‘东红’	2x	65～75（自然） 80～110（CPPU）	长圆柱	绿褐	光滑、无	中果皮金黄色，内果皮艳红色	圆	脆，紧
‘金桃’	4x	80～100	长圆柱	黄褐	短茸毛，脱落	金黄	圆	脆、紧
‘金艳’	4x	100～130	长圆柱	黄褐	短茸毛	金黄	圆	细嫩
‘金圆’	4x	84～110	短圆柱	黄褐	短绒毛	金黄	圆	细嫩
‘翠玉’	4x	80～100	圆锥	绿褐	无毛	绿或浅绿	圆或扁圆	脆、紧
‘海沃德’	6x	80～120	椭圆	褐色	褐色硬毛	绿	圆	细嫩
‘徐香’	6x	70～110	圆柱	黄绿	黄褐色硬毛	绿	圆	细嫩
‘秦美’	6x	100	短椭圆	绿褐	褐色硬毛	淡绿	扁圆	细嫩
‘金魁’	6x	100～130	圆柱	黄褐	棕褐硬毛	翠绿	圆或扁圆	较粗
‘米良1号’	6x	87～110	长圆柱	棕褐	褐色长茸毛	黄绿	圆	较粗
‘翠香’	6x	92	长纺锤	黄褐	黄褐硬短茸毛，易脱落	翠绿	扁圆	细
‘贵长’	6x	70～100	长圆柱	褐色	灰褐长糙毛	淡绿	圆	细、脆

数据来源：参考黄宏文（2013）及对武汉植物园猕猴桃中心多年检测结果整理。

表 4-3　国内常见的 11 个栽培品种果实软熟时营养成分及风味品质（武汉 2010～2016 年）

品种	倍性	可溶性固形物 / %	总糖 / %	总酸 / %	固酸比	维生素 C /（mg/100g）	钾 /（mg/100g）	钙 /（mg/100g）
‘红阳’	2x	16.02	13.69	0.91	17.6	83.23	195.1	44.4
‘东红’	2x	17.34	13.20	1.23	14.1	153.00	240.0	47.3
‘金桃’	4x	15.04	9.71	1.19	12.6	185.56	254.7	52.3
‘金艳’	4x	14.65	9.00	0.86	17.0	105.00	372.0	54.6
‘金圆’	4x	16.50	10.00	1.30	12.7	122.00	220.0	35.0
‘翠玉’	4x	16.20	13.25	1.27	12.8	119.25	269.6	52.1
‘海沃德’	6x	14.24	8.25	1.63	8.7	58.20	166.9	61.0
‘徐香’	6x	14.39	14.09	0.95	15.1	101.97	159.1	38.8
‘秦美’	6x	14.81	10.29	1.43	10.4	140.38	175.6	41.2
‘金魁’	6x	18.50	12.50	1.40	13.2	131.00	—	—
‘米良1号’	6x	16.04	9.55	1.41	11.4	141.11	167.4	50.4

数据来源：参考黄宏文（2013）及对武汉植物园猕猴桃中心多年检测结果整理。

2. 果实贮藏性

国际主栽品种‘海沃德’果实贮藏性极强，其次是近十年推出的晚熟黄肉猕猴桃品种‘金艳’，‘海沃德’和‘金艳’的采后常温后熟期分别是 49 d 和 42 d，比同时期成熟的‘金魁’‘秦美’‘三峡 1 号’要长 15～34 d。国内栽培品种很多，贮藏性长短不一，目前国内主栽品

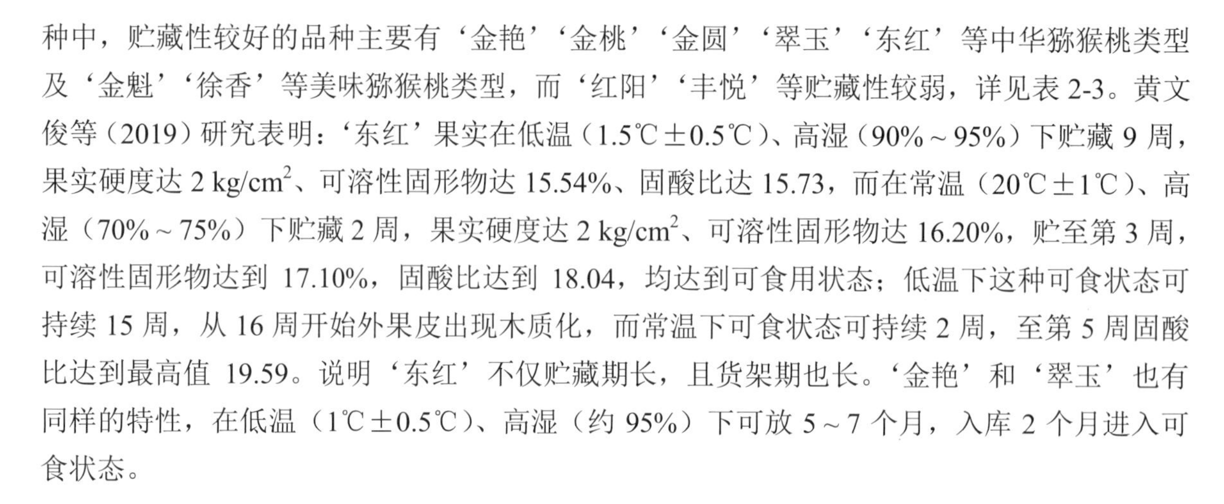

种中，贮藏性较好的品种主要有‘金艳’‘金桃’‘金圆’‘翠玉’‘东红’等中华猕猴桃类型及‘金魁’‘徐香’等美味猕猴桃类型，而‘红阳’‘丰悦’等贮藏性较弱，详见表2-3。黄文俊等（2019）研究表明：‘东红’果实在低温（1.5℃±0.5℃）、高湿（90%～95%）下贮藏9周，果实硬度达2 kg/cm^2、可溶性固形物达15.54%、固酸比达15.73，而在常温（20℃±1℃）、高湿（70%～75%）下贮藏2周，果实硬度达2 kg/cm^2、可溶性固形物达16.20%，贮至第3周，可溶性固形物达到17.10%，固酸比达到18.04，均达到可食用状态；低温下这种可食状态可持续15周，从16周开始外果皮出现木质化，而常温下可食状态可持续2周，至第5周固酸比达到最高值19.59。说明‘东红’不仅贮藏期长，且货架期也长。‘金艳’和‘翠玉’也有同样的特性，在低温（1℃±0.5℃）、高湿（约95%）下可放5～7个月，入库2个月进入可食状态。

（三）适应性比较

1. 对生态环境要求的差异

不同类型品种对生态环境的要求不同，不同种类猕猴桃对环境的要求详见第三章。就对温度的敏感性而言，美味猕猴桃品种比较抗寒，但不抗热；而中华猕猴桃品种抗寒性较弱，但耐热性较强，尤其以二倍体品种类型表现更突出。近年来开始逐渐大规模发展的软枣猕猴桃极抗寒，但不抗热。因此，各地选择品种时，需要综合考虑品种对环境的要求。按露地栽培的要求来进行品种选择，不同类型品种的最佳生态环境区域如下。

二倍体中华猕猴桃品种‘红阳’‘东红’‘金农’及毛花猕猴桃为亲本培育的品种如‘金艳’‘金圆’‘金梅’‘满天红’‘满天红2号’的最佳种植区域在冬暖夏凉地区，冬季最冷月极端低温-3℃以上，且要求需冷量达到660 h以上，最热月平均气温30℃以内。其中‘红阳’‘满天红’‘满天红2号’对低温更敏感，冬季最冷月极端低温要求在0℃以上，2℃以上更佳。

四倍体猕猴桃品种‘金桃’‘华优’‘翠玉’等抗寒性较强，其最佳种植区域为最冷月极端低温-6℃以上，最热月的日间平均气温35℃以内，同时要求冬季需冷量达到900～1 000 h。

六倍体美味猕猴桃品种‘海沃德’‘徐香’‘秦美’‘米良1号’‘金魁’等抗寒性更强，其最佳种植区域为最冷月极端低温-10℃以上，最热月的日间平均气温30℃以内，同样要求冬季需冷量达到900 h以上。

所有品种都要求种植区域雨量充沛或水源充足，春季倒春寒或秋季早霜、冰雹等异常气候较少或没有。软枣猕猴桃类型品种更抗寒，不抗热，因此，南方如要种植，则宜选择最冷月极端低温-20℃以上，最热月的日间平均气温27℃以内的区域。目前适于南方种植的软枣猕猴桃品种有中科院武汉植物园选育的‘猕枣1号’‘猕枣2号’‘绿珠’等，还有其他育种单位推出的系列适于南方生态环境的类似品种；而北方育种单位选出的品种到南方种植，需要经过多年的区域试验确认。

2. 抗病性差异

目前影响猕猴桃产业发展的主要病害有细菌性溃疡病、细菌性花腐病，真菌性果实软腐病、黑斑病、菌核病、灰霉病等，特别是细菌性溃疡病，一旦严重发病，则有极高的毁园风险；而果实软腐病是隐蔽性的病害，于生长季节感染，采后表现症状，给经销商们带来较大

损失，也严重影响消费者对猕猴桃果实风味的正确评判。

各品种对细菌性溃疡病的抗性与抗寒性相对应，美味猕猴桃品种和中华猕猴桃四倍体品种对溃疡病的抗性强于中华猕猴桃二倍体品种及毛花猕猴桃与中华猕猴桃杂交品种。目前，国内主栽品种‘红阳’‘晚红’‘脐红’‘Hort16A’‘金阳’‘楚红’‘庐山香’等被证实对溃疡病中感或高感（刘娟，2015；张慧琴　等，2014；申哲　等，2009）；‘海沃德’‘华优’‘早鲜’‘魁蜜’‘秦美’‘晨光’‘布鲁诺’‘米良 1 号’‘金什’‘翠香’‘秦美’等被认为对溃疡病中抗或中感（李聪，2016；石志军　等，2014；易盼盼，2014）；仅少数几个品种如‘华特’‘徐香’‘金魁’‘翠玉’等被认为是对溃疡病高抗（陈虹君　等，2018；秦虎强　等，2016）。笔者所在团队的研究同样认为，‘徐香’‘金魁’‘翠玉’等抗病性非常强，而‘东红’‘金农’等抗性强于其他二倍体品种，尤其以‘红阳’‘晚红’等表现易感。

笔者团队对全国各产区多品种猕猴桃果实的软腐病发病情况进行了调查与鉴定，发现大部分品种都易感染此病，特别是老果园的发病率较高。笔者团队同时用 4 个果实软腐病的菌株对国家猕猴桃种质资源圃 31 个栽培品种进行抗性筛选，在第 10 天统一观察果实的发病情况，对感病指数进行分级，根据各品种的总感病指数对其抗性进行综合评价。结果证实，抗性较强的品种是‘东红’和‘金桃’，而最易感品种是‘香绿’，中度感病的有‘金圆’‘金霞’‘金魁’‘徐香’等。

毛花猕猴桃原生境主要在我国南方冬暖夏凉的山区，其抗寒性和耐热性均较弱。因此，以其作亲本培育的观赏鲜食品种‘满天红’和‘满天红 2 号’，虽具有独特性状，果实风味品质优、花玫瑰红色，但这两个品种的抗性相对较低，不抗果实软腐病和细菌性溃疡病，只适合于冬暖夏凉、相对干燥条件区域种植，或采用温室大棚或避雨棚栽培，即适于设施农业或庭院栽培。

综上，想发展猕猴桃但自然条件不适合露地栽培时，可采取设施栽培，如简易塑料大棚或温室大棚（图 4-7），为其生长提供稳定而适宜的条件。

（a）意大利的大棚

（b）简易塑料大棚

图 4-7　温室大棚种植

（四）知识产权保护

各育种单位越来越重视品种知识产权保护。根据农业农村部植物新品种保护办公室数据统计，自 2003 年 7 月猕猴桃属（*Actinidia* Lindl）列为我国农业植物新品种权保护名录起，至 2018 年 6 月，15 年间猕猴桃属共受理申请 129 件，共授权 72 件，其中国内申请 112 件，授权 66 件（张海晶 等，2019），即猕猴桃属自列入保护名录以来，我国各育种单位获得新品种授权的品种就达 66 个。这其中很多品种实现了商业化转让，如中科院武汉植物园选育的'金桃''金艳''东红''金圆''磨山 4 号'等实现国内外授权转让，湖北省农科院果树茶叶研究所选育的'金农'和'金阳'授权美国奥本大学等。随着人们对品种保护意识的增强，品种权受保护程度提高，吸引了更多企业或个人参与到新品种培育中。而从事种植的单位或个人要发展新品种，必须提前取得该品种权人的授权，否则会发生知识产权争议。因此，选择品种时应特别慎重，最好到品种权人或授权销售人处购买相应品种的苗木或接穗。

第三节　园地规划与设计

一、园地基本情况调查

（一）自然气候条件

自然气候条件主要包括年平均气温、最高与最低温度、生长期积温、休眠期 0～7℃ 温度积累量、无霜期、日照时数、年降水量及主要时期的分布、当地灾害性天气（大风、倒春寒、冰雹和洪水等）出现频率及变化规律等。

选择园地时，首先调查计划发展区域的十年气象资料，重点考虑冬季最低温度、冬季 0～7℃ 温度积累量、生长季节的有效积温、夏季平均气温，对照第三章介绍的猕猴桃生态环境要求，确定是否合适。

（二）地表及土壤条件

山地应调查掌握海拔、垂直分布带与小气候带、坡度、坡向、有效土层厚度、土壤类型、土壤植被及冲刷情况。丘陵地和平地应调查土层厚度、土壤质地、土壤结构、地下水位及其变化动态，土壤植被和冲刷情况。所有类型土壤均应测定土壤的酸碱度、有机质含量、主要营养元素含量。确定地块后，要对地块多点取土样化验分析营养成分，同时挖 1 m 深的土穴观察各层土壤结构（图 4-8）。按照第三章介绍的土壤要求选择地块。

图 4-8　观察土壤各层次结构

（三）灌排水条件

灌排水条件主要包括水源，现有灌排水设施和利用现状，这对猕猴桃种植至关重要。选

择地块要求其一年中最高地下水位离地面高度 ≥1.2 m 最优，≥0.8 m 次之。同时要有排水通道，有一定坡降的地块最佳。周边要有持续灌溉的水源，以及配套的灌溉设施。

（四）社会经济状况及交通条件

包括建园周边地区的人口、劳动力数量和技术素质，当地经济发展水平、居民的收入及消费状况，乡镇企业发展现状及预测，果品贮藏和加工设备及技术水平，能源交通状况，当地果业产业化程度及合作社组织规模，市场销售供求状况及发展趋势等。

调查所选园地的产权状况是否清楚，离周边农户有多远，将来园区的建设及管理措施是否对周边农户有潜在的伤害风险。要求所选择园地交通便利，靠近交通要道或下一步即将在附近建设交通干道最佳，同时要求远离大型工厂，避开环境污染。

（五）选地

确定种植前，先对预选区域进行上述情况调查，同时根据选地具体考察结果进行评分。调查清单如表 4-4，应如实填写。

表 4-4　选地具体考察事项清单

项目		备注
资料类	近十年的气象资料	日照时数 □　年积温 □　最低温度 □　最高温度 □　最冷月平均气温 □ 降水量 □　无霜期 □　风速 □　灾害性天气 □　最热月平均气温 □
	土壤普查	土壤养分 □　土壤类型分布 □
	种植区划	土壤利用情况 □　植被情况 □　生态环境 □
	图纸类	地形图（带等高线）□　行政区域图 □
环境类	空气质量	二氧化硫 □　二氧化氮 □　总悬浮颗粒物 □　降尘 □ 平均综合指数 □　空气质量实际级别 □
	水环境质量	COD_{Mn} □　氨氮 □　总磷 □　氟化物 □　石油类 □　砷 □ 汞 □　铅 □　BOD_5 □　溶解氧 □　挥发酚 □　污染级别 □ 水质类别 □　酸雨频率 □　酸雨雨量 □　pH 值范围 □　pH 年均值 □
	水文条件	水源 □　地下水位 □　排灌条件 □
	交通条件	□
	周边工业情况	□
土壤营养与农残分析	土壤剖面挖掘	1 m 深 □　照片 □　取土样 □
	土壤分析	pH □　土层厚度 □　土质 □　土壤类型 □ 水分 □　氮 □　磷 □　钾 □　有机质 □　铜 □ 锌 □　铁 □　锰 □　硼 □　硫 □　钙 □　镁 □ 六六六 □　DDT □　As □　Hg □　Cd □　Cr □　Pb □
社会经济情况	土地价格	租地价格 □　土地地上附着物情况（建筑物 □、林果 □、花木 □等）
	当地农民情况	劳力情况 □　劳动力价格 □　年人均收入 □　纯收入 □　收入来源情况 □ 农民勤劳情况 □　特殊习俗 □
其他	投资环境	社会治安状况 □　基地所在地的乡、村二级党政班子情况 □
	能源	有机肥来源及种类 □　电力来源及配套情况 □
	人才	野生资源人工栽培情况 □　技术力量 □

选地评分因子见表 4-5。低于 24 分不在考虑范围内，达到 24 分可综合其他因素考虑。

表 4-5 选地因子评分简表

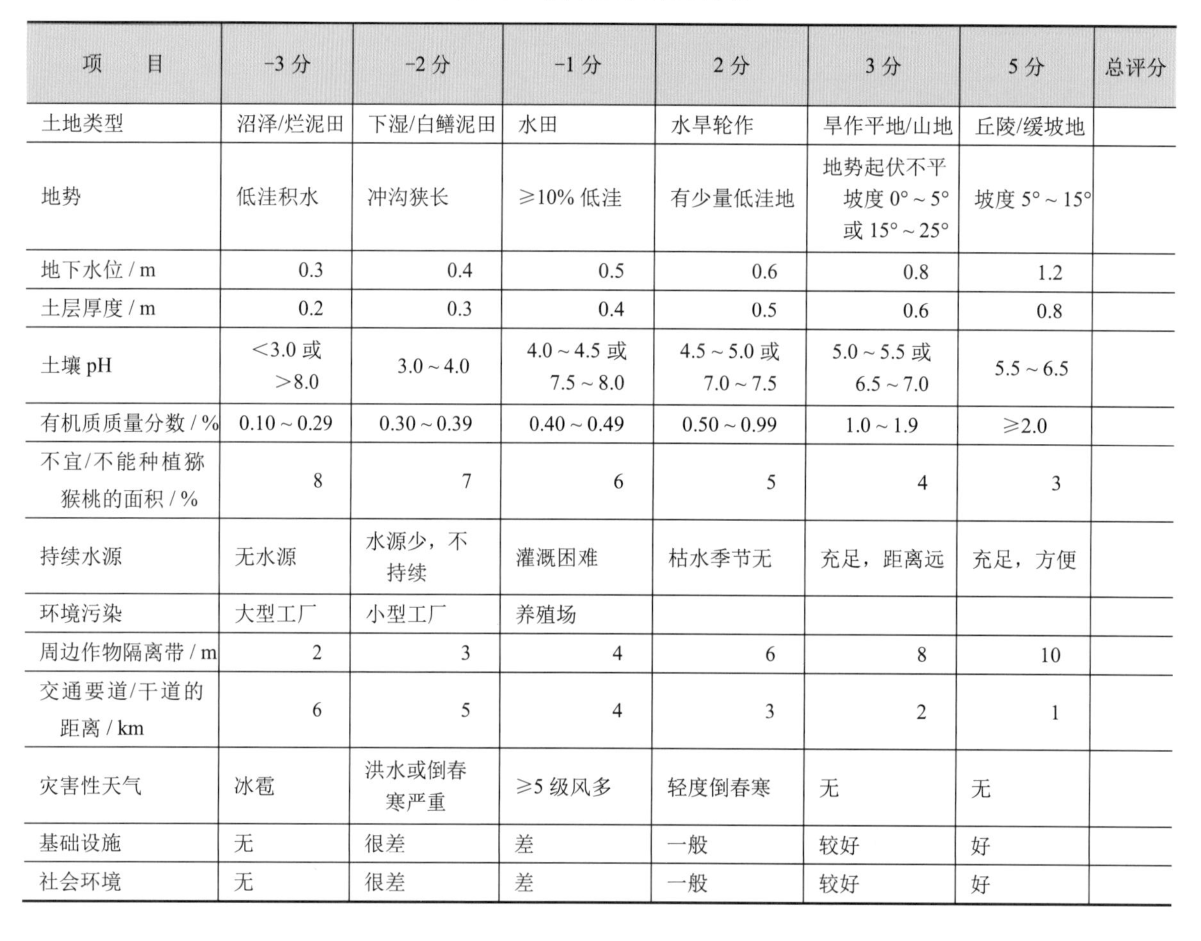

项　目	-3 分	-2 分	-1 分	2 分	3 分	5 分	总评分
土地类型	沼泽/烂泥田	下湿/白鳝泥田	水田	水旱轮作	旱作平地/山地	丘陵/缓坡地	
地势	低洼积水	冲沟狭长	≥10% 低洼	有少量低洼地	地势起伏不平坡度 0° ~ 5° 或 15° ~ 25°	坡度 5° ~ 15°	
地下水位 / m	0.3	0.4	0.5	0.6	0.8	1.2	
土层厚度 / m	0.2	0.3	0.4	0.5	0.6	0.8	
土壤 pH	<3.0 或 >8.0	3.0 ~ 4.0	4.0 ~ 4.5 或 7.5 ~ 8.0	4.5 ~ 5.0 或 7.0 ~ 7.5	5.0 ~ 5.5 或 6.5 ~ 7.0	5.5 ~ 6.5	
有机质质量分数 / %	0.10 ~ 0.29	0.30 ~ 0.39	0.40 ~ 0.49	0.50 ~ 0.99	1.0 ~ 1.9	≥2.0	
不宜/不能种植猕猴桃的面积 / %	8	7	6	5	4	3	
持续水源	无水源	水源少，不持续	灌溉困难	枯水季节无	充足，距离远	充足，方便	
环境污染	大型工厂	小型工厂	养殖场				
周边作物隔离带 / m	2	3	4	6	8	10	
交通要道/干道的距离 / km	6	5	4	3	2	1	
灾害性天气	冰雹	洪水或倒春寒严重	≥5 级风多	轻度倒春寒	无	无	
基础设施	无	很差	差	一般	较好	好	
社会环境	无	很差	差	一般	较好	好	

（六）测量地形并绘制地形图

首先进行地形测量，依据测量结果绘制 1∶1 000 地形图，在地形图上应绘出等高线（平地 0.5 m 一条，丘陵、山地 1 m 一条）、高差和地物，以地形图为基础绘制出土地利用现况图、土壤分布图、水利图等供设计规划使用。

二、果园土地规划

种植面积较小的单元，园地规划往往被忽视，但对于种植面积较大的果园，园地规划很重要，面积越大，规划设计的重要性越大。合理规划不仅可以提高生产效率、提高土地利用率，而且有利于果园机械化作业和防灾减灾。

（一）果园规划依据

1. 经营目的

专业化商品生产果园，以生产优质、耐贮果品获取最大经济效益为目的。如供应鲜销市场，则要求风味品质优、货架期长；如作为加工原料，则要求符合加工产品对原料的特定需

求。庭院式或观光果园，应以服从美化、舒适及邻近城市或美丽乡村建设等整体布局为前提，选择风味品质优、果肉颜色或质地多样化、花色多样、不同花期、不同成熟期的品种，力求延长花果观赏期和果品供应期。

2．兼顾长短期效益

建园既要考虑当前，又要考虑长远，周密考虑种类、品种，长、中、短期权衡，形成多个方案，充分分析论证。规划中忌主观愿望，忌一刀切。

3．适应现代化管理

现代果业要求集约化管理水平较高，其商品率高，竞争性强。在市场竞争日益激烈的形势下，必须以现代科技武装生产，必须以尽可能完善的设施服务于果树生产。坚持做到全面规划、统筹安排、分步实施，既便于引进和应用新技术成果，又能适应现代化管理要求。

4．果园规模

20 世纪 80 年代初，我国开始了猕猴桃商业化种植，集体经营果园的种植面积多为 50～1 000 亩。承包经营之后，果园面积以 50 亩以内的小果园为主，大多是在 30 亩以内。随着社会经济的发展，逐渐出现了较大规模的果园，果园面积从数百亩至数千亩不等，特别是大企业的介入，四川、陕西、湖北和江西等地出现种植规模近 1 万亩的生产企业。

小型果园的规划，主要是选择品种和架式；中、大型果园，主要综合考虑，全面规划，分区生产。大面积建园，土地规划中应保证生产用地的优先地位，并使各项服务于生产的用地保持协调的比例。通常各类用地比例约为：果树种植面积 80%～85%，防护林 3%～5%，道路沟渠约 8%，办公生产生活用房屋、苗圃、蓄水池、积肥池等共 4%～7%。

（二）果园小区规划

果园小区是基本生产单位，直接影响果园的经营效益和生产成本，是规划的重要内容，其规划依据主要是小区内的气候和土壤条件应当基本一致。山地和丘陵地的果园小区规划有利于水土保持，有利于防止果园的风害、倒春寒、晚霜等自然灾害，有利于果园的运输和机械化作业。

小区的面积因立地条件而不同，平地或气候、土壤条件较为一致的区域，每个小区面积可设计 50～100 亩；山地与丘陵地形复杂，气候、土壤条件受地形影响差异较大的区域，小区面积可设计到 10～30 亩。小区面积应因地制宜、大小适当，面积过大管理不便，面积过小不利于机械化作业，还会增加非生产用地的比例。

小区形状多采用长方形，长边与短边比例应为（2～5）∶1。农机具沿长边行驶，可减少转弯次数，提高工作效率。平地果园小区的长边，应与当地主要风向垂直，使果园的行向与小区的长边垂直。防护林应沿小区长边配置，以加强防风效果（图 4-9）。山地与丘陵地果园小区可呈带状长方形，小区的长边与等高线走向一致，提高水土保持工程效益。

（三）果园道路系统规划

大、中型果园的道路系统由主路（干路）、支路和小路组成。主路要求位置适中，贯穿全园，通常设置在栽植大区之内，主、副林带一侧。路面宽度以能并行两辆卡车为限，一般 6～

8 m。山地果园的主路可以环山而上或呈“之”字形，纵向路面坡度不宜过大，以卡车能安全上下行驶为度。支路是从主路到各个小区之间的运输道路，一般 3 ~ 4 m。小区内或环绕果园可根据需要设置小路，宽 2 ~ 3 m，以人行为主或能通过常用农机为宜。山地果园的小路可根据需要顺坡修筑，多修在分水线上。如果修在集水线上，路基易被集流冲垮。小型果园可不设主路和小路，只设支路。平地果园可将道路设在防护林与果园之间，减少防护林对果园的遮阴。主路和支路两侧，应按照排水系统设计，修筑排水沟，并于果树行端保留 6 ~ 8 m 机械、车辆回转地带（图 4-10）。

图 4-9　新西兰果园以防护林和道路将果园划分为大小较一致的长方形小区（平地）

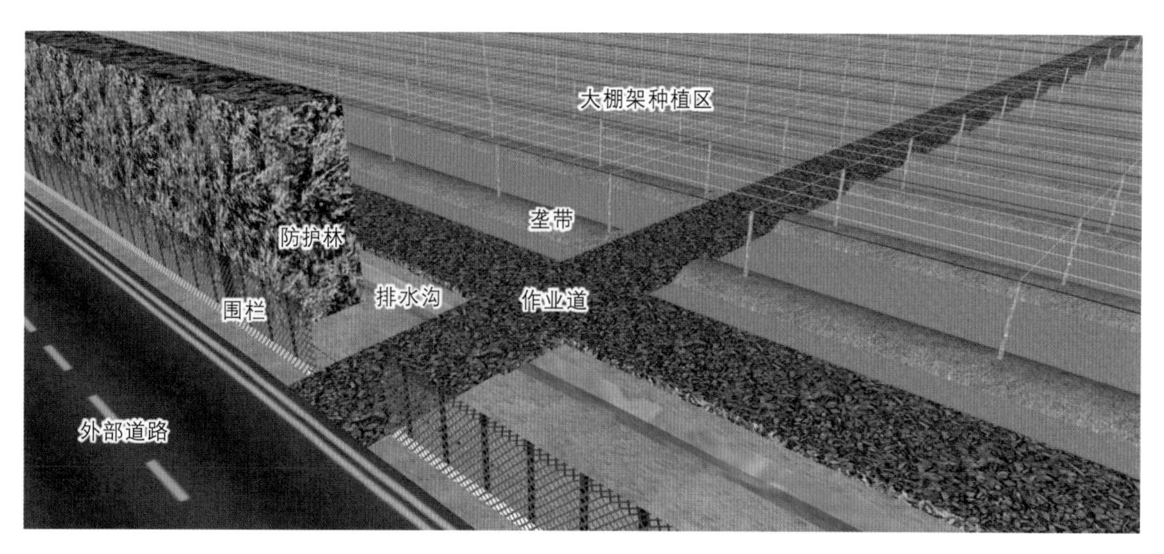

图 4-10　平地果园规划（包含外部道路和作业道、围栏、防护林、排水沟、种植区等）

陡坡地果园依靠道路运输较为困难，可利用空中索道或单轨运输车道承担生产资料及产品运输任务。索道用搬运器在空中移动，不影响地面操作，但必须设立固定装卸站。单轨车的设备是在地面上，在运行途中随时可装卸，在规划时要占据一定的面积。这两种运输装置的设置，应充分注意其设置的地点及运行路线，以提高效率，保证安全。

图 4-11 果园化粪池

（四）辅助物建设规划

猕猴桃是多年生作物，一般有 40 年以上的经营期限，因此一个完整的生产企业，需要规划和建造必要的管理用房与生产用房。果园辅助建筑物包括办公室、车辆库、工具房、肥料与农药库、包装场、配药场、果品贮藏库及加工厂等，均应设在交通方便和有利于作业的地方。在 2 ~ 3 个小区的中间，靠近主道和支道处，设立休息室及工具库。小型果园田间设化粪池，用于平时蓄积粪肥和施肥用（图 4-11）。

三、果园防护林设计

（一）防护林的作用

1. 降低风速，减少风害

果园四周栽植高大的树木作防护林，可以降低风速，减少风害。据河北农业大学调查，防护林保护下的果园，平均降低风速 60% 左右（赵锡如，1983）。同一林带，随风速加大，防风效果更明显。杨德荣等（2018）在柚树园四周建防护林，同样证实防护林能降低园内风速 51.2%，有利于保护果实生长。

2. 调节温度，提高湿度

果园防护林对改善果园的小气候环境、调节温度、提高湿度方面有明显作用。在冬春季节，有防护林的果园温度高于无防护林果园，因而有利于果树安全越冬及防止早春冻害。在夏季，有防护林的果园温度低于无防护林的果园，避开了高温对果树的不利影响。河北农业大学的研究结果同样证明防护林增加果园空气湿度 10%（赵锡如，1983）。杨德荣等（2018）在柚树园开展防护林研究表明，果园防护林全年能提高果园空气温度 3.2%，增加空气湿度 3.7%，增加表土层（0 ~ 15 cm）土壤温度 4.6% 和土壤含水量 2.5%，特别是春季和冬季可提高空气温度 5.2% 和 9.4%，夏季降低空气温度 5.1%。有防护林的果园全年相对湿度均高于无防护林果园，在干旱地区或灌溉成本高的地区，具有显著的生态与经济效益。

3. 保持水土，防止风蚀

山地及丘陵地果园营造防护林，可以涵养水源、保持水土、防止冲刷。防护林一般为高大乔木，根系分布深广，抗风能力强。同时落下大量枝叶，分解腐烂后，既可增加果园土壤有机质含量，又可保护地面免遭雨水冲刷及地面径流侵蚀。据测定，1 kg 枯枝落叶可以吸收 2～5 kg 降水。当水分饱和后，多余的水分渗入土中，变成地下水，大大减少了地面径流。在 10° 斜坡上，有枯枝落叶层覆盖的地表，其径流仅为裸地的 1/3。在 25° 斜坡上，枯枝落叶层的水流速度仅为裸地的 1/40，因而起到保护水土、防止冲刷的作用（张玉星，2011）。

（二）防护林的类型

防护林多根据果园规模大小和有害风向，参照地势、地形、气候特点进行规划。100 亩以下的小型果园，多在果园外围主要有害风向的迎风面栽植 2～4 行乔木为防护林带，或在风谷口栽植较密集的林带作风障。大、中型果园，应建立防护林网。

防护林可以分为疏透型林带及紧密型林带两种类型（图 4-12），林带结构不同，防护效益和范围有明显差别。疏透型林带可分为上部紧密下部透风类型及上下通风均匀的网孔式类型，可通过一部分气流，使从正面来的风大部分沿林带向上走超越林带而过，小部分气流穿过林带形成许多环流进入果园而使风速降低。因其上下部的气压差较小，大风越过林带后，风速逐渐恢复。疏透型林带迎风面的防护范围为林带高的 5 倍，背面为林带高的 25～35 倍，但以距林带 10～15 倍的地带防护效果最好。疏透型林带还具有排气良好、冷空气下沉缓慢、辐射霜冻较轻、果园积雪比较均匀等优点。目前各国均趋向于营造疏透型林带，适宜的林带透风度为 35%～50%。透风度（或透风系数）是从与林缘垂直方向观察时，林冠的空隙面积（未被枝、叶、干所堵塞的间隙）合计除以林带总面积所得的值，是衡量林带稀疏程度的指标（张玉星，2011）。

（a）上部紧密下部透风疏透型林带

（b）网孔式疏透型林带

（c）紧密型林带

图 4-12　防护林类型

紧密型林带是由多行高大乔木、中等乔木及灌木树种组成，林带从上到下结构紧密，形成高大而紧密的树墙。气流不易从林带通过，而使迎风面形成高压，迫使气流上升，越过林

带顶部后，气流迅速下降，很快恢复原来风速。这种林带防护范围比疏透型林带小，但在其防护范围内防护效果较好，调节空气温度、提高湿度的效果也较疏透型明显。紧密型林带透风能力低，冷空气容易在果园中沉积而形成辐射霜冻，背风面容易积雪和积沙。因此，在山谷及坡地上部宜配置紧密型林带，以阻挡冷空气下沉，而在下部则宜设置疏透型林带，以利于冷空气的排除，防止霜冻危害。

（三）防护林带树种的选择

对防护林树种的要求主要有以下几方面。

（1）适应当地环境条件能力强。应尽可能选用乡土树种。

（2）生长迅速，枝叶繁茂。乔木树种要求树种高大，树冠紧凑直立，寿命长，防风效果好。灌木要求枝多叶密。

（3）抗逆性强，根系发达、入土深，根蘖发生少，抗风力强，对果树抑制作用小。

（4）与猕猴桃无共同病虫害，且不是病虫害的中间寄主，如樟树是蚧壳虫类、柑橘大灰象甲等的中间寄主。最好是猕猴桃病虫害天敌的栖息或越冬场所。

（5）具有较高的经济价值，可作架材、筐材、药材、建筑原木、加工材料以及蜜源植物等。如果作蜜源植物，其花期需与猕猴桃的花期错开。

常用的适宜防护林乔木树种有加拿大杨、毛白杨、北京杨、小叶杨、银白杨、箭杆杨、旱柳、榆、橡树、白蜡、臭椿、苦栎、沙枣、皂角、马尾松、杉、柳杉、黑松、柏木、喜树、乌桕、麻栗、锥栗、板栗、石楠、合欢、枫杨、枫香、柞树、山定子、杜梨、柿、杜仲等，小乔木或灌木树种有紫穗槐、荆条、胡枝子、酸枣、枸杞、女贞、胡颓子、木麻黄、枳等。

（四）防护林种植

1．配置

主林带的方向应与主要风害的风向垂直。如因地势、地形、河流、沟谷的影响，主林带的走向不能与主要风害的风向垂直时，林带与风向之间的偏角不超过30°，防风效果基本不受影响；但为增强防风效果，宜在与主林带垂直方向设副林带或折风线，形成防护林网。

山地果园地形复杂，防护林的配置有其特点，如迎风坡林带宜密，背风坡林带宜稀。山岭风常与山谷沟方向一致，故主林带不宜跨谷地，可与谷向呈30°夹角。并使谷地下部的林带偏于谷口，谷地下部宜采用透风林带，以利冷空气排出。

2．林带间距离

林带间的距离与林带长度、高度和宽度以及当地的最大风速有关。通常是风速越大，林带间距离越短。防护林越长，防护的范围越大。林带的高度与防护范围密切相关。根据我国各地多年的经验，主林带间的距离一般为 300～400 m，风沙较大及滨海台风地区可缩小到200～250 m。副林带的距离在风沙较小的地区可为 500～800 m，风沙严重地区可减少到300 m左右。

3．林带的宽度

林带内栽植行数不同，降低风速的效果有明显差别。在旷野风速为 7 m/s 的情况下，经过 4 行毛白杨林带时，在林带高 20 倍范围内平均风速为 2.9 m/s，比对照降低 59%；而通过 3 行毛白杨林带时，平均风速为 4.6 m/s，比对照降低 34%；10 行树的林带平均风速比 3 ~ 5 行树的林带降低 23.3%。但行数越多，越占用生产用地，而防风的效应并不能相应提高。一般国内外农田防护林占地比率为被保护地区的 1.5% ~ 3.5%，如美国的加利福尼亚州，其主林带由 5 ~ 8 行组成，副林带由 2 ~ 4 行组成（张玉星，2011）。

4．营造技术

防护林的株行距可根据树种及立地条件而定，乔木树种株行距常为（1.0 ~ 1.5）m×（2.0 ~ 2.5）m。灌木类树种株行距为 1 m×1 m。林带内部提倡乔木和灌木混栽或针阔混栽方式。双行以上者采取行间混栽，单行可采用行内株间混栽。

防护林栽植时间宜在果树栽植前 1 ~ 2 年，选用生长快的树种，也可以与果树同时栽植。要防止防护林带对果树遮阴及向果园串根，要特别注意保持与相邻行果树间的适宜距离。果园南部的林带要求距相邻行树不少于 20 m，果园北面的林带不少于 15 m。在此间隔距离内可设置道路或排灌水渠，以经济利用土地。

5．防风网的设置

近年来，有些国家如日本、新西兰等，在果园使用化学纤维织成的防风网，收到了良好的防风效果，且减少了防护林的遮阴损失，提高土地利用率 10% 左右。防风网用尼龙或聚乙烯制成，使用寿命 6 ~ 7 年，一次性投资较大。

新西兰的猕猴桃主产区普伦提湾地区，新建果园防风网的使用率越来越高，起到的防风效果和原来的防护林带一样，还提高土地利用率（图 4-13）。近年来，我国部分猕猴桃果园也开始采用防风网技术，收效和防护林一样。

（a）上下紧密型

（b）下面透风型

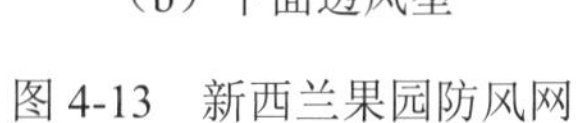

图 4-13　新西兰果园防风网

四、水土保持规划设计

（一）水土保持的意义

选用山地或丘陵地建立猕猴桃园，由于原有植被受到破坏，土壤变松，地表径流对土壤的侵蚀和冲刷而引起的水土流失将不可避免。特别是在大雨季节，降水过量形成的地面径流沿着坡地冲走泥土和有机质，使果园土层变薄、土粒减少、含石比例增加、土壤肥力下降，导致果树根系裸露、树势衰弱、产量降低、寿命缩短，严重时还造成泥石流或大面积滑坡，使生态环境恶化。因此，做好水土保持是决定山地、丘陵地建园成败的关键。

（二）水土保持的措施——修筑梯田

1．梯田的作用

将坡地修筑梯田，可以改长坡为短坡、改陡坡为缓坡、改直流为横流，从而有效降低地表径流量和流速。梯田的具体作用表现在以下几方面。

（1）拦蓄降水，减少冲刷。梯田种植面近似等高面，纵向比降小，横向微斜，中雨雨量可以就地拦蓄吸收，暴雨雨量拦蓄大部分径流，做到土不下坡，水不下坝。

（2）便于耕作，易于排灌。梯田具有纵长横宽、等高直向的特点，便于猕猴桃果园搭设小型棚架或 T 形棚架，也便于果园土壤改良及精耕细作。梯宽合理的话，还为设置排灌系统及机械管理创造了条件，有利于提高山地果园的劳动生产率。

（3）提高地力，促进增产。梯田具有保水、保肥、保土的作用，有利于不断提高土壤肥力，促进猕猴桃优质生产。

（4）改善环境，减轻灾害。在海拔较高的山地修筑梯田，可以提高种植面上的气温和生长季积温，提高果树种植上山高度，减少喜温果树的冻害。梯壁反光能够增强果树树冠下光照，有利于树冠下部果实品质提升。

2．梯田的结构与设计

梯田由阶面和梯壁构成，边埂和背沟是构成梯田的附属部分。

1）阶面

梯田的阶面可根据倾斜方向分为水平式、内斜式（图 4-14）和外斜式（图 4-15）三种。山地果园的梯田阶面不绝对水平，才有利于排除过多的地面径流。在降水充沛、土层深厚的地区，可设计为内斜式阶面（外高内低）；降水少，土层浅的地区，可以设计外斜式阶面（外低内高），以调节阶面的水分分布，并可节省改良心土的工程费用。无论阶面内斜或外斜，阶面的横向比降不宜超过 5°，以避免阶面土壤冲刷。

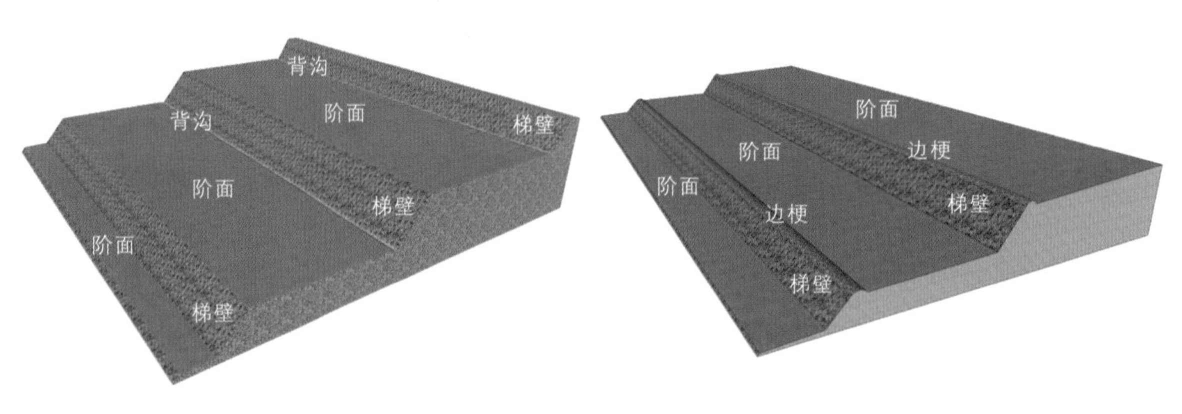

图 4-14　内斜式梯田示意图　　　图 4-15　外斜式梯田示意图

阶面宽度同梯田的综合效益关系密切，同时还要考虑猕猴桃的架式特点。窄阶面梯田施工容易，土壤的层次肥性破坏较小，但植株的营养面积小，耐旱性差，过窄不利于机械化操作。对于猕猴桃而言，以不少于 3 m 为宜。宽阶面种植面积大，保水保肥力强，有利于果园管理及果树优质丰产，但修筑费工量大。据计算，阶面每增宽一倍，修筑梯田的土石方工程约增加三倍。

设计阶面的宽度应根据坡度大小而定。陡坡地阶面宜窄、缓坡地阶面宜宽，常见 5° 坡阶面宽 10～25 m、10° 坡阶面宽 5～15 m、15° 坡阶面 5～10 m、20° 坡阶面宽 3～6 m。因此，在 5°～20° 的斜坡范围内，通过坡改梯，可实现猕猴桃的棚架（含 T 形棚架）种植。

梯田的阶面由削面与垒面两部分组成。原坡面与梯田阶面的交叉线即垒面与削面的界线，又称中轴线。一般垒面土壤是由原坡面表土组成，肥力条件良好；而削面是原坡面心土或母岩，土壤条件较差。因此，削面的土壤改良是新建园土壤改良的重点。

2）梯壁

按照梯壁与水平面夹角的大小，分为直壁式和斜壁式。梯壁与水平面近似垂直的为直壁式，与水平面保持一定的倾斜度的为斜壁式（图 4-16、图 4-17）。

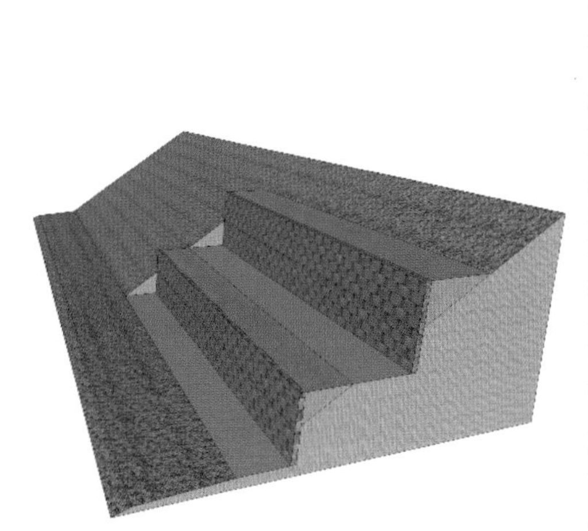

图 4-16 直壁式梯壁示意图及果园

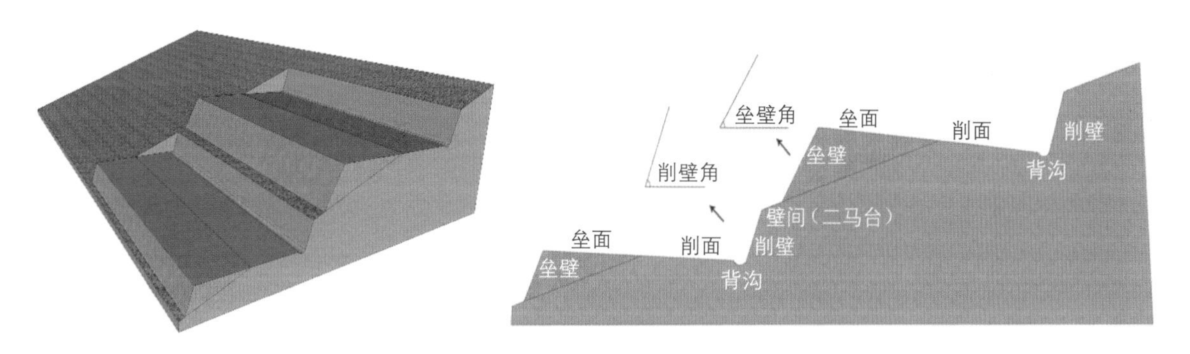

图 4-17 斜壁式梯壁示意图

根据修筑梯壁的材料不同，有石壁和土壁之分。石壁尽可能修成直壁式，从而扩大阶面利用率。土壁则以斜壁式的寿命长，其阶面利用率较小，但果树根系所能伸展的范围较大。土壁梯田的梯壁也是由垒壁和削壁组成的，垒壁土质疏松，削壁土质紧密。垒壁与地平面之间的夹角称为垒壁角，通常垒壁角较小，为 45° ~ 50°。削壁与地平面之间的夹角——削壁角可以大些，为 65° ~ 75°。削壁与垒壁之间留出一段原坡面，称为壁间，俗称“二马台”。带有壁间的梯壁较为牢固。壁间宽窄随原坡面的陡缓而定，缓坡可窄，陡坡宜宽，可在 20 ~ 40 cm 范围内伸缩。

阶面、梯壁及坡度三者之间关系密切，一方发生变化，即影响另外两方发生变化，是梯田设计与施工中常常遇到的问题。梯壁的高度一般不宜过高，土壁约 2.5 m，石壁约 3 m。当梯壁的高度不变、坡度变陡时，阶面可变窄；坡度变缓时，阶面可变宽，形成梯壁等高阶面不等宽的梯田。这种梯田较为省工，宜在生产上加以推广。

梯田的纵向长度原则上应随等高线的走向延长，以经济利用土地，提高农业机具的运转效率，便于田间管理。如遇到大的冲沟时，梯田长度因地制宜可长可短，中间可断开。

3）边埂和背沟

外斜式梯田必须修筑边埂以拦截阶面的径流（图 4-15）。边埂的尺寸以当地最大降水强度（即 5 ~ 10 年一遇的每小时降雨量）所产生的阶面径流不漫溢边埂为依据。通常埂高及埂面宽

度多为 20 ~ 30 cm。

内斜式梯田应设置背沟（图 4-14），即在阶面的内侧设置小沟，沟深和沟底宽度为 30 ~ 40 cm。背沟内每隔 20 cm 左右应挖一个沉沙坑，以沉积泥沙，缓冲流速。背沟的纵向应有 0.2% ~ 0.3% 比降，并与总排水沟相通，以利排走径流。

（三）水土保持的措施——植被覆盖

根据水土保持的原则设计和施工修筑梯田，其阶面和梯壁仍然可能受到降水的冲击和地面径流的侵蚀，导致土壤冲刷和水土流失。水土保持是一个复杂的系统工程，如单靠工程措施，垦殖后园地的水土流失可能比垦殖前或原有植被被破坏前更严重。因此，将工程措施与生物措施结合应用，可大大提高工程措施的效益。

植被覆盖可防止土壤侵蚀，减轻地表径流。不同植被的水土保持效果有所差别，森林的效能最高，草皮和作物依次降低，清耕休闲地最差。

梯田的土壁上必须种植植被，较宽的壁间应自然生草或种植如金针菜、紫穗槐、黄荆、马桑等护坡植物或绿肥作物。每年刈割数次覆盖于阶面土壤表面，既减少水分蒸发，又增加有机质。严禁以任何理由在土壁上铲草。如果碰上削壁为晚风化的泥岩层，则修筑时加上生有草根的土块作为护壁材料，让其生草护坡。

阶面上，树行带以覆盖为主，行间采取自然生草或种植绿肥、间作经济作物等，减少水土流失。也可在行间种植牧草，用于发展畜牧业，畜粪经发酵后肥田。

五、果园排灌系统规划设计

（一）灌溉系统

1．地面灌溉系统

地面灌溉系统由水源与各级灌溉渠道组成。

1）水源

（1）蓄水。蓄水主要靠修建不同类型的水库。库址宜选在溪流不断的山谷或三面环山、集流面积大的凹地，水库堤坝宜修在库址的葫芦口处。这样坝身短、容量大，坝牢固，投资少。为了便于果园自流灌溉，水库位置应高于果园，果园的堰塘与蓄水池，要选在坳地以便蓄积水，如果选在分水岭处，由于来水面小，蒸发与渗漏较快，难于蓄水。

（2）引水。从河或水库中引水灌溉果园，在果园高于河面和水库面的情况下，可进行扬水式取水。提水机器功率按提水的扬程与管径大小核算。

2）灌溉渠道

果园地面灌溉渠道包括干渠、支渠、毛渠（园内灌水沟）三级。干渠的作用是将水引到果园并纵贯全园，支渠将水从干渠引到果园小区，毛渠则将支渠中的水引到果树行间及株间（图 4-18）。

图 4-18　果园灌溉水渠同时又是对外主排水沟渠

在具体规划中，水源和三级渠道要与道路、防护林和排水系统相结合，水源位置要高，便于控制最大的自流灌溉面积。丘陵地和山地果园，干渠应设在分水岭地带，支渠也可沿斜坡分水线设置。一般支渠与小区短边走向一致，而排水沟与小区长边一致。进水的干渠要短，用混凝土或石材修筑，既可减少修筑费用，也可减少水分流失。各级渠道均应有纵向比降，以减少冲刷和淤泥。一般干渠比降为 1/1 000，支渠比降为 1/500。

灌溉渠道断面最上层与最底层水平宽度之差的一半与渠道断面的垂直深度的比值，称为边坡比，是表示边坡陡缓的指标，设计边坡比大小取决于土壤的质地。质地疏松则边坡缓，边坡比较大。各种土壤的边坡比分别为：黏质土 1.00 ~ 1.25、砂砾土 1.25 ~ 1.50、砂壤土 1.50 ~ 1.75、砂质土 1.75 ~ 2.25（张玉星，2011）。

2．节水灌溉

1）喷灌

喷灌指模拟自然降雨状态，利用机械动力设备将水喷射到空中，形成细小水滴落下灌溉果园。喷灌系统包括水源、动力、水泵、输水管道及喷头等，喷头设置在树冠之上（图 4-19）。

图 4-19　新西兰果园喷灌

优点：喷灌基本不产生深层渗漏和地表径流，可节约用水 20% 以上，对渗漏性强、保水性差的砂质土，可节水 60% ~ 70%。喷灌对土壤结构的破坏较小，可保持原有土壤的疏松状态。采用喷灌可调节果园小气候，减轻低温、高温、干热风对果园的危害。在倒春寒或遇霜冻时，采用喷灌可预防霜冻或倒春寒对幼叶和花的伤害，减轻果园受害程度。据俄罗斯实验报道，采用喷灌的苹果园地段，五年期间平均产量 18.4 t/hm^2，而采用地表灌溉的地段（其他栽培管理条件相同），平均产量为 17.2 t/hm^2（张玉星，2011）。此外，喷灌节省劳力，工作效率高，便于田间机械作业，为施用化肥、喷施农药等创造了条件，且采用喷灌对平整土地要求不高，地形复杂的山地亦可使用。

缺点：由于增大了果园湿度，可能加重某些真菌病害的侵染；在有风的情况下（风速在 3.5 m/s 以上时），喷灌难做到灌溉均匀，并增加水量损失。

2）滴灌

滴灌是机械化与自动化相结合的先进灌溉技术，是以水滴或细小水流缓慢地施于果树根域的灌溉方法，一般只对全树的一部分根系进行定点灌溉。滴灌系统的组成部分是水泵、化肥罐、过滤器、输水管（干管和支管）、灌水管（毛管）、滴水管和滴头（图 4-20）。

（a）架面安装（滴水管和滴头）

（b）主干安装（滴水管和滴头）

图 4-20　意大利果园滴灌

优点：节约用水，与传统漫灌或沟灌相比，滴灌减少了渠道输入损失和地面流失，相比传统灌溉可节约用水 70% ~ 80%；与喷灌相比，减少了大量水分漂移损失，可节水 15% ~ 30%；此外，滴灌仅湿润果树根部附近的土层和表土，大大减少水分蒸发。节约劳力，滴灌系统全部自动化，将劳动力减少至最低程度，同时滴灌不受地形限制，适于丘陵地和山地，不用修渠和平整土地。滴灌能持续对根域土壤供水，不会出现因地表径流产生的水土流失，能长期维持土壤适宜湿度，保持根域土壤通气条件良好，有利于果树根系的生长，进而促进果树地上部的生长。如能结合施肥，则更能不断供给根系养分。所以，滴灌可为果树创造最适宜的土壤水分、养分和通气条件，促进果树根系及枝叶生长，从而提高果实产量并改进果实品质。

缺点：管道和滴头容易堵塞，对过滤设备要求严格。滴灌不能调节果园小气候，不适于冻结期和高温干旱期应用。在降水量少的区域或季节，不适于猕猴桃果园单用，可配合微喷

灌一起用。

滴灌时间、次数及滴水量，因气候、土壤、树龄而异。如以达到浸润根系主要分布层为目的，特别是要求浸润到深层土壤，则可以每天进行滴灌，也可以隔几天进行一次滴灌。如以成年树每株每次浸润根系需水 123 L、每株树下安装 3 个滴头，以每滴头灌水 3.8 L/h 计算，则每次需滴灌近 11 h。

3）微喷灌

原理与喷灌类似，但喷头较小，并设置在树冠之下，其雾化程度高，喷洒距离小（一般直径为 1 m 左右），每个喷头灌溉量很小（通常为 30 ~ 60 L/h）。微量喷灌法克服了喷灌和滴灌的主要缺点，具有更省水、防止盐渍化、防止水分渗漏、增加果园空气湿度等优点。在每株树下，安置 1 ~ 4 个微量喷洒器（微量喷头），喷洒速度大，每小时可喷射出 60 ~ 80 L 水，不易堵塞喷头，每周供水一次即可。由于微喷灌具有上述优点，猕猴桃园更适合用微喷灌（图 4-21）。

（a）架面方式

（b）地面方式

图 4-21　果园微喷灌

（二）排水系统

排水可分两种方式，一种是明沟排水，另一种是暗沟排水。

1．明沟排水

明沟排水是指在地面上挖掘明沟，排除径流。山地或丘陵地果园多用明沟排水，这种排水系统按自然水路网的走势，由等高沟与总排水沟以及拦截山洪的环山沟（亦称排山堰）组成。在修筑梯田的果园中，排水沟应设在梯田的内沿（背沟），背沟的比降应与梯田的纵向比降一致。总排水沟应设在集水线上，走向应与等高线斜交或正交。总排水沟宜用石材修筑，长而陡的总排水沟，宜修筑成阶梯形，每隔 20 ~ 40 m 的距离修筑一个谷坊，以减缓流速。总排水沟应上小下大，以利径流排泄，可与水库、水塘、蓄水池连接，以补给库、塘水源。

平地果园的明沟排水系统，由小区内的厢沟、小区内的围沟与主排水沟组成，厢沟与小区长边和果树行向一致，也可与行间灌溉沟合用（图 4-22）。厢沟的流向应朝向围沟，围沟的流向应朝向主排水沟。主排水沟应布置在地形最低处，使之能接纳来自围沟与厢沟的径流。各级排水沟的走向最好相互垂直，但在两沟相交处应成锐角（45° ~ 60°）相交，便于水流通畅，防止相交处沟道淤塞。各级排水沟的纵向比降应大小有别，主排水沟的为 1/10 000 ~ 1/3 000，围沟的为 1/3 000 ~ 1/1 000，厢沟的为 1/1 000 ~ 1/300。明沟的边坡系数因土质而有差别，黏质土为 1.5 ~ 2.0，砂壤土为 1.5 ~ 2.5，砂质土为 2.0 ~ 3.0。排水沟的间距和深度，应视各地降水量和地下水位而定。在地势低洼，地下水位高，降水量大的地方，厢沟宜多、宜深、宜宽，间距宜小；在地下水位低、降水量小的地方，厢沟相对减少，间距可适当加大，沟的深度和宽度相应减少。

图 4-22　平地果园的明沟排水系统

采用明沟排水，土方工程量大，花费劳力多，但物料投入少，成本低，简单易行，便于山地推广。其缺点是明沟排水占地多，不利于机械操作和管理，而且易塌、易淤、易生杂草。

2．暗沟排水

暗沟排水是地下埋置管道或其他填充材料，形成地下排水系统，将地下水降低到要求的深度。暗沟排水可以消除明沟排水的缺点，如不占用果树行间土地，不影响机械管理和操作。

但需要较多的劳力和器材，要求较多的物质投入，对技术的要求较高。在低洼高湿地和季节性水涝地，地下水位高以及水田改旱地的果园，采用暗沟排水至为重要。

暗沟排水系统与明沟排水系统基本相同，暗沟深度及沟间距与土质的关系见表4-6。暗沟有完全暗沟和半暗沟两种类型。完全暗沟可用塑料混凝土管或瓦管做成。半暗沟又称为简易暗沟，多以卵石等材料做成。半暗沟的间距宜小，分布密度较大，才能抵消其流水阻力大的缺点，提高排水效率。卵石暗沟下面填大卵石，上面填稍小的卵石，最上面填以碎瓦即可。

表 4-6　不同土壤与暗沟设置的深度与间距的关系

项　目	沼泽土 / m	砂壤土 / m	黏壤土 / m	黏质土 / m
暗沟深度	1.25 ~ 1.50	1.10 ~ 1.80	1.10 ~ 1.50	1.00 ~ 1.20
暗沟间距	15 ~ 20	15 ~ 35	10 ~ 25	12

数据来源：摘自《果树栽培学总论》第四版（张玉星，2011）。

完全暗沟也有干管、支管和排水管之分，各级管道按水力学要求的指标（表4-7）组合施工，可以保证流水通畅，防止淤塞。一旦发生淤塞，需要用高压水枪冲洗，检修较困难。

表 4-7　暗管的水力学要求指标

管　类	管径 / cm	最小流速 / (m/s)	最小比率
排水管	5.0 ~ 6.5	0.45	5.0/1000
支管	6.5 ~ 10.0	0.55	4.0/1000
干管	13.0 ~ 20.0	0.70	3.8/1000

数据来源：摘自《果树栽培学总论》第四版（张玉星，2011）。

第四节　栽苗前准备

一、肥 料 准 备

（一）平整土地，化验土壤

对土壤结构进行分析，土质结构相同的区域，按约50亩一个区对角线选取5个点，如土质结构复杂的区域，取样点的区域面积需更小。每个点取剖面深度0 ~ 60 cm深的土壤，混合均匀，送去专业检测机构，检测土壤的pH值、有机质、碱解氮、有效磷、有效钾、有效钙、镁、硫、铁、硼、锌等元素。

（二）堆沤肥料

根据化验结果，需提前准备大量的优质有机肥和粗有机料到选择计划建果园的地块，还有相应的调节酸碱度的材料如石灰、硫黄等。根据我国土壤普查结果，国内大多土壤的有机质质量分数不到2%，需要准备大量的粗有机料、有机肥做改土原料。粗有机料主要有作物秸

秆、绿肥、灌木、花生壳、谷壳、食用菌渣、中药渣等，有机肥主要有猪、牛、马的圈肥等粗肥和禽粪、羊粪、饼肥、骨粉等较高肥力的精肥。粗有机肥（料）每亩地按 5 t 以上、精有机肥每亩地按 2 t 以上的标准准备。动物粪便以草食动物的粪便优先，如牛、马、羊粪。有机肥需提前堆沤充分发酵备用。

二、土 壤 改 良

（一）不同类型土壤改良措施

猕猴桃分布区域土壤类型多样，有红壤、黄壤、黄棕壤、紫色土、石灰土、水稻土等多个类型，由于其成土母质的差异，各有特性（西南农学院，1980），相应的改良利用措施也各不相同。

1．红壤

红壤是我国南方各省主要的地带性土类，包括红壤、黄红壤、棕红壤、山原红壤、红壤性土（粗骨性红壤）五个亚类，主要分布于长江以南中亚热带的各省区，包括江西、湖南两省的大部分地区，云南、广东、广西、福建等省区的北部，以及贵州、四川、湖北、陕西、浙江、安徽等省的南部。红壤所在地区气候条件优越，年平均气温 18～25℃，年降水量 1 000～2 500 mm，≥10℃ 年积温达 5 000℃ 以上，作物生长期长，水热资源极为丰富。红壤的基本特性是黏粒多而品质差，黏重板结，养分缺少，酸度高，对有机物的结合能力也较差，“雨天一身泥、晴天一把刀”是这种土壤的真实写照。虽然红壤有机质缺少，磷、钾含量低，有效性差，熟土层浅，但土层深厚，有改造的潜力，可主要采取如下改良措施。

1）修筑水平梯田与合理灌溉

红壤丘陵山地地形复杂，起伏不平，易于水土流失，改良最彻底的办法是平整土地，修筑梯田，减少水土流失，使地表处于相对等高的状态，人为促使土壤养分及水热因素的重新分配。江西省红壤研究所在红壤丘陵缓坡地测定的结果证明，一次 60～80 mm 的降雨，水平梯田基本保蓄了水分，未发生地表径流，等高但不水平的梯田可保蓄 70% 左右，而坡耕地仅保蓄 40%～50%（赵其国 等，1998）。同时合理布局好灌溉系统，有条件的采用微喷灌或滴灌，均有利于保湿，促进养分分解利用。

2）施用磷肥和石灰

红壤为酸性，pH 值偏低，土壤中的磷素含量较低，有机质缺乏，增施磷肥效果良好。红壤种绿肥过程中，增施磷肥也有利于绿肥的生长，绝大多数豆科作物和十字花科绿肥吸磷能力很强，对磷反应敏感，如种草时，10～15 kg 磷肥拌种，青草产量成倍增长。在红壤中各种磷肥均可施用，但目前多用钙镁磷肥。在红壤施用磷肥时，如配合施用氮肥，不仅补充红壤本身氮素，更可提高磷肥效果。

红壤施用石灰可以中和土壤酸度，提高盐基饱和度，对于红壤的改良利用，具有极重要的意义，也是熟化红壤的根本措施。每次每亩施 150 kg 石灰，能瞬时增加土壤 pH 值 1.9，同时能保留固氮菌，3 个月后，土壤的 pH 值仍在 5 以上（表 4-8）。因此，对于新开垦的红壤果

园，第一年施石灰4次，第二年施3次，并结合施磷肥和有机肥，根据化验的土壤pH值，按施75 kg石灰pH值约增加1.0的标准，确定施用量。如土壤pH值5.0，则需石灰75kg，可调到6.0。pH值稳定后，每年冬季结合施基肥，每亩施75～100 kg石灰稳定酸碱度。

表4-8　红壤施用石灰对固氮菌数量的影响

日期（月.日）	处理							
	空白		石灰150 kg/亩，磷肥6 kg/亩		石灰150 kg/亩，有机肥100 kg/亩		磷肥6 kg/亩，有机肥100 kg/亩	
	pH值	菌数	pH值	菌数	pH值	菌数	pH值	菌数
6.3	4.7	2000	6.6	2000	6.6	2000	4.6	2000
6.27	4.7	0	6.6	1210	6.6	1100	4.6	14
7.10	4.7	0	6.6	870	6.0	590	4.5	0
7.26	4.5	0	5.5	160	5.1	290	4.5	0
9.9	4.5	0	5.4	50	5.1	50	4.5	0

数据来源：摘自《土壤学（南方本）》（西南农学院，1980）。

注：各处理均接种同量固氮菌。

3）增施有机肥，合理套种

建园时增施大量粗有机料和精有机肥。栽苗后，果园树盘覆盖，行间套种耐瘠薄、耐旱的绿肥如印度豇豆、紫云英、苕子、黄花苜蓿、豌豆等固氮植物，缓冲地表温湿度。间作物收割后撒石灰，及时翻埋，中和酸性，增加土壤有机质。成年园自然生草或种植耐阴牧草，并定期刈割还田，同样有增加有机质的作用。有机质的不断积累，是实现细菌化、腐殖化和结构化的关键措施。

2．黄壤

黄壤为热带、亚热带山地土壤的主要类型，主要分布在贵州高原、四川盆地的盆边山地和云南的东北部。在鄂西、湘西、桂北等地及赣、浙、皖、闽、粤等省山地也有较大面积的分布，是我国南方山区，特别是西南湿润地区的主要旱作土壤。

黄壤一般具有酸性、黄色的特点，土质黏重，品质较好。土壤的酸性很强，pH值一般在4.5～5.0，活性铝含量比红壤高，故酸性比红壤重。酸性是盐基流失、养分缺少的标志，是不利于生物活动的综合性指标之一。因此，改良酸性，是改造其他不良特性的前提。黄壤大多分布在山地与高原，其分布地地势高、坡地多、易遭冲刷，但其土壤湿润与品质较优良的条件有利于耕作熟化，故耕层一般较厚。该类土壤的改良措施同红壤，增施石灰调和酸性，增施磷肥和有机肥，提高土壤肥效。

3．黄棕壤

黄棕壤主要分布于秦岭—大巴山、淮河—长江之间，北纬27°～33°，西至陇南山地的东侧，隶属北亚热带。这类土壤的特点是有机质积累变化较大，表层土壤微生物活动强，但在10 cm以下锐减。黏化淀积作用明显，矿物质中，一价盐基本淋失，二价盐从表土淋下，部分积聚在底土。这种土壤黏性大，缺少有机质，结构性差。湿时黏滞性大，干时板结，阻力

大，犁不动。不宜种植猕猴桃，如果一定要选择建园，则需要通过施肥和改土措施，调节土壤的供肥能力。重施有机肥，增施少量磷肥，建果园前，土壤全面深翻，套种作物或绿肥，增加耕层。

4．紫色土

紫色土又称紫泥土，主要分布于四川盆地，其次为云贵高原与湘中及赣南丘陵，主要由紫色岩石风化发育而来。紫色土所处地区气候条件优越，土性良好，具有较高的肥力水平，适宜各种作物生长。土壤结构松脆，抗蚀力差，在没有良好植被覆盖下，易遭侵蚀，肥沃的表土被冲走，影响生产。但土壤胶体吸水量与失水速度，对保水抗旱有显著的作用，具体表现为暗紫泥吸水力强，红紫泥其次。

紫色土的供磷能力强，富含盐基和磷元素，其中暗紫泥和灰棕紫泥，表现出全年供磷稳、匀、持续的特点，而红紫泥以夏季供磷能力最强，冬季最慢。因此，改良措施应实行土、水、林综合治理，做好水土保持工程，坡改梯，减少地表径流，兴修蓄水池，合理灌溉，造林绿化。行带地面覆盖，行间合理套种，用养结合。

大多数紫色土含钙丰富，磷、钾含量也较高，pH 值适中，宜于豆科作物生长。因此，行间套种豆科作物，有利于增加土壤有机质和氮素营养。

5．石灰土

石灰土主要分布于广西、贵州、云南境内的山地丘陵，南方其他省份也有一定面积分布。其风化度低，富含有机质与石灰质，而且组成物质黏细，养分含量高，粒状结构明显，能回润抗旱，肥力水平较高。各类石灰土在喀斯特地貌出现较多，包括贵州省的旱地油沙土和大眼泥土、广西的黑泥土和蚂蚁土、广东的黑色石窿土和红火土、云南的石卡拉土、四川的鸡粪大土等，是我国南方山地的主要农业土壤类型之一。

石灰土土性特征主要有土层浅薄，质地黏重，剖面发生层次不明显，土壤呈中性至微碱性，养分丰富。其 pH 值 7.0 ~ 7.5，有碳酸钙聚积的剖面可达 8.0 以上；表土有机质质量分数一般在 5% 左右，高的可达 8% ~ 10%，甚至 10% 以上；矿质养分丰富，钾、钙、镁等的全量和有效态都较红黄壤高，交换性盐基近饱和状态，是山地土壤中养分含量较高的一种类型。

这种土壤偏碱，不适于种植猕猴桃。如果一定要选择建园，应先测土壤 pH 值，仅选择 pH 值 7.5 以内地块，同时需要调和碱性，将 pH 值降到 7 以下，并多施酸性肥料和有机肥，采取坡改梯，修筑保水设施。

6．水稻土

水稻土是受人为活动影响较大，因长期的水淹耕作形成的一种特殊土壤类型。根据水稻土形成的特点，可分为淹育水稻土、潴育水稻土及潜育水稻土。不论哪种类型，土壤剖面都分为耕作层（淹育层）、犁底层、渗育层、潴育层和潜育层，犁底层、潴育层和潜育层的土壤均板结，不易透水。

这种土壤透气性差，不适合猕猴桃种植，特别是地下水位高的水稻田。如果选择建园，则需要深翻熟化，打破犁底层等，并增施大量的粗有机料，根据土壤的 pH 值，施石灰或酸性肥料调和。

7. 沙荒地

沙荒地主要是砂粒，矿质养分少，有机质极其缺少，导热快，夏季比其他土壤温度高，冬季又比其他土壤降温快。改土主要是开沟排水，降低地下水位，洗盐排碱，培泥和破淤泥层，深翻熟化，增施有机肥或种植绿肥，营造防护林，有条件的地方试用土壤结构改良剂。

（二）土壤整理具体方式及步骤

1. 全园深翻

全园深翻可使表层土壤松软，有利于根系发育，植株生长。特别是对水稻田，可在建园的前一年犁地，翻晒冻土，改良水稻土的黏重特性，增强其透气性。具体整理步骤如下（图4-23、图4-24）。

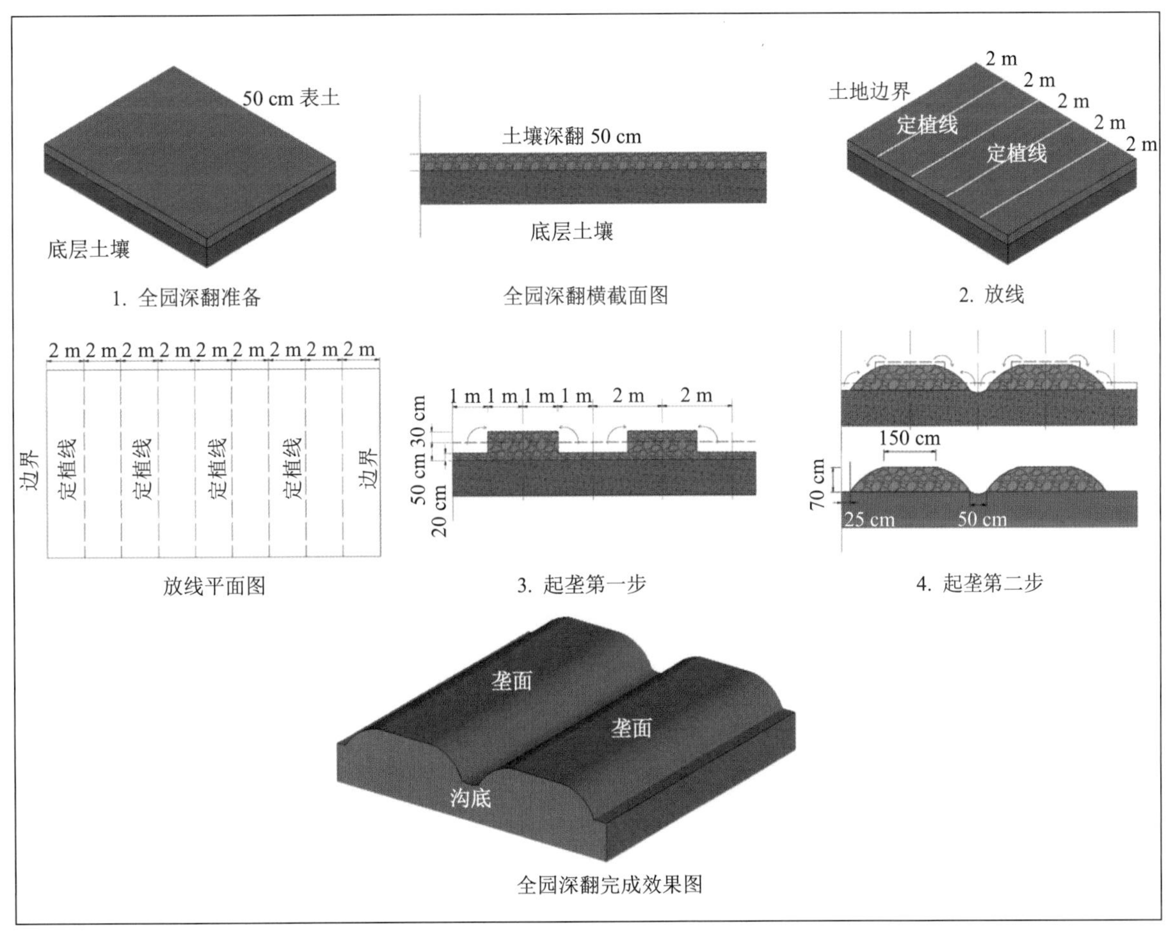

图 4-23 全园深翻整地流程示意图

1）清理地面杂物，平整地块

对计划种植猕猴桃的地块，根据规划设计图，将计划修沟、修路的地块表层 30 ~ 40 cm 熟土挖出，用于填平明显凹陷的种植区域，或均匀平铺于地块表面，确保地面平整。

2）地面撒施改土材料

针对地块的土质和土壤化验结果，将准备好的改土材料撒施土面上。

（1）对 pH 值为 6 以下的土壤：每亩撒施粗有机料，包括粉碎的秸秆、菌渣和腐熟的猪、牛、马粪等 5 t 以上，要求充分腐熟发酵、消毒；充分腐熟发酵的精有机肥如饼肥、骨粉、禽粪或羊粪 2 t 以上，生石灰 75 ~ 200 kg（具体用量根据 pH 值而定）、钙镁磷肥 300 kg 左右；生石灰撒在粗有机料的上面，而钙镁磷肥混在发酵的有机肥中。

（2）针对 pH 值为 6 ~ 7.5 的中性或微碱性的土壤：按（1）中所述撒施有机料或有机肥，生石灰 30 ~ 50 kg（pH 值 6 ~ 7）或硫黄粉 5 ~ 10 kg（pH 值 7 ~ 7.5）、过磷酸钙 300 kg；生石灰或硫黄粉撒在粗有机料的上面，而过磷酸钙与精有机肥混合撒施。

（a）机械深翻

（b）全园旋耕及机械起垄

（c）人工修整后垄带

图 4-24　全园深翻整地过程

3）深翻

全园土壤深翻 80 ~ 100 cm，要求将土块与撒施的肥料充分拌匀，最后用旋耕机将表层 30 cm 的土壤打碎。

4）整理垄带

深翻完成之后要求将厢面整理成垄畦，降水量大的区域或地下水位较高的区域，需整成高垄；而降水量少、地下水位低的区域，可整成低垄。但不论哪个区域，均要求起垄，便于

大雨时及时排出多余水分。垄带沉实后，其最高点距厢沟最低点的垂直高度不低于 50 cm，最高不超过 80 cm，垄带过高不利于田间操作，垄带宽度随行距而变化。

（1）放线。对旋耕好的平地，从边缘开始，按行距的一半放石灰线。坡度在 8° 以内的缓坡地或平地，按有利于沥水的方向作行向；坡度在 8° 以上的缓坡地，按等高线方向作行向。第一条石灰线即为第一行定植线，以后每隔一条就是一行定植线。

（2）起垄。以行距 4 m 为例说明步骤：

第一步 将边缘 1 m 宽的表层 30 cm 深的土堆到第一条定植线为中心的 2 m 宽范围内；以后从第二条石灰线开始，每隔一条石灰线，将石灰线两边 1 m 宽的表层 30 cm 深土壤起出，分别堆到两边的定植线 2 m 宽范围内，将定植线为中心的 2 m 宽范围的熟土层调整至 60 cm 深，这样每两条定植线之间形成了一条 2 m 宽的沟。

第二步 将 2 m 宽沟中间 50 cm 宽范围的 20 cm 深底土全部起出，堆到定植垄带旁边 75 cm 宽范围的底土上，最后将垄修整成一个龟背形；龟背形垄的要求是垄面距离沟底的垂直深度不低于 50 ~ 90 cm（根据当地降水量调整），垄面定植带的宽度不小于 1.5 m、垄底宽不小于 3.0 m。

2. 抽沟改土

对于疏松土壤，可采取抽沟式改土。平整土地后，按行距放线，以栽植行为中心，挖深 80 cm，宽 100 ~ 120 cm 的壕沟，表土和底土分开堆放，然后回填。回填时，按最底层放粗有机料，如稻草、玉米秆、绿肥等压实 15 cm 厚，上撒生石灰回填表土 5 ~ 10 cm；或将谷壳、食用菌渣等碎有机料与底土混匀，回填至最底层，厚度 15 ~ 20 cm。对回填碎有机料要求与土混匀，特别是新鲜谷壳，如果不与土混匀，多年都不会腐烂，起不到改土效果（图 4-25、图 4-26）。然后将精有机肥与余下的表土混匀，回填到沟中，至与地面齐平或约低于地面 5 ~ 10 cm；最后将挖出的土壤全部回填至沟中，并高出地面 30 ~ 50 cm。

图 4-25 将谷壳撒入沟两边土壤拌匀后再回填

图 4-26　未与底土混匀谷壳埋入定植沟中一年多之后状况（四川蒲江 2006 年冬摄）

完成之后同样要求将厢面整理成垄畦，原则同全园深翻。具体方法是沟渠回填后先用挖机将沟间熟土深翻 30 cm，再用机械将松土回填到垄带两边，最后人工修理垄面。如果行距 4 m，则垄面宽不低于 1.5 m，垄底宽不低于 3.0 m。不论哪种方式起好的垄带，最后灌透水，让其沉实，备用。抽沟改土示意图见图 4-27。

1. 放线

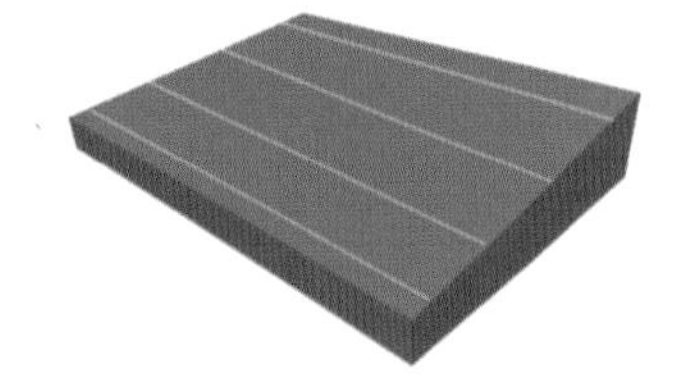

用石灰在地面与等高线平行的方向，按预定间距放线。

2. 抽槽

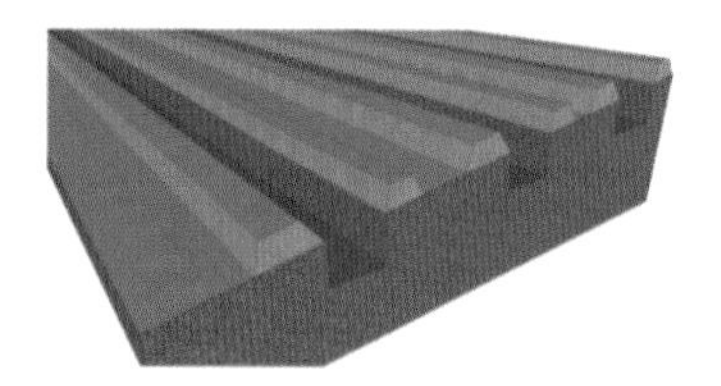

以定植线为中心，用挖机挖 80 cm 深、1.5 m 宽的改土沟，挖出的土堆放在沟两边。

3. 填埋秸秆

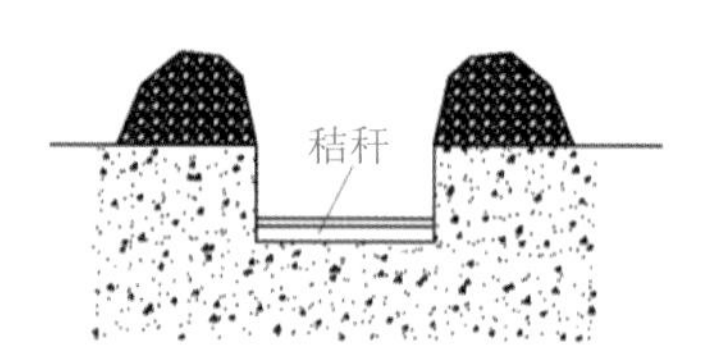

沟底填秸秆、灌木等，撒石灰（如土壤为中性则撒杀菌杀虫剂，为碱性则撒硫黄）后，填土 10 cm。

4. 投放有机料

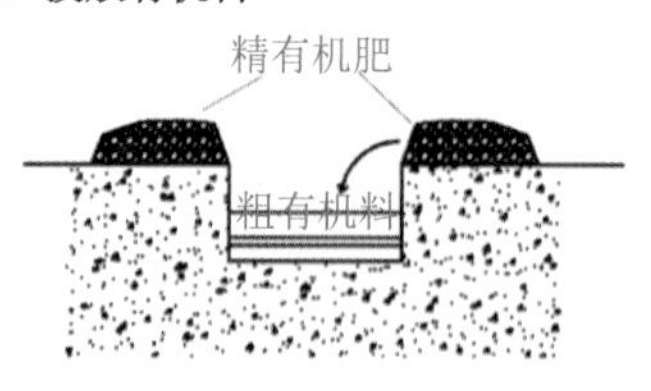

将粗有机料如谷壳、药渣、牛粪等撒在沟两边的推土上，混合后填入沟内，再将精有机肥撒在两边，并混合回填。

5. 起垄

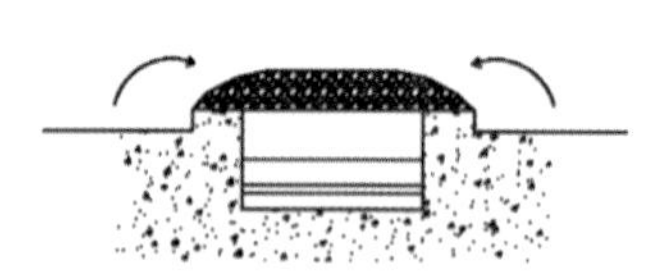

将两边的新土往种植带上堆放，形成高约 40 cm 的垄带，地势低洼的地带则应堆高至 60 cm 以上。

6. 自然沉降成形

经过雨水冲刷和自然沉降，肥土上方形成略高于两边的垄带，地势低洼的地带应保证沉降后垄带高度在 30 cm 以上。

图 4-27　抽沟改土流程示意图

三、苗 木 准 备

主要选择 1 ~ 2 年生健壮嫁接苗或砧木苗，砧木苗主要是美味猕猴桃实生苗，现在生产上也有选用大籽猕猴桃或对萼猕猴桃作为抗涝砧木，但其对接穗品种的果实品质影响未有深入研究。栽植前对苗木进行品种核对、登记、挂牌。发现差错应及时纠正，以免造成品种或雌雄株混乱，还应对苗木质量进行检查与分级。计划经长途运输的苗木，根系打泥浆，或苗木起出后及时用塑料袋对根系包装保湿。到达目的地后，如发现根系失水过多，则应浸泡根系 3 ~ 4 h，及时假植到疏松土壤或砂土中保湿。

选择 1 ~ 2 年生实生苗，苗干直径 0.8 cm 以上，主根 4 ~ 5 条，须根发达。嫁接苗苗干直径 1 cm 以上，主根 7 ~ 8 条，须根发达，嫁接口以上有 7 ~ 8 个饱满芽。

四、搭 设 支 架

猕猴桃属于多年生木质藤本植物，需要有支架供其攀缘。为了使其枝叶能充分利用空间和光能，优质高产，应根据当地的自然条件和投资能力，选择适宜的架式和架材。生产上常用的架式有平顶大棚架、T 形棚架、斜棚架、弧形棚架等。

（一）平顶大棚架

在支柱上纵横交错地架设横梁或钢丝，其形似荫棚，适用于平地果园。支柱的行距与树的行距相同，即在每一行内架设支柱；同一行支柱的距离 5 ~ 6 m，每块地四周支柱的顶部最好用三角铁或钢筋连接，以便在支柱与支柱之间每隔 60 cm 左右拉一根钢丝并拉紧成网状（图 4-28）。

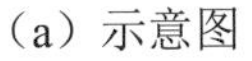

（a）示意图

（b）果园

图 4-28　网格状平顶大棚架

网格状棚架有利于固定枝条，防止风害。其透风效果好，病虫害危害轻，但需要的架材较多，前期投资较大。网格状棚架也可改良，即立好支柱后，只在每块地行距的两头最边上支柱顶部架设三角铁或钢筋，在支柱与支柱之间每隔 60 cm 左右拉一根钢丝并拉紧，与支柱上的横梁形成一个长方形格子（图 4-29）。这种改良棚架，节省成本，但对施工要求更高，需防止架面因丰产而下沉。

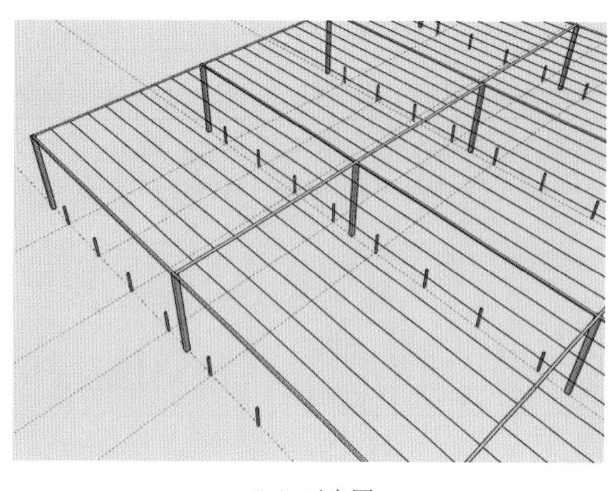

（a）示意图

（b）果园

图 4-29　长方形平顶大棚架

（二）T 形棚架

传统 T 形棚架指支柱的顶端加一横梁，整个架形像英文字母 T，因此叫 T 形棚架。这种架式，横梁长度一般在 1.5 m 以内，立柱高度 2.4 m，其中地面以上部分 1.8 m（图 4-30）。生产上根据实际情况进行改良，延长横梁长度在 2.0～2.4 m，则在横梁两边与立柱间增加两个连接柱，加固横梁。为了使主蔓上的结果母枝朝下生长，将横梁从支柱顶部下移 10 cm，改成降式 T 形棚架（图 4-31）；或者在传统 T 形棚架横梁的两头增加 30 cm 长的斜梁，改成翼式 T 形棚架（图 4-32）。T 形棚架的支柱立在定植垄带上，支柱间的距离是 4～5 m，比大棚架要密些。这类架式适用于平地果园、山地梯田果园，对空间利用率高，有效面积大，便于管理，生产上应用较理想。

（a）水泥柱横梁

（b）水泥柱横梁加撑柱

（c）角钢横梁

图 4-30　T 形棚架果园

图 4-31　降式 T 形棚架

（a）新西兰果园

（b）意大利果园

图 4-32　翼式 T 形棚架

（三）斜棚架和弧形棚架

斜棚架主要用于山地果园或庭院装饰，由前柱、后柱、斜横梁及架面钢丝构成（图 4-33）。前柱高 1.5 ~ 1.7 m，后柱高 2.0 ~ 2.2 m，前后柱间的距离为 2 m 或根据山地梯田宽度而定。在山地果园中，后柱高度根据地形而定，也可用山坡坎代替。斜横梁长度依地形而定，架材以水泥柱、钢管、角铁或木材为佳。

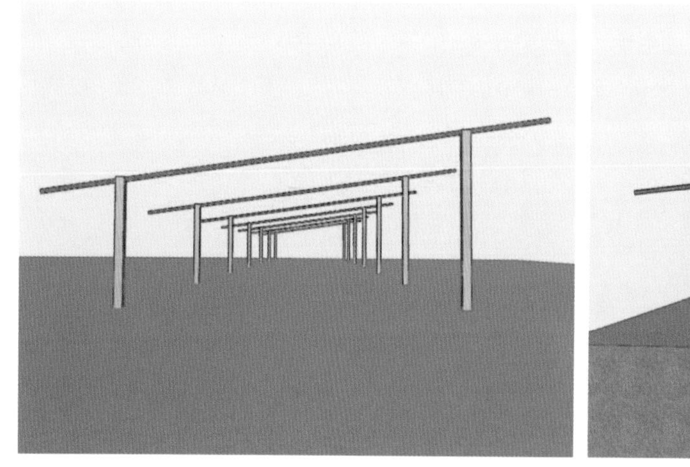

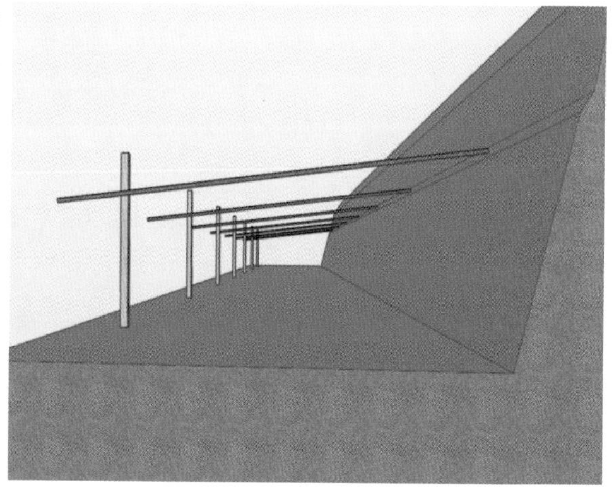

图 4-33　斜棚架示意图

拱形棚架适用于平地和山地猕猴桃园，尤其适合庭院小果园及小坡度的山地果园。拱形棚架由钢管弯成的拱和钢丝构成（图 4-34）。

（a）拱形棚架和防风网

（b）拱形棚架结果状

图 4-34　日本果园拱形棚架（2008 年拍摄）

（四）棚架固定方式

一般猕猴桃棚架是用钢丝和支柱组合起来（图 4-35），每行两端的固定对整行或整个棚架都是至关重要的。因此，需要加固棚架的四周及每行的两端，常用的方式有内撑式和外拉式两种（图 4-36），具体根据地形而定。

图 4-35　钢管搭建边柱固定模式

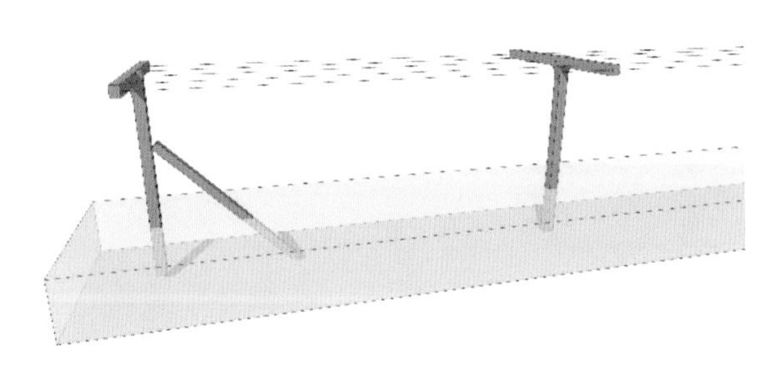

（a）内撑式

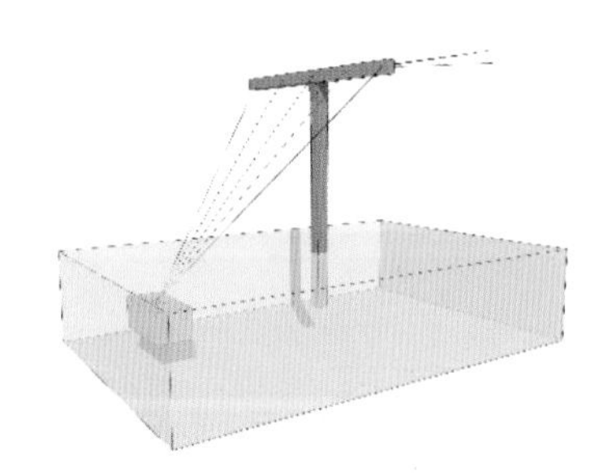

（b）外拉式

图 4-36　内撑式和外拉式固定示意图

猕猴桃果园采用的架式要根据地形、品种及经济实力来选择。在平地果园建议选择平顶大棚架（少雨地区）和T形棚架（多雨地区）；在山地果园建议采用T形棚架、小斜棚架。架材有水泥柱、钢管、不锈钢丝、木材等多种选择。

从猕猴桃种类和品种特性方面考虑：生长势弱的种类，早期适用于T形棚架，如二倍体的中华猕猴桃；生长势强的种类，建议直接采用平顶大棚架、改良T形棚架等，如美味猕猴桃和四倍体的中华猕猴桃。

第五节　栽苗时期、方法与栽后管理

一、栽植时期

中华猕猴桃和美味猕猴桃的主要产区在陕西秦岭以南、广东南岭以北的区域，裸根苗的栽植时间以落叶后至春季萌芽前的休眠期为最佳。偏南区域以秋季栽植效果最好，秋季、早冬定植，土壤温度还比较高，有利于根系伤口愈合；北方较寒冷地区或秋季较干旱地区则以春季萌芽前定植为宜。

如果采用两段法栽培，先培养营养钵大苗，则一年四季均可定植。等大田土壤准备好，即可带土移栽，成活率可达100%。1～2年生大苗在营养钵中假植时间尽量不要超过半年。

二、栽植密度

猕猴桃树势较强旺，生长量大，种植密度以每亩栽植37～89株较为合适。树势较弱的品种，其定植密度较大；树势强的品种，其定植密度较小。肥沃的土壤稀植，贫瘠的土壤密植。生态环境相对恶劣的区域，密度加大；而生态环境相对适宜的区域，密度减小。

为便于田间机械化操作和运输，宜采用宽行、窄株方式。即行距一般在4 m以上，4～6 m为宜，株距1.5～3.0 m。株行距可根据地形从表4-9中选配，如果雄株采用条状系统，则行距可采取4 m。

表4-9　不同株行距下每亩可栽数量

行距 / m	株距 1.5 m / 株	株距 2.0 m / 株	株距 2.5 m / 株	株距 3.0 m / 株
3.0	×	×	89	74
4.0	×	83	67	56
5.0	89	67	53	44
6.0	74	56	44	37

注：1. 考虑适于机械化，提倡采取表中蓝色部分的株行距；

2. 强旺品种每亩栽植株数适于37～67株，中等偏弱品种适于74～89株。

三、栽植方式与技术

（一）栽植方式

猕猴桃为藤本果树，栽植时要考虑棚架搭建，主要采用宽行窄株，即长方形栽植。其特点是行间通风透光良好，便于操作管理。生产上也有少部分地区采用带状栽植，即宽窄行栽植，一般两行为一带，带间的行距比带内行距一般宽 1 ~ 2 m。带间行距较宽，光照较好，便于管理作业；带内行距窄，有利于高产，但后期带内光照较差，操作管理也不方便，多用于宽面梯田栽植。

（二）栽植技术

整理好的垄带下沉后，按株距先定好栽植点。在每个栽植点处，挖半球形定植穴。定植穴直径 50 cm，垂直深度 50 cm，每穴放入 0.1 m^3 的草炭土或高度熟化的砂壤菜园土，与挖出的土壤充分拌匀并回填。栽苗时，根据根系大小，挖个直径 30 ~ 50 cm、垂直深度 30 ~ 50 cm 的定植穴，将苗木根系先理顺，放入穴中，使前后左右对齐，即可填土，一边填土一边将苗木向上提动，使根系舒展，土粒落入根系空隙中，到地面与根颈齐平或根颈部位略高于地面 1 ~ 2 cm，填土踩实。做树盘，并立即浇水。水渗后在苗木根颈部培上 2 ~ 3 cm 厚的土层，有利于保湿、防风。秋冬季栽苗，栽后根颈部培土可稍厚一点，有利于防冻，提高成活率，但第二年春季气温回升后，需尽早将填埋的土清除，露出根颈。也可在树盘覆地布或地膜，保墒增湿。

苗木切忌栽深，根颈被埋过深，皮层易腐烂变褐，容易诱发叶片的炭疽病或褐斑病等真菌性病害（图 4-37、图 4-38）。黏重土壤栽得过深，从幼树期就开始表现症状，而透气性好的砂壤土植株相对发病时间推迟，抗性强的品种早期也不会发病，但随着树龄增长，根颈皮层逐渐腐烂，则诱发叶片发病。但也不要栽得过浅（图 4-39），特别是幼苗期，容易干旱死苗。成年后，根颈及附近骨干根露出对生长有利。防治根腐病的一个重要措施就是露出树盘根颈及附近粗骨干根，有利于根系生长（图 4-40）。

图 4-37　根颈深埋状及深埋后皮层变褐、附近根系上浮、须根变黑

图 4-38　根颈深埋 15 cm 根颈皮层变黑及植株叶片表现炭疽病或褐斑病（同一株树）

图 4-39　定植过浅，露出根颈与骨干根

图 4-40　成年树根颈和骨干根基部露出

四、栽后管理

（一）立支柱及定干

幼树定植后，在它的旁边及时立支柱，便于后期引缚新梢培养主干。对新栽幼苗留 2～4 个饱满芽短剪，一般栽前可完成此项工作，并套上筒状塑料袋或其他材料保护（图 4-41）。如果栽实生苗，可在嫁接以后再采取保护主干的措施。

（a）幼苗定植后套筒状塑料袋保护主干

（b）新梢上架成形后用海绵绑缚保护主干

图 4-41 保护主干

（二）追肥灌溉与树盘覆盖

休眠期定植后，第二年春季萌芽前开始，或栽后 1 个月开始，在离主干 20 cm 远的地面撒施速效化肥，每株 30～50 g。然后深翻土壤，将肥与土拌匀，整平土壤，浇透水，覆盖地布或有机物保湿。以后每隔约 20 d 施一次，直至 9 月末。萌芽、展叶及新梢旺长各期，以氮肥或高氮复合肥为主，如尿素或磷酸二铵；后期以氮磷钾平衡肥或高钾复合肥为主，促进枝条老熟。切记每次施肥后均要浇水，或在小雨前撒施。

（三）抹芽与疏梢

嫁接苗春季萌芽后，及时抹除嫁接口以下萌蘖。嫁接口以上选择一新梢作为主干培养，其余抹除（后期具体整形过程详见第六章）。实生苗春季萌芽后，选择靠近基部的健壮新梢直立培养，其余新梢抹除。后期及时抹除新梢基部的二次梢，新梢中上部（离地面 30 cm 以上）萌发的二次梢留 4～5 片叶摘心保留，促进枝梢增粗生长，便于冬季嫁接。

（四）补栽和间作

建园时，应预留一部分苗木，用营养钵培养在园内，生长季节如出现缺株时，及时补齐。

行间间作豆科、矮秆蔬菜等作物或绿肥，以主干为中心留出 1 m 宽的树行带，地面清耕或覆盖。行间不宜间作高秆作物，光照强的区域，可在行中间套种 2～3 行玉米，对幼苗起遮阴作用。

（五）及时松绑

对定植的芽苗或春季刚嫁接的苗木，生长过程中随时观察嫁接口的变化。当嫁接膜即将嵌入皮层时，及时松绑，否则会在接口形成“小脖子”，影响植株生长，严重时后期易被风吹折（图 4-42）。

图 4-42　嫁接苗接口未及时松绑导致“卡脖子”

五、及时嫁接

对于采取定植实生苗，后期嫁接品种的果园，在定植当年的春末夏初或冬季休眠期，及时嫁接。嫁接方法主要采用切接、劈接、腹接等（图 4-43）。对于多年生老果园，需要更换新品种，也可以在生长季节或休眠期采取这三种方法高位嫁接。大树改接运用较多的是劈接，除伤流期外，其他时间均可以开展。嫁接高度有高有矮，没有硬性要求。常见的位置是离基部 30 cm 以上，也有直接嫁接在主蔓上的，只要田间管理到位，效果同样很好（图 4-44）。北方部分产区也有直接接近地面嫁接覆土保湿的。

（a）切接

（b）劈接

（c）腹接

图 4-43　不同嫁接方法

（a）高位嫁接在主蔓上

（b）低位嫁接高度离地面 30 ~ 40 cm

图 4-44　高位嫁接和低位嫁接的成活状

（一）切接

在砧木上选择光滑平直部位，将稍带木质的皮层切开一切口，上下深浅一致或下部逐渐向木质部深入，切开的皮层底部仍与砧木相连。选择饱满的芽苞削接穗，芽苞上方留约 2 cm 保护桩，芽苞下方约 1 cm 处削长约 1 cm 的 45° 斜面，斜面背面削去长约 3 cm 稍带木质的皮层，形成长削面（顶端留有约 1 cm 的皮层，而非削掉斜面背面整条皮层），削面要求整齐光滑，深浅一致。将削好的接穗插入砧木切口，45° 斜面靠外，另长削面紧贴砧木木质部，要求两者形成层至少一侧对齐，同时内侧切面上部露 5 mm 左右木质。最后用嫁接膜绑缚，并避免在绑缚过程中移动接穗。

（二）劈接

将砧木主干锯至合适高度，一般 30 ~ 100 cm，主干越粗，嫁接部位可越高。首先将剪口修整光滑，从剪口中间部位或偏向一侧横切劈开，之后选择饱满的芽苞削接穗，芽苞上方留约 2 cm 保护桩，芽苞下方削一楔形，削口长度约 3 cm，削面整齐平滑。将削好的接穗插入砧木切口。如果是大树改接，砧木粗度较接穗大，要求砧木、接穗形成层至少一侧对齐。最后用嫁接膜绑缚牢固（图 4-45），同时避免在绑缚过程中移动接穗。如果在冬季低温时嫁接，可以考虑在接口涂蜡保护（图 4-46），提高嫁接成活率。偏北方的区域，由于冬春季节雨水不多，嫁接时期不易把握，部分果园采取就近地面处嫁接，用土覆盖代替嫁接膜绑缚，避免伤流浸芽，利于成活。

图 4-45　嫁接膜绑扎

图 4-46 嫁接口涂蜡保护

（三）腹接

大树改接较少采用，主要用于小苗嫁接，在伤流期过后的春夏之交进行。嫁接部位选择在主干光滑通直的部位，高度根据主干粗度而定。首先用嫁接刀在砧木选定部位从上向下切削，以刚露木质部为宜，削面长度略长于接穗削面，约 3～4 cm，削面必须光滑无毛，并将削开的外皮切除长度的 2/3，保留 1/3。然后削接穗，先剪取带饱满芽的枝段，从芽的背面或侧面选取一个平直面，削 3 cm 长，深度以刚露木质部为宜，在其对应面削 45° 左右的短斜面。将其插入砧木切口，对准两者的形成层，用嫁接膜绑缚，露出接穗芽即成。

（四）桥接

当靠近基部的主干部分受病害影响或受冻害，出现皮层开裂时，可考虑从砧木部分培养一个健壮新梢，重新与主干健康部分嫁接，更换掉受害部分；或者果树根系受害初期，采取在旁边定植健壮高抗的砧木苗，然后将砧木苗嫁接在主干上，更换原砧木。这称为桥接（图 4-47），是低产园改造的一个很重要措施。

（a）更换主干基部

（b）更换砧木

图 4-47 桥接

不论哪种方法嫁接，嫁接后及时抹除接芽附近的萌蘖，当确认接穗嫁接成活后，再剪除砧木基部的萌蘖，确保嫁接芽长势；而对于主干直径超过 8 cm 的大树，从主干中部嫁接后，基部注意培养 2 ~ 3 个砧木新梢保护地上与地下部分平衡，有利提高嫁接成活率（图 4-48）。

图 4-48　老树改接（基部培养砧木新梢养根）

第五章

土肥水管理

第一节　土壤改良与土壤管理

土壤是猕猴桃生长与结果的基础，是水分和养分供给的源泉。土层深厚、土质疏松、通气良好，则土壤中有益微生物活跃，就能提高土壤肥力，从而有利于根系生长和吸收，对提高果实产量和品质有重要意义。

近十余年来，猕猴桃比较效益较高，各地争相发展。生产上存在盲目选择园地，采用劣质土壤（如黏重水稻田、黏重红黄壤地、砂砾滩地）建园的情况，导致投产迟、树势弱、产量低。因此，必须注重改良土壤的理化性状，改善和协调土壤的水、肥、气、热条件，从而提高土壤肥力，利于根系生长。

一、果园土壤改良

果园的土壤改良主要采取深翻熟化、增施有机肥和翻压绿肥以及培土（压土）与掺沙等措施。改良的目标是使土壤结构合理，形成团粒结构，有机质含量增高，各种矿质元素含量高且均衡，水、肥、气、热条件优越、协调，保证猕猴桃根系具有强的吸收功能，从而促进树体健壮生长，果园达到丰产、优质的效果。对于新建猕猴桃园，土壤改良措施详细见第四章第四节，此部分重点介绍已栽苗成园的土壤改良措施。

（一）深翻熟化

1. 深翻的作用

果园深翻可显著加厚活土层，改善土壤水气条件，促进土壤熟化。同时可加深土壤耕作层，为根系创造条件，促使根系向纵深伸展，根量及分布深度均显著增加。

深翻后对根系的影响主要有如下四点。

（1）能够加深根系在土壤中的分布深度，根系的垂直分布深度可达 40 ~ 60 cm。如深翻深度超过 100 cm，根系深度可达 80 ~ 100 cm，有 80% 的根分布于 40 cm 上下深度的土层中。未深翻果园的猕猴桃树，根系的垂直分布深度多局限于原土层中，一般仅 20 ~ 30 cm，80% 根分布于地表下 5 ~ 20 cm 的浅土层中。

（2）深翻果园的根系在土壤水平方向和垂直深度上的数量分布均匀，土壤垂直剖面上，根系密度梯度小，有利于根系全方位吸收营养。

（3）深翻后根系组成发生了变化，细根量增加，比例也提高，树冠投影范围内土壤剖面的须根在 90% 以上（条数比），未深翻的仅 80% 以内。因此，通过深翻可促进根系的生长，进而促进树势健壮，增加新梢的加长生长，有利于增加枝条年生长量，这种促进作用主要表现在深翻后的第二、三年。因此，深翻熟化对猕猴桃健壮生长具有重要意义。

（4）深翻可提高土壤肥力和微生物数量。苏联季米里亚捷夫农学院果树教研室专家 1980~1982 年对苹果园土壤采取深翻或深翻施肥研究，结果表明：单纯深翻 45 cm 比深翻 20 cm，可促进土壤真菌数量的增加和相应降低细菌的数量，而在深翻的基础上施无机肥或有机肥，

土壤中真菌和细菌数量均增加；深翻及深翻加施肥使土壤耕作层加深且高度熟化，所有处理中表土层（0 ~ 15 cm）的腐殖质、磷和钾含量降低；而深翻不施肥 15 ~ 45 cm 深的土层中氮、磷、钾等营养元素含量均有变化，如全氮增高，浓度达 0.12% ~ 0.14%，代换性钾达 1.83 mg/kg，移动性磷达 1.75 mg/kg（Пилъщиков и др.，1984）。

2．深翻时期

果园土壤春夏秋冬均可实施深翻，但针对猕猴桃肉质根特点，生长季节不宜深翻，以免伤根系，而是以秋季为最佳。在我国南方或西南高原暖冬地区，也可在早冬实施深翻。

（1）秋季深翻，一般于秋季果实采收后，结合施基肥进行。此时地上部生长减缓，进入休眠期，叶片还可以有光合能力，叶片营养开始回流到枝干、根中；而地下部正处秋季根系生长高峰期，深翻后根系伤口易愈合，容易发生大量细根，这些根越冬后首先先端延长生长，构成翌春发根的早期高峰。因此，秋季深翻，有利于缓和树势、增加树体营养积累。

（2）冬季深翻，在入冬后至立春前进行，越早越好，不宜过晚，最好在次年 1 月中旬前完成。冬季深翻主要在南方冬季湿润温暖、不冻土区域采取，可有利于劳力安排，同时可把当年冬季修剪下的枝条回填入土壤中。

3．深翻深度

针对猕猴桃根系而言，深翻深度一般要求 60 ~ 80 cm 为宜，以稍深入主要根系分布层为度。如山地土层薄，下部为半风化岩石，或滩地浅层有砾石层或黏土夹层，或土质较黏重等，可适当调整深度。

4．深翻方式

（1）扩穴深翻。对于幼树，从定植第二年开始，逐年由定植穴向外扩穴深翻，在进入盛果期前完成全园深翻。每次深翻范围小（图 5-1），工作量较小，适合劳力紧张的果园，结合施入粗有机料和有机肥。这种方式适于渗水性好的土壤，对于黏重土壤不合适，容易形成水坑，易导致局部根腐。

图 5-1　扩穴深翻

（2）抽沟深翻。建园时采取抽沟改土的果园，建议仍采取隔行抽沟式深翻（图 5-2），即隔一行翻一行。对于梯田单行栽植，先采取隔株深翻，后分次深翻树行两边。这样每次只伤一侧根系，对植株影响较小，特别是成龄园，根系密集，扩穴的方式伤根过多，宜采用此法。抽沟深翻还便于机械作业，提高劳动效率。

图 5-2　隔行抽沟

（3）全园深翻。对栽植穴以外的土壤一

次完成深翻（图 5-3），对于建园标准低的幼年园适宜。结合地面撒施有机肥或粉碎的粗有机料，深翻时离主干 50 cm 开外，这种方式适于小型机械作业，也是栽植前土壤改良的主要方式。

图 5-3　全园深翻

5．深翻注意事项

一般幼年果园采用全园深翻伤根不多，对树体影响不大；但成年果园根系已布满全园，以采用隔行深翻为宜。深翻结合施基肥及大量粗有机料，回填后灌透水，改良土壤更有效。

深翻时要求离主干 50 cm 以外，超过 4 年生树，要求离主干 80 cm 以外，不能离主干太近，避免伤大根。如果采取抽沟改土，要求将表土与底土分开堆放，回填时先在沟内埋粗有机料如作物秸秆等，粗有机料上撒杀菌消毒剂，再回填混有有机肥的表土。腐熟的有机肥要与表土混匀后回施在 40 ~ 60 cm 土层中，此处是根系的密集分布区。底土回填最上面自然风化，回填后垒成约高于地面 20 cm 的垄带，确保沉实后与原地面齐平，不形成凹陷积水沟。每次深翻时与以前的定植沟或穴之间要连接，不得留隔墙，否则阻碍根系生长，且改土沟易积水。

深翻过程中暴露出的根系要及时用土覆盖，防止风干。直径 1 cm 以上的根尽量不要截断，而直径在 1 cm 以下的根可适当进行疏、截，以刺激新根发生，促进根系功能的恢复。黏重土壤以截根为主，促进分枝；而砂质土以疏根为主，促进全方位新根发生。研究表明，5 ~ 8 mm 粗的根剪截后恢复能力最强，2 ~ 3 周即可产生大量愈伤组织，条件适宜，即可发根（张玉星，2011）。

地下水位较高的果园，深翻时不应深于雨季地下水位的最上限，否则由于深翻后毛管作用加强，地下水易于上升，雨季易引起涝害。

（二）增施有机肥料

有机肥料主要指较长时期内供给树体多种养分的基础性肥料，是一种养分相对完全的肥料，除有机质和主要矿质元素外，还含有微量元素和许多生理活性物质，如激素、维生素、氨基酸、葡萄糖、酶等，故称完全肥料。有机肥料不仅能提供植物所需要的营养元素和某些生理活性物质，还能增加土壤的腐殖质。其有机胶质又可改良砂土，增加土壤的团粒结构，增强保水保肥能力；同时又能改良黏土的结构，增加土壤的孔隙度，改良其通透性。

有机肥料包括人粪、厩肥、禽粪、羊粪、猪粪、牛粪、马粪、各种饼肥、堆肥、绿肥、骨粉及落叶杂草等。在应用时均需要充分腐熟发酵，或将这些肥料用水浸泡或放入沼气池，取其液体稀释后使用。

（a）有机物覆盖

（b）地布覆盖

（c）地膜覆盖

图 5-4　幼年果园树盘、行带覆盖

（三）培土（压土）与掺沙

我国南方多雨地区，猕猴桃多用高垄栽培，但降雨多，对土壤淋洗流失严重。当垄面露出根系时，需要培新土，每公顷地客土 20 ~ 30 t，可加厚土层，保护根系，也有培肥作用。土质黏重的果园培砂性略重的疏松肥土、砂质土壤果园培塘泥或河泥等较黏重的肥土。

培土的方法：先将垄面的表土疏松，然后将客土撒在树行带上，使客土与原土混合在一起，上下没有间隔。培土厚度一般约 10 cm 即可，露出根颈，过薄起不到培土作用，过厚对猕猴桃树发育不利，如果盖住根颈，将造成根颈腐烂，树势衰弱。

二、土壤管理制度

（一）幼年果园

1. 树盘（行带）管理

株距较大时幼树树盘指以主干为中心，直径 1.5 m 范围内。株距较小时树盘连成一条带，指以定植行为中心，宽度 1.5 m 的树行带。树盘内的土壤采用清耕、清耕加覆盖（图 5-4）。雨季采用清耕、防草布覆盖，耕作深度以不伤根为限。旱季采取覆盖，以有机物覆盖最佳，覆盖物厚度约 10 ~ 15 cm，根颈部露出，有机物可以用各类作物秸秆、花生壳、谷壳、食用菌渣等，也可采用防草布覆盖。高温季节覆盖可降温保墒，低温季节覆盖可增温防寒。有机物覆盖，其腐烂后渗入土壤可增加有机质，改善土壤结构。沙滩地树盘压泥炭土，既能保墒又能改良土壤结构，并减少根颈冻害。

覆盖前疏松土壤，浇透水。如果用黑色地膜或防草布，则需先将土壤整平滑，让地膜或防草布与土壤充分密接，不留空隙；否则遇高温强光天气，空隙中气温升高，过高温度

的热气会灼伤表层根系或幼苗叶片。

2．行间套种

幼园行间可套种经济作物，或套种绿肥、自然生草，定期割草还田。行间套种或生草，可形成生物群体，群体间相互依存，改善果园微域气候，有利于幼树生长。

合理套种既充分利用土地和光能，又可增加土壤有机质，改良土壤理化性状（图 5-5）。如套种黄豆，除收获黄豆外，遗留在土壤中的根、叶，每亩地可增加有机质约 17.5 kg；同时，黄豆的根瘤菌还能固氮，增加土壤中的氮素营养。利用间作物覆盖地面，可抑制杂草生长，减少蒸发和水土流失，冬季拦蓄降雪，防风固沙，减小地面温湿度变化幅度，改善生态条件。

图 5-5　幼年果园套种小麦、印度豇豆、油菜、西瓜、苕子和玉米

间作物选择的原则：矮秆、浅根、生育期短、需肥水较少、比较耐阴，主要需肥水时期与猕猴桃生长发育的关键时期错开，不与猕猴桃共患危险性病虫害或互为中间寄主。首选禾

本科绿肥植物，其次是矮秆的豆科作物，它可以提高土壤中氮素含量。也可套种瓜类和中草药，但要加强管理，防止瓜类作物上树。强光地区，行间可套种几行高秆玉米或棉花，有利于对一年生幼苗遮阴。

一般间作物或自然生草均应离幼树主干 70 cm 开外，树行带上不套种。间作物若种在树行带上（图 5-6），连续阴雨天土壤湿度大，根系易腐烂；平时行带不通风，根颈易出现腐烂或被蛀干害虫危害，影响幼苗的生长。

图 5-6 错误套种（绿肥套种在行带上土壤湿度大）

（二）成年果园

成年果园的土壤管理制度有多种基本形式，针对猕猴桃和各地生态环境而言，以清耕法（耕后休闲法）、生草法和覆盖法为佳，最好是三种相结合。

1．清耕法

清耕法又称耕后休闲法。果园土壤耕翻后园内不间种作物，生长季节经常进行耕锄，使土壤保持疏松和无杂草状态（图 5-7）。

图 5-7 清耕法果园

清耕法一般在秋季深耕，使土壤疏松透气，促进微生物繁殖和有机物分解，短期内可显著增加土壤有机态氮素，提高养分供给度。秋季耕翻对于保墒、蓄积雪水作用大，同时秋季耕翻利于清灭宿根性杂草及地下越冬害虫。生长季节也可清耕，对保持土壤疏松、消灭杂草作用巨大。尤其是干旱时期，常对果园浅耕，有利于切断毛管水，起到保墒的作用。

清耕法是我国果园传统的土壤管理制度，但长期清耕，土壤有机质迅速减少，并使土壤结构受到破坏。生长季节多次中耕，还会破坏根系，不利其生长。因此，针对猕猴桃园，主要在每年秋季实施，结合施入足量有机肥效果更好。

2. 生草法

生草法是指在果园中除 1.5 m 宽的定植行带外，行间播种牧草、绿肥，或者自然生草（图 5-8）。宜选择优良草种，有固氮功能的最佳，并在猕猴桃和草旺盛生长时期补充肥水，适时刈割覆盖于树行带。针对有机质缺少、土壤较深厚、水土易流失的果园，生草法是较好的土壤管理制度。

图 5-8　生草法果园

生草法是提供果园绿肥的重要措施，同时覆盖地面，可减少蒸发，抑制杂草丛生，调节土温，有利于根系活动。

首先，生草覆盖地面可减少土壤冲刷和地面径流，拦蓄降水。段舜山等（2000）在广东鹤山的赤红壤坡地幼龄果园种植牧草后，地表径流降低了 47.7%，土壤侵蚀量减少了 73.5%；翁百琦等（2004）在山地果园中种植牧草，土地径流量降低 98.7%，径流次数减少 11.4%。

其次，果园生草或套种绿肥，具有改良土壤的作用。遗留在土壤中的草根及定期刈割下的草腐烂还田，均增高了土壤有机质及微生物含量，改善了土壤理化性状，使土壤能保持良好的团粒结构。生草法提高土壤养分的生物有效性，稳定土壤环境温度。李磊等（2019）研究认为，猕猴桃园套种蕺菜后根际土壤碱解氮、速效磷和速效钾含量分别比对照处理提高 13.95%、7.92% 和 3.94%，土壤细菌、真菌和放线菌数量分别提高 19.01%、28.89% 和 16.32%，

土壤过氧化氢酶、脲酶、蔗糖酶和磷酸酶活性分别提高 17.02%、12.63%、17.57% 和 7.98%，单果质量和单位面积产量分别提高 7.14% 和 7.68%，维生素 C、干物质、可溶性固形物、可溶性总糖和可滴定酸的含量分别提高 7.97%、18.29%、2.09%、12.37% 和 14.18%。

再次，果园生草雨天能大量吸收储存地表水，晴天能减少行间土壤水分蒸发，从而调节土壤湿度，有利于果树生长、品质提高。杨青松等（2007）研究认为，梨园行间生草能显著调节土壤水分含量，在雨季土壤水分较多时，0 ~ 10 cm 和 11 ~ 30 cm 土层的含水量生草区分别比清耕对照区低 6.75% 和 14.82%，而在旱季土壤水分相对较少时，0 ~ 10 cm 和 11 ~ 30 cm 土层的含水量生草区分别比清耕对照区显著高 32.88% 和 29.09%，而 31 ~ 50 cm 土层不论雨季还是旱季均无差异。

最后，生草后显著增加了果园生物多样性，对于优化果园生态环境具有重要意义。生草后果园益虫，如捕食螨、步甲、草铃、瓢虫、蜘蛛、螳螂、黄蜂等，数量显著增加，对于控制蚜虫、叶螨具有显著效果。

但生草也有不利的方面。长期生草土壤板结，影响通气；草根系强大，且其在土壤上层分布密度大，截取下渗水分，消耗表土层氮素，导致果树表层根系发育不良。特别在高温干旱季节，果园生草易与果树争肥水。因此，在旱季或干旱地区，应在有灌溉条件时使用生草法，并控制杂草深度，定期刈割覆盖地面。

杂草要及时刈割，控制深度 30 cm 以内（图 5-9）；套种绿肥及时压青，一般在绿肥的生殖生长期如现蕾期、初花期、盛花期或初结荚期为宜。

（a）行带杂草及时清除

（b）深度控制在 30 cm 以内

图 5-9　杂草控制

人工操作时，如果是旱季，可将刈割下的绿肥植物覆盖在树盘，多次叠加，冬季施基肥时将腐烂的绿肥翻埋于施肥沟底；如果是雨季，则在树冠下离主干 80 cm 开外，挖 2 ~ 3 条 40 ~ 50 cm 深的沟，将刈割下的杂草或绿肥埋入沟底，上面撒施石灰，同时可加上磷肥，一般每 100 kg 鲜有机物可混入过磷酸钙 1 kg。压青时要一层鲜有机肥一层土相间放置，避免鲜有机物堆积过厚，腐烂时发热量大，影响根系生长，降低绿肥质量。初结果树一般每株可压鲜草 25 ~ 50 kg，结果多的大树或弱树则可增至 100 kg。雨季压青，土壤湿度较大，有利于有机物的分解；而旱季压青，绿色体容易灰化，降低肥效。现代果园常采用割草机除草，既节省人工，有利及时控制杂草深度，割碎的草覆盖地面，同样又有改土效果。

因猕猴桃对除草剂敏感，特别是对草甘膦、百草枯、草铵膦，果园在使用除草剂时如喷到猕猴桃植株上，易导致其叶片扭曲变形，叶脉之间的叶肉组织也经常会向上隆起，有时受影响的叶片还会失绿，呈现淡绿色（图 5-10）。草甘膦还有很强的内吸作用，导致很长时间枝梢萌发出的新稍均发育不良、扭曲变形，整株生长势大大降低；同时，草甘膦在土壤中的残留期很长，很容易被猕猴桃根系吸收，从而导致不同程度的药害症状发生。因此，猕猴桃果园内严禁使用除草剂，而果园周边及道路上可适当采用。

（a）百草枯药害状

（b）草甘膦药害状

图 5-10　猕猴桃药害

3．覆盖法

覆盖法是在树盘或树盘外围覆盖杂草、作物秸秆、阔叶树幼嫩枝叶、谷壳或防草布等，覆盖物可根据土质情况就地取材（图 5-11）。其中以覆草最为普遍，覆后逐年腐烂减少，再不断补充新草。覆盖主要用于山岭地、砂壤地，而黏重土壤雨季不能覆盖有机物，否则易使土壤长期湿度过大，引起烂根、早期落叶。因此，黏重土壤以覆盖地布较适宜。

（a）谷壳

（b）秸秆

（c）反光膜

图 5-11　果园覆盖

覆盖法能防止水土流失、抑制杂草生长、减少蒸发、防止返碱、积雪保墒、缩小地面昼

夜温差，能有效增加有效态养分和有机质含量，并能防止磷、钾和镁等被土壤固定而成无效态，对团粒形成有显著效果。据调查，如果每亩每年有 500 kg 干草残留在 10 cm 左右深的土层中，连续 5 年即可使表层土壤有机质质量分数由 0.7% 上升到 2.0% 左右。

覆盖前先整好树盘，浇透水，用于覆盖的草最好先晒干或腐熟，如果是鲜草可先在草上撒一次速效氮肥和磷肥，以补充草腐烂过程中微生物自身繁殖所需营养，避免引起土壤短期缺氮、磷。覆草厚度要求常年保持在 10 ~ 15 cm 为宜。覆草厚度不低于 10 cm 才能起到保温增湿灭杂草的作用，但覆草过厚易使早春土温上升慢，不利于根系活动，北方冷凉地区尤其如此（董水丽，2011）。

覆草有利于减轻病虫害。首先，覆草后为部分害虫的树下越冬提供了温暖的场所，因此可以利用覆草集中诱杀。其次，有些幼虫难以越过覆盖层入土越冬，降低越冬害虫基数。

但长期覆草，容易出现两个不利因素。首先，覆草吸水力强，若遇大的降雨或盲目大水漫灌，易使表层土壤湿度过大，引起枝梢旺长或烂根。因此，雨季来之前将覆盖的有机物翻埋入土中，表层清耕或改覆盖地布等，降低表层土壤湿度，而黏重土壤采用清耕法或树行带覆盖地布或地膜，有利于排除多余雨水，防止表层土壤过湿。树干周围 20 cm 左右不覆盖，因为根颈对氧气极敏感，缺氧易导致根颈腐烂。其次，覆盖后易出现根系上浮。根系主要分布在地表 20 cm 以内的土层内，对外界干旱、冰冻、高温等逆境的抵抗力降低，因此覆草要与土壤深耕改土、基肥深施等措施结合，吸引根系深扎，提高整体抗性。

覆草时要注意防火、防风，特别是干草覆盖。生产中已有果园因覆盖草过干，引发火灾而将猕猴桃树烧坏，造成较大损失的案例。为防止大风将干草吹跑，可零星在草上压土。

近几年，果园土壤采用地膜或地布覆盖较多，其调节土壤温湿度效果好，同时还可以防止杂草生长，减少除草成本。尤其是对黏重土壤，可显著促进根系发育，达到壮树稳产效果。其中以黑色地布效果更好，具有透气性和渗水性。地膜和地布的厚度超 0.07 mm 即可采用，每年冬季施基肥时揭开并收纳保存，第二年早春时覆盖。一批地布可重复用 3 ~ 6 年。

覆盖地布一般在早春进行（野草刚返青时），整平地面，浇一次水，追施一次速效肥料，然后盖上地布。地布不要扯得太紧，使其与土壤充分密接，四周用土封严。可把滴灌管道置于布下面，采用水肥一体化系统后期追肥水，至秋冬季施基肥时再揭开地布。

上面三种果园土壤管理制度在不同条件下各有利弊，各地根据当地自然条件因地制宜地组合运用，才能收到良好的效果。一般树行带清耕加覆盖、行间生草或套种的方式是猕猴桃果园最有效安全的方式，对于园区的恶性杂草建议用人工方法清除掉。

第二节　果园施肥

一、果树营养与吸收

（一）猕猴桃所需要的营养元素

猕猴桃正常生长发育所必需的营养元素有 17 种，根据需要量，可分为大量元素（一般占果树干物质重量的 0.15% 以上）和微量元素（一般在 0.1% 以下）。大量元素包括碳、氧、氢、氮、磷、钾、钙、镁、硫；微量元素包括铁、铜、锰、锌、硼、钼、氯、镍。其中碳、氧、氢来自自然界中的二氧化碳和水，其他元素则主要从土壤中获取。施肥的主要任务之一就是调整土壤中果树必须营养元素的含量，使之满足猕猴桃生长发育的需要。

1. 大量元素

1）氮

氮是植物体内氨基酸、蛋白质、核酸、辅酶、叶绿素、激素、维生素、生物碱等重要有机物的组成成分。它不仅是组成细胞的结构物质，也是物质代谢的基础，其含量的高低直接影响到猕猴桃的生长发育过程、果实的形成与品质。因此，氮在猕猴桃生长发育中具有重要的生理功能，可促进营养生长，提高光合效能。氮素不足，则影响蛋白质形成，致使树体营养不良，枝条基部叶片黄化（图 5-12），甚至造成严重的生理落果。长期缺氮，会使猕猴桃抗逆性降低，寿命缩短。然而，氮素过多，又会使猕猴桃体内糖分和氮素之间失去平衡或引起其他元素关系失调，造成树体徒长、花芽分化不良、落花落果严重、产量和品质降低、贮藏性和抗逆性变差等。

（a）初期症状

（b）严重症状

图 5-12　叶片缺氮症状（Smith et.al.，1987）

氮在树体内的转运分配基本随着生长中心的转移而转移，且是以幼嫩组织含量最高（顾蔓如 等，1981），如从萌芽到新梢加速生长期，是枝、叶、花、幼果等不同部位含氮量高的时期，其中花器中含氮量最高，叶片越幼嫩，含氮量越高。同一部位含氮量随物候期而变化，如在同一枝条中，萌芽、开花期含氮量最高，旺盛生长结束期最低。秋季落叶前，部分氮素从叶片转运到枝、干和根部贮藏。

果树根系从土壤中吸收 NO_3^-、NH_4^+ 等离子状态的氮素，与树体的有机酸结合成氨基酸、酰胺等有机化合物。土壤 pH 值影响根系吸收氮素的类型，土壤 pH 值为 7 时，有利于 NH_4^+ 的吸收；而土壤 pH 值为 5～6 时，则有利于对 NO_3^- 的吸收。猕猴桃适于 pH 值 5～6，因此应多施 NO_3^- 的氮肥。根系和叶片也能吸收尿素和一些水溶性有机氮化合物，如氨基酸、有机碱、天门冬酰胺、维生素和生长素等。

2）磷

磷能提高根系吸收能力，促进新根的发生和生长，促进花芽分化而提早开花结果，促进果实、种子成熟，提高果实品质，增加束缚水，提高果树抗寒、抗旱能力。磷素不足时，酶活性降低，糖分、蛋白质代谢受阻，分生组织活动不能正常进行，从而延迟猕猴桃展叶和开花，甚至导致枝条下部芽不能萌发，新梢和根系生长减弱，叶片变小，积累在组织中的糖类转变为花青素，使枝叶变为灰绿色（图 5-13），叶柄、叶背及叶脉呈紫色，严重时叶片出现紫红色或红色斑块，叶缘出现半月形坏死斑。

缺磷可导致猕猴桃花芽分化不良，果实色泽不鲜艳，果肉发绿，含糖量降低，抗逆性弱，甚至引起早期落叶，产量下降。特别是当氮素过量时，缺磷会引起含氮物质失调，根中氨基酸合成受阻，使 NO_3^- 在果树体内大量积累，植株呈现缺氮现象。磷过量时能阻止锌进入果树体内，易引起缺锌症。

图 5-13 叶片缺磷症状（Smith et.al.，1987）

猕猴桃不同部位磷含量不同，生命活动最旺盛的部位较高，如幼叶高于老叶，新梢高于主干，且随物候期而有变化。刘德林（1989）采用 ^{32}P 示踪法研究表明：在猕猴桃新梢萌发后的开花期，生命活动旺盛，植株对磷元素需求强烈，其中 60% 的磷运转到花中，而叶片中磷含量降低；6 月中旬至 9 月上旬，由于气温升高，新梢生长和果实膨大，对磷的吸收增加，其中 8 月中、下旬，虽然果实体积不再增大，但此时正是果实内种子的形成期，也是年周期中吸磷最多的时期；9 月下旬以后，叶片中磷的含量不再增高，采果后开始下降；在落叶前开始有磷从叶片中向茎、根中转移贮藏。

猕猴桃吸收磷素，以 $H_2PO_4^-$ 离子最易被吸收，HPO_4^{2-} 次之，磷酸根（PO_4^{3-}）较难被吸收。此外有机磷化合物，如激素、各类糖的磷酸酯、核酸等也能被果树吸收，但数量很少，吸收速度也慢。磷在土壤中向下移动很慢，为便于根系吸收，应增施颗粒肥料，或与厩肥混合施入，但均应施于根系的主要分布层或进行叶面喷施，以提高磷的有效性。植株缺磷时，可通过补施磷肥改善，如叶面喷施磷酸二氢钾效果较好。

3）钾

钾能促进猕猴桃的光合作用，随着植株体内的钾含量增高，光合作用强度也有所提高。适量钾素可促进果实肥大和成熟，促进糖的转化和运输，提高果实品质和贮藏性；并可促进加粗生长，组织成熟，机械组织发达，提高抗寒、抗旱、耐高温和抗病虫的能力。

钾肥不足时，植株不能有效地利用硝酸盐，新陈代谢作用降低，使单糖积累在叶片内，减弱糖类的合成，而消耗增多，减弱根和枝加粗生长，新梢细弱，停止生长较早，叶尖和叶缘常发生褐色枯斑，降低果实产量和品质。严重缺钾时，叶片从边缘向内枯焦（烧叶现象），向上卷曲而枯死。钾在果树体内能被再度利用，缺钾时，老叶先受害，出现黄斑。钾素过多，由于离子间的竞争，使果树生理机能遭到破坏，影响果树对其他元素的吸收和利用，从而出现缺素症。

钾在树体内的分布同氮一样，具有向植株的幼嫩组织靠近和转移的特点，刘德林（1994）利用 ^{86}Rb、^{14}C 示踪法研究表明：钾素在中华猕猴桃植株中分配是新叶＞老叶＞茎＞根，其中新叶和老叶中分别占 43.0%～44.0% 和 23.9%～24.6%；全年不同时期植株对钾的吸收也不一样，8 月以前吸收钾比较缓慢，8 月以后吸收特强，由初期占吸收总量的 2.0% 增加至 32.0%，几乎直线上升；而采果以后，气温渐降，开始落叶，叶片钾含量降低，吸收量显著减少，与磷的吸收一样；落叶前叶片不再吸收，甚至倒回一部分给根际土壤。

猕猴桃如果表现出缺钾，可通过叶面喷施氯化钾较快改善。平时应注重钾肥的施用，土壤施硫酸钾、硝酸钾均可。

4）钙

钙对糖类和蛋白质的合成有促进作用，在果树体内起着平衡生理活动的作用，可使土壤溶液达到离子平衡，加强果树对氮、磷的吸收。钙能调节果树体内的酸碱度，也可避免或降低在碱性土壤中钠离子、钾离子等，以及酸性土壤中残留的氢、锰、铝等离子的毒害作用，使果树正常地吸收铵态氮。钙能促进原生质胶体凝聚和降低水合度使原生质黏性增大，有利于果树抗旱、抗热。钙能调节土壤溶液的酸碱度，对土壤微生物活动有良好作用。钙大部分积累在果树较老的部分，是一种不易移动和不能再度利用的元素，故缺钙首先是幼嫩部分受害。

一年中，猕猴桃对钙的吸收是平稳的，会逐渐累积（安华明 等，2003；刘德林，1989）。钙在植株不同器官的分配比例是：苗期主要分布在根部，大约占总吸收量的 45%，叶占 32%，枝条占 23%；结果期，以叶片含量为多，占 36.15%，根占 29.15%，枝条占 21.75%，果实占 12.95%（刘德林，1989）。和氮、磷一样，猕猴桃全株同样是以新叶中含钙量最高。

钙素过多，土壤偏碱性而板结，使铁、锰、锌、硼等呈不溶性，导致果树缺素症的发生。缺钙时会削弱氮素代谢作用和营养物质的运输，不利于铵态氮的吸收，蛋白质分解时生成的草酸不易被中和。缺钙时根的反应较为突出，表现新根粗短、弯曲，尖端不久死亡。缺钙时不能形成新的细胞壁，细胞分裂过程受阻，因而枝叶细胞壁不紧密，叶片较小，严重时枝条枯死或花朵萎缩。缺钙常常是由于土壤酸度过大或其他元素过多，如强酸性土壤导致有效钙含量降低，含钾过高时也能引起钙的缺少。缺钙可通过土施石灰、钙镁磷肥（酸性土壤），或过磷酸钙（碱性土壤）等补充，或叶面喷施螯合钙肥纠正。

5）镁

图 5-14　缺镁症状

果树体内，约 10% 的镁存在于叶绿素中，叶绿素分子质量的 2.7% 为镁。镁可促进磷的吸收和同化，镁含量适宜时，可促进果实增大、品质变优。镁在树体内可再分配利用，镁不足时，会将成熟叶片中的镁运转到需要镁较多的果实等器官中。果树缺镁时，叶绿素不能形成，引起失绿症，影响糖类、蛋白质、脂肪以及含磷化合物的形成，果树生长停滞，幼梢发育和果实成熟不正常，基部叶片叶脉间出现黄绿色至黄白色斑点（图 5-14），渐变为褐色斑块。严重缺镁时，新梢基部叶片早期脱落，果汁中可溶性固形物、柠檬酸和维生素 C 含量显著降低。缺镁导致元素间的平衡关系失调，磷和氮吸收受阻。

镁主要分布在果树的幼嫩部分，果实成熟时种子内含量增高。砂质土壤镁易流失，酸性土壤镁流失更严重。灌溉过量可加重镁的流失，施用磷钾肥过量也易引起镁的缺少。在栽培上应注意增施有机肥料，提高土壤盐基置换量；在强酸性土壤中施用钙镁肥，兼有中和土壤酸性的作用。

2．微量元素

1）铁

猕猴桃正常生长发育过程中，需铁量甚微。一般土壤铁的含量较高，不致缺少。但在含钙过多的碱性土壤和含锰、锌过多的酸性土壤中，铁变为沉积物，不能被猕猴桃吸收利用。在钾素不足、地温较低、土壤湿度较大的情况下，也易发生缺铁现象。

铁在树体内不易移动，缺少时首先表现在幼叶，呈现失绿现象，老叶仍为绿色。猕猴桃秋季成熟叶片最适宜的铁需要量是 70 ~ 140 mg/kg。

猕猴桃缺铁时，首先影响叶绿素形成，叶片大部分失绿。随病情加重，叶脉也相继失绿变成黄色，叶片上出现褐色枯斑或枯边，并逐渐枯死脱落（图 5-15）。严重时果实也黄化，品质下降。发病后，树势变弱，花芽形成不良，坐果率也降低。我国陕西省的眉县、武功及周至等县有少数果园表现缺铁严重。

（a）早中期

（b）晚期

图 5-15　缺铁症状

如果出现缺铁黄化症，可施硫酸亚铁、螯合态铁肥［EDTA-Fe（酸性土壤中）和 EDDHA-Fe（碱性土壤中）］等有效解决。据笔者团队连续两年的实践表明：在碱性土壤中以土施螯合态铁肥 EDDHA-Fe 的效果最好，能迅速使抽生的新梢转绿，恢复树势，而硫酸亚铁在碱性土壤中没有改善效果，Fe^{2+} 容易氧化，产生锈斑；另一种螯合铁肥 EDTA-Fe 在碱性土壤中也没有效果，而在酸性土壤中纠正缺铁症的效果较好。

2）硼

硼能促进花粉发芽和花粉管生长，对子房发育也有一定作用。硼能提高果实中维生素和糖的含量，增进品质。硼能改善氧对根系的供应，促进根系发育，加强土壤中的硝化作用。硼提高细胞原生质的黏滞性，增强果树的抗病能力，还能防止细菌寄生。

猕猴桃需硼情况因品种和物候期而不同，‘金艳’‘翠玉’等品种需硼量较大，而‘红阳’‘东红’等需硼量中等或较低。各物候期中一般开花期需硼量较多。如果能满足果树对硼的需要，则可提高坐果率和产量。壮果期叶片中适宜的含硼量是 31 ~ 42 mg/kg。

缺硼会对猕猴桃的生长形成阻碍。首先，缺硼使根尖组织的细胞分裂和延伸严重受阻，主根和侧根的生长受抑制或停止，根系呈短粗丛枝状。严重缺硼时，根系开裂或空心霉烂，甚至坏死脱落。其次，缺硼使新梢生长易枯死，枝顶端有小叶簇生，节间缩短、生长停滞，叶片畸形，叶柄和茎都肥厚、开裂，有木栓化现象。花芽分化不良，花数少，花粉粒变形，受精不良。果实发育受阻，结果少或者不结果。输导组织被破坏，柔软组织变褐。最后，缺硼使主干部分变粗大，常呈现上粗下小，皮孔变粗大，开裂，俗称“藤肿病”（图 5-16）。

图 5-16　缺硼症状（最右边来源于 Smith et al.，1987）

硼素过量时，可引起毒害作用，影响根系吸收，叶片上出现叶缘退绿，接着出现黄褐色的坏死斑，扩展至侧脉间并伸向中脉（图 5-17），最后导致叶片坏死或呈枯萎状，并过早地脱落。中毒症状先表现在老叶上，再逐渐波及其他叶片（刘鹏，2002）。

果园土壤中可给态硼的含量与土壤性质、有机质含量等有密切关系。一般表土比心土含硼量高，黏质土比砂质土含硼量高。土壤 pH 值超过 7 时，硼易呈不溶性状态；钙质过多的土壤，硼也不易被根系吸收；土壤过于干旱也影响硼的可溶性，易发生缺硼症。土壤中有机质丰富，可给态硼含量高，生产上多施有机肥，可克服缺硼症。如果出现硼中毒，多次用清水灌溉，充分淋洗土壤，或施用三异丙醇胺与硼酸形成螯合物来降低有效硼，适当施用石灰

减轻硼毒害（刘鹏，2002）。

图 5-17　硼过量造成的中毒症状（从左至右症状由轻到重）

3）锌

锌在果树体内是以与蛋白质相结合的形式存在的，可以转移，其分布与生长素的分布高度相关，生长旺盛的部分，生长素多，含锌量也多。锌素适宜时，可提高猕猴桃抗真菌侵染的能力。

缺锌时，树体内色氨酸含量降低，制约吲哚乙酸合成，因而间接影响生长素的形成，使果树过氧化氢酶等活性下降，顶芽中生长素被破坏，不能伸长，枝条下部叶片常有斑纹或黄化部分，新梢顶部叶片狭小，枝条纤细，节间短，小叶密集丛生，质厚而脆，俗称“小叶病”。

猕猴桃壮果期叶片中适宜的含锌量是 1 ~ 22 mg/kg，最高量为 23 ~ 30 mg/kg。沙地、盐碱地以及瘠薄山地果园，缺锌现象的发生较为普遍。

4）锰

适量锰可使猕猴桃各生理过程正常运行，提高果实维生素 C 的含量。锰可增强叶片的呼吸强度和光合速率，因而能促进果树生长。锰有助于种子萌发和幼苗早期生长，促进花粉管生长和受精过程，提高果实含糖量。锰有助于叶绿素形成、果树体内糖分的积累和运转以及淀粉水解。

缺锰导致碳水化合物和蛋白质的合成减少，叶绿素含量降低，新梢基部成熟叶片发生失绿症，上部幼叶保持绿色。当叶片从边缘变黄时，叶脉及其附近仍保持绿色，严重时出现褐色，先端干枯。

土壤偏碱时，锰呈不溶状态，易发生缺锰失绿症。在强酸性土壤中，还原锰过多，果树易导致锰素中毒。

（二）元素间的相互关系

元素间的相互关系主要有相助作用、拮抗作用以及相互相似作用三种。

相助作用是指随着吸收某一元素增加，其他元素也随之增加。如随着氮素的增加，叶片内钙和镁的含量也随着增高，即表明氮和钙、镁存在相助作用。

拮抗作用是指随吸收某一元素增加，其他元素随之减少。如随着氮素的增加，叶片中钾、

硼、铜、锌、磷的含量随之降低，即表明氮和这些元素有拮抗作用。相反，施用磷肥过多，也妨碍对氮和钾的吸收。钾过多，则导致钙与镁的吸收减少。

相互相似作用是指几种元素都能对某一代谢过程或代谢过程的某一部分起同样的作用，某一元素缺少时，还可部分地被另一元素所代替（张玉星，2011）。

猕猴桃对各元素从吸收到利用的过程与离子间浓度、比率之间的关系是复杂的，而各元素的相互关系又是多变的。如钾和镁有拮抗作用，钾过多则表现缺镁，镁的缺乏又会引起缺锌和缺锰，而镁在果树体内是磷的载体，当果园土壤缺镁时，即使大量施用磷肥，果树不但不能吸收，反而会产生缺铁和缺铜症。又如只增加氮素，而不相应地增加磷、钾肥，就会出现氮过多而磷、钾不足，造成枝叶徒长，结果不良；反之，氮不足，又会出现磷、钾过剩现象，影响氮的吸收，也会造成生长不良的后果。因此，在生产上，应尽量做到均衡施肥，确保树势健壮，产量增加和品质提升。

二、营养诊断与平衡施肥

（一）营养诊断

营养诊断指利用生物、化学或物理等测试技术，分析研究直接或间接影响猕猴桃正常生长发育的营养元素的丰缺和协调性，从而确定施肥方案的一种施肥技术手段。营养诊断分为土壤营养诊断和植株营养诊断。

1. 土壤营养诊断

猕猴桃生长发育所必需的营养元素主要来自土壤，产量越高，果实从土壤中吸收的养分量就越多。因此，土壤中营养元素的含量高低和协调与否直接影响猕猴桃生长与结果，对土壤的有效营养状况进行测试分析，是确定合理施肥的重要依据。

果园土壤营养诊断，通常指对土壤中各种营养元素的可给态养分（有效养分）含量进行测定。一般分析鉴定土壤质地、有机质含量、pH 值、全氮和硝态氮含量以及其他矿质元素的有效含量，总结出不同类型土壤中营养元素的状况，制定出丰产优质果园的最佳养分状况，从而判断出果树吸收水平及养分的亏缺程度。

一年一次的土壤分析，旨在探讨与校正营养水平的变化趋势，这种趋势反映树体生长，果实产量及由于土壤淋失所带走的养分和肥料与灌溉和降雨中增加养分间的平衡。土壤分析主要靠测试手段，得出的结果主要是定性指标，主要针对特定的土壤特定的品种，只能作为参考，最好能有其他方法进一步验证。为了便于比较，不同年份间的土壤分析应在同一时期采样进行。

2. 植株营养诊断

植株营养诊断主要依据果树的外部形态和植株体内的养分状况及其与果树生长、产量等的关系来判断果树的营养丰缺和协调与否，作为确定施肥的依据。植株营养诊断主要包括枝条、果实以及叶片等器官的营养诊断。猕猴桃叶片一般能够及时和较准确地反映树体营养状

况，不仅能分析出肉眼能见到的症状，还能分析出多种矿质元素的不足或过剩，分辨两种不同元素引起的相似症状，并能在症状出现前及早发现。因此，猕猴桃植株营养诊断大多采用叶片营养诊断。

1）叶片营养诊断的任务

叶片营养诊断的任务在于找出各种临界浓度（营养诊断指标）和确定果树营养元素浓度所属的类型。因此，在营养诊断中，要特别注意区分各元素的潜在缺乏，以便通过适当的施肥措施加以矫正。叶片分析结果可以作为确定猕猴桃施肥量及肥料比例的参考。

2）采样时期及数量

供作营养诊断分析的叶片，宜在一年中叶片营养含量变化较小时采取，落叶果树常在新梢停止生长时采集。供分析用的叶片，应尽量做到标准一致，为减少取样误差，一般应选择有代表性的树 20 ~ 50 株，于树冠外围选 4 ~ 6 个新梢，采新梢中部成熟叶 1 片，累计取样量 50 ~ 100 片叶。

陈竹君等（1999）研究‘秦美’猕猴桃叶片内矿质元素含量的稳定时期大多在 6 月以后、9 月以前，且是营养发育枝叶片内的变化比短果枝叶片内的变化更小，因此认为猕猴桃叶片营养诊断采样的枝条类型为营养发育枝中部的成熟叶片，采样时期为 7 ~ 8 月份。

3）标准值建立

建立猕猴桃营养元素标准值是将叶片分析技术应用于生产的重要基础。应通过大量严格的试验或对不同产量水平果园叶片的分析，建立健康果园不同营养元素含量标准值。在此基础上，与供试果园叶片分析结果相比较，做出营养状况的诊断。一般完整的营养诊断标准值应包括营养元素的缺乏、适量和过剩三个范围。新西兰专家经过对稳定期叶片化验分析研究，得到‘海沃德’猕猴桃的叶片营养诊断标准值（表 5-1、表 5-2），可供参考（Warrington et al.，1990）。

表 5-1　新西兰 2 月份采集的‘海沃德’猕猴桃叶片分析标准浓度

大量元素	亏缺 /（g/100g）	最佳 /（g/100g）	过剩 /（g/100g）	微量元素	亏缺 /（μg/g）	最佳 /（μg/g）	过剩 /（μg/g）
氮	<1.5	2.2 ~ 2.8	>5.5	锰	<30	50 ~ 100	>1500
磷	<0.12	0.18 ~ 0.22	>1.0	铁	<60	80 ~ 200	—
钾	<1.5	1.8 ~ 2.5	—	锌	<12	15 ~ 30	>1000
钙	<0.2	3.0 ~ 3.5	—	铜	< 3	10 ~ 15	—
镁	<0.1	0.3 ~ 0.4	—	硼	<20	40 ~ 50	> 100
硫	<0.18	0.25 ~ 0.45	—				
钠	—	0.01 ~ 0.05	>0.12				
氯	<0.6	1.0 ~ 3.0	>7.0				

数据来源：摘自（I. J. Warrington and G. C. Weston Eds）Kiwifruit：Science and Management，P276。

注：新西兰的 2 月份相当于国内 8 月份。

表 5-2　新西兰‘海沃德’猕猴桃叶片展叶后 4 周叶片分析的标准浓度

大量元素	合适范围 / (g/100g)	微量元素	合适范围 / (μg/g)
氮	3.5 ~ 3.9	锰	85 ~ 95
磷	0.6 ~ 0.7	铁	115 ~ 150
钾	2.65 ~ 2.75	锌	55 ~ 70
钙	1.35 ~ 1.45	铜	20 ~ 30
镁	0.30 ~ 0.35	硼	18 ~ 30
硫	0.50 ~ 0.55		

数据来源：摘自（I. J. Warrington and G. C. Weston Eds）Kiwifruit：Science and Management，P277。

（二）平衡施肥

1．概念

养分平衡施肥法是国内外果树配方施肥中最基本和最重要的方法。此法以养分归还学说为理论依据，根据果树需肥量与土壤供肥量之差来计算实现目标产量（或计划产量）的施肥量，由果树目标产量、果树需肥量、土壤供肥量、肥料利用率和肥料中有效养分含量五大参数构成平衡法计量施肥公式，计算出应该施用肥料的数量。例如，某猕猴桃园计划每亩产量 1 500 kg，而每亩土壤只能供应果树 800 kg 产量需要的养分，那么有 700 kg 亩产量所需的养分必须通过施肥来解决。施肥量不足，达不到预期产量；施肥量过多就会造成浪费，甚至因肥害而减产。

养分平衡施肥法采用目标产量需肥量减去土壤供肥量得出施肥量的计算方法，亦称差减法、差值法或差数法。其计算公式是

$$\text{合理施用量}=\frac{\text{目标产量}\times\text{单位产量养分吸收量}-\text{土壤供肥量}}{\text{所施肥料中的有效养分含量}\times\text{肥料养分当季利用率}}$$

由此可见，平衡施肥之意就在于通过施肥补足土壤供应不能满足果树预期产量需要的那部分营养，使土壤和果树保持养分供需平衡，以便达到预期产量。

2．配方肥施用量的确定依据

（1）果树目标产量，即根据品种、树龄、树势、气候、土壤及栽培管理水平等综合因素，确定下年合理的目标产量。通常情况下，成年园可根据果园前三年产量总和求得平均产量。

（2）果树需肥量，等于一年中枝、叶、花、果、根等新生长部分和枝干、根系加粗部分所消耗的肥料量。

（3）土壤供肥量（天然供给量），是指即使不施用某种肥料，果树也能从土壤吸收这种元素的量。一般土壤中所含氮、磷、钾三要素的数量为果树吸收量的 1/3 ~ 1/2，但依土壤类型和管理水平而异。例如，氮的天然供给量约为氮的吸收量的 1/3，磷为吸收量的 1/2，钾为吸收量的 1/2。

（4）肥料养分利用率。施入土壤中的肥料，一部分养分经过土壤吸附、固定、淋失和挥发，因而不能全部被果树吸收利用。果树对肥料养分的利用率，氮大约为 40%、磷约为 20%、钾约为 40%。如改进施肥方式，可提高肥料利用率。例如，灌溉施肥，氮肥利用率可提高到

50%～70%，磷肥利用率可提高到54%，钾肥利用率可提高到80%。

（5）肥料中的有效养分含量。在养分平衡法配方施肥中，肥料中的有效养分含量是个重要参数。常用有机肥料的有效养分含量见表5-3～表5-5，这三个表是参考张玉星主编的《果树栽培学总论》第四版和王仁才主编的《猕猴桃优质丰产周年管理技术》中的相关数据整理的（张玉星，2011；王仁才，2000）。

表 5-3　常用粪肥主要养分含量及性质

名称	状态	类别	氮/%	磷（P_2O_3）/%	钾（K_2O）/%	性质	施用方法
人粪尿	鲜物	粪肥	0.50～0.80	0.20～0.40	0.20～0.30	速效，微碱	作基肥或追肥
猪厩肥	鲜物	粪肥	0.45～0.60	0.19～0.45	0.50～0.60	迟效，微碱	作基肥
马厩肥	鲜物	粪肥	0.50～0.58	0.28～0.35	0.30～0.63	迟效，微碱	与秸秆等沤制堆肥，作基肥
牛厩肥	鲜物	粪肥	0.30～0.45	0.23～0.25	0.10～0.50	迟效，微碱	作基肥
羊厩肥	鲜物	粪肥	0.57～0.83	0.23～0.50	0.30～0.67	迟效，微碱	作基肥
土粪	风干物	粪肥	0.12～0.58	0.12～0.68	0.12～1.53	迟效，微碱	作基肥（成分依堆积方式而异）
堆肥	鲜物	粪肥	0.40～0.50	0.18～0.20	0.45～0.70	迟效，微碱	作基肥（成分依堆积方式而异）
鸡粪	鲜物	粪肥	1.63	1.54	0.85	迟效，微碱	作基肥，浸泡水作追肥
鸡粪	风干物	粪肥	3.70	3.50	1.93	迟效，微碱	作基肥，浸泡水作追肥
鸭粪	鲜物	粪肥	1.00	1.40	0.62	迟效，微碱	作基肥，浸泡水作追肥
鸭粪	风干物	粪肥	2.33	3.26	1.99	迟效，微碱	作基肥，浸泡水作追肥
鹅粪	鲜物	粪肥	0.55	0.54	0.95	迟效，微碱	作基肥，浸泡水作追肥
鸽粪	鲜粪	粪肥	1.76	1.78	1.00	迟效，微碱	作基肥
蚕渣	鲜粪	粪肥	2.64	0.89	3.14	迟效，微碱	作基肥
兔粪	风干物	粪肥	1.58	1.47	0.21	迟效，微碱	作基肥

表 5-4　常用饼肥及作物秸秆主要养分含量及性质

名称	状态	类别	氮/%	磷（P_2O_3）/%	钾（K_2O）/%	性质	施用方法
棉籽饼	榨干	饼肥	5.60	2.50	0.85	迟效，微酸	作基肥
菜籽饼	榨干	饼肥	4.60	2.50	1.40	迟效，微酸	作基肥
花生饼	榨干	饼肥	6.40	1.10	1.90	迟效，微酸	作基肥
茶籽饼	榨干	饼肥	1.64	0.32	0.40	迟效，微酸	作基肥
蓖麻饼	榨干	饼肥	4.98	2.06	1.90	迟效，微酸	作基肥
桐籽饼	榨干	饼肥	3.60	1.30	1.30	迟效，微酸	作基肥
蚕豆饼	榨干	饼肥	1.60	1.30	0.40	迟效，微酸	作基肥
稻秆	风干	秸秆	0.51	0.12	2.70	迟效，微酸	与粪肥堆沤，作基肥
稻壳	风干	秸秆	0.32	0.10	0.57	迟效，微酸	与粪肥堆沤，作基肥
小麦秆	风干	秸秆	0.50	0.20	0.60	迟效，微酸	与粪肥堆沤，作基肥
麦麸（壳）	风干	秸秆	2.70	1.24	0.51	迟效，微酸	与粪肥堆沤，作基肥
玉米秆	风干	秸秆	0.61	0.27	2.28	迟效，微酸	与粪肥堆沤，作基肥
大豆秆	风干	秸秆	1.31	0.31	0.50	迟效，微酸	与粪肥堆沤，作基肥
豇豆秆	风干	秸秆	0.80	0.34	2.87	迟效，微酸	与粪肥堆沤，作基肥

表 5-5　常用绿肥的主要养分含量及性质

名称	状态	类别	氮 / %	磷（P_2O_5）/ %	钾（K_2O）/ %	性质	施用方法
苜蓿	鲜茎叶	绿肥	0.72	0.16	0.45	迟效，微酸	刈割后，撒施田间翻耕入土作基肥
紫穗槐	鲜茎叶	绿肥	1.32	0.30	0.79	迟效，微酸	刈割后，撒施田间翻耕入土作基肥
豌豆	鲜茎叶	绿肥	0.51	0.15	0.52	迟效，微酸	刈割后，撒施田间翻耕入土作基肥
蚕豆	鲜茎叶	绿肥	0.55	0.12	0.45	迟效，微酸	刈割后，撒施田间翻耕入土作基肥
绿豆	鲜茎叶	绿肥	1.45	0.23	2.57	迟效，微酸	刈割后，撒施田间翻耕入土作基肥
黑豆	鲜茎叶	绿肥	1.80	0.27	0.23	迟效，微酸	刈割后，撒施田间翻耕入土作基肥
田菁	鲜茎叶	绿肥	0.50	0.07	0.15	迟效，微酸	刈割后，撒施田间翻耕入土作基肥
草木樨	鲜茎叶	绿肥	0.52	0.04	0.19	迟效，微酸	刈割后，撒施田间翻耕入土作基肥
苕子	鲜茎叶	绿肥	0.46	0.13	0.43	迟效，微酸	刈割后，撒施田间翻耕入土作基肥

三、施 肥 技 术

（一）施肥时期

1．确定施肥时期的依据

1）猕猴桃对养分的吸收规律

猕猴桃与其他果树一样，在年周期中对养分的吸收率是有变化的。刘德林（1989）采用 ^{32}P、^{86}Rb、^{45}Ca 等矿质元素示踪法研究表明，中华猕猴桃对磷、钾、钙矿质养分的吸收，随着生长发育阶段的不同而分配中心各异。全年中出现第一次吸收高峰是在 6 月中旬，而吸收最多的是 8 月中旬至 9 月中旬，即果实内种子形成期和第一次副梢迅速生长期。顾蔓如等（1986）同样采用盆栽实验和 ^{15}N 示踪法对苹果结果树秋施氮肥翌年的转运情况进行了研究，结果同样表明：贮藏营养在树体内的转运分配基本随着生长中心的转移而转移，早春氮素的分配率在根系中占 55%，地上部新生器官仅占 11%，随着新生器官的发育，分配到新梢和叶片与幼果中的氮元素含量增高；当新梢缓慢生长到花芽分化期时，短枝及种子所在的果心部位氮含量显著增高，说明树体贮藏的氮第二年有再分配再利用的特性，主要有助于早春根系、枝、叶、花及幼果等新生器官的生长；而根系的第二次生长（夏季）及一年生以上枝条的加粗生长所需的氮素主要依靠当年从土壤中吸收。因此，以上结果说明树体吸收的养分首先满足树体生命活动最旺盛的器官，即养分有其分配中心，随着物候期的进展，分配中心也随之转移。

猕猴桃各物候期有重叠现象，从而影响分配中心的波幅，出现养分分配和供需的矛盾。安华明等（2003）对 6～7 年生的‘秦美’猕猴桃生育期果实中营养元素积累规律进行了研究，结果表明枝梢生长对果实营养的争夺较为激烈，即使某些不易移动的元素（铁、铜、锰）也会因为新梢的生长而从果实流失，果实大量元素除钙外，其余氮、磷、钾、镁在夏季出现负积累而且起伏较大。因而，必须及时施肥补充，才能协调好生长与结果的矛盾，提高坐果率，保证丰产、稳产。

猕猴桃每年冬夏季修剪的枝条和采收的果实从树体中带走大量的矿质营养和有机质。

Carey 等（2009）对有机栽培和常规栽培猕猴桃果园土壤质量和营养平衡的分析表明，收获果实带走的主要元素是钾和氮，并认为在有机栽培中营养带走量比例最少，常规栽培黄肉猕猴桃果园带走养分最多，而常规绿肉猕猴桃果园居中。因此，施肥量需要能最低限度地补充猕猴桃果实、枝条等带走的营养成分。笔者团队于 2010 年对‘金艳’冬季修剪下的枝条和果实、秋季叶片的矿质养分进行了测定，结果表明每吨果实带走氮 2 kg、磷（P_2O_5）0.8 kg、钾（K_2O）3.3 kg，而每吨枝条带走氮、磷（P_2O_5）、钾（K_2O）的量分别为 8.4 kg、1.6 kg、4.5 kg，这与 Carey 等（2009）的研究结果相似。

2）土壤中营养元素和水分变化规律

清耕果园土壤春季含氮较少，夏季有所增加，钾含量与氮相似，磷含量则春季高而夏秋季较低。此外，土壤营养元素含量与果园间作物种类和土壤管理制度等有关，如间作豆科作物，春季氮素减少，夏季由于根瘤菌固氮作用而有所增加。

土壤含水量与肥效发挥有关，土壤干旱时施肥，由于肥分浓度过高，根系不能吸收利用，反而易遭受毒害。积水或多雨地区肥分易淋洗流失，降低肥料利用率。因此，根据当地降水情况及土壤含水量而合理施肥灌溉，才能达到目的。

3）掌握肥料的性质

易流失挥发的速效肥或施后易被土壤固定的肥料，如碳酸氢铵、过磷酸钙等宜在果树需肥期稍前施入；迟效性肥料如有机肥料，因腐烂分解后才能被果树吸收利用，故应提到休眠期前施入。同一肥料元素因施用时期不同而效果不一样，据报道，同量硫酸铵秋施较春施开花百分率高，干径增长量大，一年生枝含氮量也高。因此，肥料应在吸收利用最佳时施入。

追施氮肥时期不同对果实品质有一定的影响。前期追施氮肥，猕猴桃果实大，且风味品质优，成熟较早；追施时期推迟，会促进营养生长，减少糖积累，使果实风味变淡，成熟期延迟。因此，决定氮素施用时期，结合果树营养水平、吸收特点、土壤营养状况以及气候条件等综合考虑，才能收到良好效果。磷和钾也同样如此。

2. 施肥种类和时期

1）基肥

基肥以有机肥为主，是较长时期供给猕猴桃多种养分的基础肥料，主要包括以下几大类：①饼肥类，指各种油料作物榨油之后的渣子，包括菜籽饼、豆饼等；②骨粉类，指动物骨头风干后的粉碎物，包括鱼骨粉、猪骨粉等；③粪尿类，包括家畜粪尿及厩肥、禽粪等；④堆沤肥类（绿肥类），包括各种绿色植物体；⑤杂肥类，包括泥炭、腐殖酸类肥料等。主要基肥的主要养分含量及性质详见表 5-3 ~ 表 5-5。

有机肥必须经过充分腐熟才能施入果园中，腐熟是有机物质在微生物作用下进行复杂的矿质化和腐殖化的过程。有机肥料所含的营养元素多呈有机态，如纤维素、半纤维素和氨基酸等，这些化合物必须经过各种微生物和酶促反应的矿化过程，才能生成比较简单的化合物，使迟效性养分转化成果树可直接吸收利用的速效养分。腐熟还可消灭传染性病菌、寄生虫卵和杂草种子。

水分和温度是影响微生物活动和腐熟快慢的重要因素。有机肥料吸水软化有利于微生物的入侵、分解以及菌体和养分的移动，使有机肥料腐熟均匀。对于好氧性微生物，适宜的水

分含量是有机肥最大持水量的 60% ~ 65%，即加水到手握成团、触之即散的状态。

一定的温度是微生物活动的必要条件，也是关系到有机肥腐熟速度和质量的主要因子之一。当温度超过 75℃ 时，微生物的作用几乎全部受到抑制；在 20℃以下时，又会影响腐熟速度。好气腐熟高温阶段应控制在 50 ~ 65℃，后熟保温阶段以控制在 30℃ 左右最为适宜。

猕猴桃基肥的组成一般以有机肥加磷肥为主，再配合适量的速效氮肥。基肥施用量应占当年施肥总量的 70% 以上。

科研和生产实践证明，一年中施用基肥的时间以早秋（落叶前）效果较好。秋季土温较高，有机物腐烂分解时间较长，矿质化程度高，翌年春可及时供根系吸收利用，并有利于果园积雪保墒，提高地温，防止根际冻害。此时也正值猕猴桃根系第二次生长高峰，伤根容易愈合，新根也会迅速形成。此时，猕猴桃地上部已渐趋停止生长，树体吸收和制造的营养物质以积累贮备为主，可提高树体贮藏营养水平和细胞液浓度，有利于翌年萌芽、开花和新梢早期生长。如果结合叶面喷施氮肥，提高秋季叶片的光合能力，合成的碳水化合物运输到根茎，树体养分贮藏效果更佳。

落叶后施基肥，此时土温开始下降，寒冷地区还会冻结土壤，伤根不易愈合，不易发生新根，肥料也较难分解，效果不如早秋施。春施基肥，肥效发挥较慢，常不能满足果树早春生长发育的需要，到后期起作用时又往往导致枝梢二次生长，影响花芽分化和果实发育。

中国农业科学院果树研究所试验表明，同量有机肥料连年施用比隔年施用增产效果明显，建议基肥年年施用更好。

2）追肥

追肥一般使用速效性无机肥或速效液态有机肥，如沼液、氨基酸、腐殖酸等，以满足果树生长发育急需。追肥是生产中不可缺少的施肥环节，所施肥料既是当年壮树、高产、优质的肥料，又给来年生长结果打下基础。

追肥次数和时期与肥料种类、气候、土质、树龄等因素有关。速效氮肥建议分多次施效果好。谢海生等（1986）在苹果树上研究认为，春夏秋分期施氮处理的综合效果比单一时期一次施入要好，既能促进当年树体的生长发育，也为下年贮藏了氮营养，因此建议氮肥分 2 ~ 3 次施入，并根据树势调整，弱树侧重于秋施和早春施，而过旺树避免春施，花芽少的树可在花芽分化临界期施，不希望大量成花，此期可不施。猕猴桃追肥同样可借鉴上述研究结论。高温多雨地区或砂质土，肥料易流失，追肥宜少量多次；反之，追肥次数可适当减少。幼树为促进营养生长和迅速成形，宜少量多次，间隔时间短，15 ~ 20 d，频率增加。随着树龄增长和结果量增多，施肥次数减少，但每次量增加，以调节生长与结果对营养需求的矛盾。

猕猴桃结果树一般每年追肥 2 ~ 5 次。

（1）萌芽肥。早春土温较低，吸收根发生较少，吸收能力也较差，萌芽展叶、现蕾及新梢早期生长，主要消耗树体贮藏养分。此次肥主要针对弱树、老树，施极少量氮肥，促进树液流动，将根系、主干中贮藏的营养迅速转移至冬芽，同时也能少量补充树体氮素营养。

（2）花前追肥。在开花前 15 d 内施用，随着新梢生长、蕾进入膨大期，需要消耗大量营养物质。此时树体营养水平较低，如氮肥供应不足，则不利于花芽形态分化，降低花芽质量，影响授粉受精。对弱树、老树和花蕾过多的大树，应加大追肥量，促使开花整齐，提高坐果

率，促进枝梢生长。这次施肥主要以氮肥为主，加施极少量硼肥。酸性土壤区域，可加施磷肥、钾肥和镁肥。

（3）壮果肥。主要在果实迅速膨大期施用。谢花后的 40 d 以内（早熟品种）或 60 d 以内（晚熟品种）是猕猴桃果实的迅速膨大期，此期追肥，可提高光合效能，促进养分积累，提高细胞液浓度，有利于果实膨大和枝条老熟。如果施了花前肥，可在花前肥之后的 15 ~ 20 d 施一次壮果肥。如果没有施花前肥，可在谢花后的 10 d 内完成此次壮果肥。最迟在花后 30 d 内完成。这次施肥主要以钾肥为主，配施磷氮肥。对于此期属于雨季的区域或偏砂质的土壤，可分多次施入，减少每次施入量，提高肥料利用率；对于干旱地区，每次施肥时结合灌溉，或直接采用水肥一体化施用，均可以提高肥效。

（4）提高果实品质肥和花芽分化期追肥。对于中晚熟品种或结果量大的树，在壮果肥之后 30 d 左右，果实进入淀粉积累高峰期和转化为糖分的时期，这是决定果实风味品质的关键时期，同时新梢开始停止生长，花芽分化开始。这次肥既保证当年果实品质和产量，又为来年结果打下基础，对克服大小年结果有利。此次施肥是以钾肥为主，配施速效磷肥为辅，或施用速效的有机液态肥，如沼液、氨基酸微肥等，尽量不要用无机氮肥。对结果不多的大树或新梢尚未停止生长的初结果树，此次不宜施用，否则易引起新梢二次生长，影响花芽分化，同时使果实品质下降。

（5）采果肥。这次施肥主要解决大量结果后造成树体营养物质亏缺和花芽分化的矛盾。主要针对早熟品种，采果后施用，以高氮复合肥为主，促进枝梢营养生长，促进营养积累。据谢海生（1986）和顾蔓如（1986）等在苹果树上开展氮肥施用时期效果研究，秋季施氮肥会提高树体内氮含量，使休眠期根系和枝条中的淀粉、含氮量和翌年萌芽后芽内过氧化氢酶活性都提高。对于早中熟猕猴桃品种，采果后土施 1 次速效氮肥或高氮复合肥，并结合防病虫加施 1 ~ 2 次氮为主的叶面肥，可提高叶片光合功能，增加树体氮素的贮藏营养；对于晚熟猕猴桃品种而言，可推至采果前后，结合施基肥进行，即将基肥施用时间提前，基肥中混入氮肥，有利于根系和枝干中贮藏大量氮素。

（二）施肥量

养分平衡施肥法是根据目标产量和管理水平，参考土壤和树体营养诊断结果，确定果园适宜的施肥种类和施肥量。对于目前不具备平衡施肥条件的果园，可根据以下几种方法确定适宜施肥量。

1. 通过施肥试验

选定合适的果园，进行施肥量比较试验，提出当地果园施肥量标准，以指导一定区域内果树生产。果树需肥量受土壤、树龄、管理等因素的影响，要得出一个较合理的施肥量，对于多年生果树来说，施肥试验需要进行 10 年以上。

至于不同肥料元素施用比例，因土壤、品种的差异而异。何忠俊等（2002）在‘秦美’猕猴桃上的研究结果认为，从产量、品质及经济效益等方面综合考虑，钾肥以硫酸钾和氯化钾按 1∶1 掺和施用效果较好，而 N、P_2O_5、K_2O 的大致比例为 1.0∶0.9∶1.3 较好。

2．根据树龄

一般幼树根系分布深度浅而范围窄，树体生长所需要的养分也较少，而随着树龄的增加，所需养分也增加。新西兰早期研究得出的美味猕猴桃‘海沃德’幼年树和成年树的施肥标准（Warrington et al.，1990）可供美味猕猴桃品种借鉴：

第一年　10月至翌年2月（相当于我国的4月至8月），每株施14 g纯氮，相当于30 g尿素，或者等量的其他氮肥，萌芽期开始的5个月内分3～4次撒施，施入范围1～2 m^2。

第二年　9月（萌芽前，相当于我国的3月），每株施56 g纯氮，相当于120 g尿素或者等量的其他氮肥，撒施范围3～4 m^2；随后从10月至翌年2月（相当于我国的4月至8月）期间追施3次肥，每次施28 g纯氮，相当于60 g尿素或等量其他氮肥。

第三年　9月（萌芽前，相当于我国的3月），每公顷撒施115 kg纯氮，相当于250 kg尿素或者等量的其他氮肥；11月（开花期，相当于我国的5月），每公顷面积再追施57 kg纯氮，相当于125 kg尿素或者其他纯氮。

成年树　在未进行土壤分析的情况下，新西兰专家建议农场主：成年果园每公顷每年需施纯氮170 kg，其中2/3于9月（萌芽前，相当于我国的3月）施入，其余1/3于11月（开花期，相当于我国的5月）施入；而磷和钾肥于8月或9月（萌芽前2周，相当于我国的2月或3月）施入，要求每公顷施入56 kg磷元素和100～150 kg钾元素。

施肥中应注意的是 NO_3^- 肥，特别是尿素，只有在土壤潮湿和根系不受损伤时才能施用。每次施用化肥后都会有一些降雨或灌溉效果更好。

3．根据果实产量

目前生产上也有根据单位面积产量确定施肥量的。研究表明，每千克猕猴桃新鲜果实氮、磷、钙、镁的含量与品种的染色体倍性无关，均相差不大；而钾的含量以四倍体品种最高，且呈显著性差异，二倍体和六倍体的品种果实含量低。每1 000 kg新鲜果实中氮（N）、磷（P_2O_5）、钾（K_2O）含量，不同品种有差异，经检测分析，几个主栽品种含氮（N）、磷（P_2O_5）、钾（K_2O）的量分别如下：‘金艳’2.00 kg、0.78 kg、3.30 kg，‘武植三号’2.30 kg、1.04 kg、3.02 kg，‘翠玉’2.20 kg、1.17 kg、3.25 kg，‘红阳’1.80 kg、0.46 kg、1.95 kg，‘海沃德’1.20 kg、0.55 kg、1.87 kg，‘徐香’1.90 kg、1.06 kg、1.92 kg，‘米良1号’1.80 kg、0.76 kg、2.02 kg，‘秦美’1.50 kg、1.00 kg、2.12 kg。

因此，施肥量一般按每生产1 000 kg果实，至少需施纯氮1.5～2.3 kg（平均1.90 kg）、磷（P_2O_5）0.46～1.17 kg（平均0.815 kg），钾（K_2O）1.87～3.30 kg（平均2.585 kg）确定。若按氮肥、磷肥和钾肥的利用率分别为40%、20%和40%计算，则氮（N）、磷（P_2O_5）、钾（K_2O）的比例约为1.00∶0.90∶1.36，这个比例与何忠俊等（2002）在‘秦美’猕猴桃上的研究结果非常接近。如果考虑钾含量与品种倍性相关性，则四倍体品种的钾含量可在此基础上加大到1.6，即为1.0∶0.9∶1.6。如果冬季修剪枝条能全部返回土壤，则可以参照这个比例施肥。若能通过技术措施提高肥料利用率，则施肥的比例需相应调整。总之，果实产量越高，施肥的量越多。

（三）施肥方法

1. 土壤施肥

土壤施肥是主要施肥方法，直接关系到土壤改良和果树根系发育的质量，是其他施肥方法所不能代替的。必须根据猕猴桃根系分布特点，将肥料施在根系集中分布层内，以便于根系吸收，发挥肥料最大效用。猕猴桃根系具有向肥性，其生长方向常以施肥部位为转移。因此，将有机肥料施在距根系集中分布层稍深、稍远处，有利于诱导根系向土壤深广方向生长，扩大吸收面积，有利于形成强大根系，提高树体营养水平，增强果树的抗逆性。

猕猴桃根系主要分布在地面下 0～60 cm 范围内，大多集中分布在 0～20 cm，而水平分布主要集中在距树干 20～70 cm 范围内（范崇辉　等，2003）。因此，施肥时，对于移动性弱的肥料（如磷肥）和改土性的肥料（如有机肥等）应尽量深施，施肥深度不能低于 50 cm，以引根深入；而对于移动性强的肥料（如氮肥、钾肥等）可浅施或地面撒施再浅翻，施肥深度 10～20 cm 即可。但是，生产上常见施肥过浅，根系主要分布在表层，且大都在 20 cm 上下（图 5-18），这会造成猕猴桃受外界气温影响大，抗逆性较差。

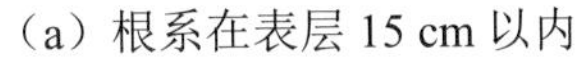

（a）根系在表层 15 cm 以内

（b）根系在 30 cm 以内

图 5-18　根系分布浅

猕猴桃幼树根系较浅，分布范围也更小些，以浅施、小范围施为宜；而成年树，根系已扩展和加深，其施肥范围也要逐年扩大，以满足果树对肥料日益增长的需求。沙地、坡地以及高温多雨地区，养分易淋洗流失，宜在果树需肥关键时期施入。应增加施肥次数，减少间隔日期，减少每次施入量。最有效的是采用水肥一体化设施施用，这样可减少肥料淋溶，提高肥料利用率。

土壤施肥的具体方法有断环状沟施肥、放射状沟施肥、条状沟施肥和地面撒施等。

（1）断环状沟施肥。断环状沟施肥主要针对幼树，以主干为中心，在树冠外围稍远处，挖 2～4 条半月形短沟，将肥料撒入沟中，并与土壤充分混匀。可隔次更换施肥位置，扩大施肥部位，少伤根。在实际操作中，容易直接将肥料堆放在沟中，这会增加局部土壤肥料浓度而引起烧根（图 5-19），应注意避免。

图 5-19　断环状沟及施肥回填不当造成肥害

（2）放射状沟施肥。放射状沟施肥是指以主干为中心，向外围挖 3～4 条施肥沟，要求远离主干部位深，靠近主干部位浅。此法较断环状沟施法伤根少，但在挖沟时仍要尽量少伤大根，隔次更换放射沟位置，扩大施肥面积，促进根系吸收。放射状沟施肥方法施肥部位还是存在一定的局限性。

（3）条状沟施肥。条状沟施肥是在果园行间、株间两侧或单侧开沟，可结合土壤深翻进行（图 5-20）。此方法便于机械化操作。

图 5-20　条状沟施肥

（4）地面撒施。当根系布满全园时，可采用此法施基肥。将肥料均匀地撒在园内土壤表面（图 5-21），再深翻 15～20 cm 深。采用此方法因施入土中较浅，常导致根系上浮（图 5-22），降低根系抗逆性。因此，宜与沟状施肥更换运用，可取长补短，发挥肥料的最大效用。

图 5-21　全园地面撒施有机肥

图 5-22　根系上浮在表面

追肥可采取地面撒施，然后再浅翻土壤，盖住肥料，防止肥料流失。但撒施时不能让肥料成堆，而是要均匀地撒在整个树盘须根分布区，离主干至少 30 cm 以上，树龄越大越远。肥料过于集中，渗入土壤中浓度过大，易造成肥害（图 5-23、图 5-19）。

（a）离主干太近

（b）肥料过于集中，易出现肥害

图 5-23　不正确的地面撒施化肥

总之，土壤施肥方法有多种，应根据树势及园区条件的具体情况而定，相互搭配使用。切忌施肥操作中出现肥料成堆或水溶肥浓度过高的情况，否则会发生肥害。大面积果园追肥尽量采取水肥一体化，少量多次，提高肥效，降低人力成本。

2．叶面施肥

叶片的气孔和角质层具有吸收肥料的能力，含有养分的水溶液可经过角质层到达维管束组织周围的活细胞。气孔是养分溶液最初进入叶内的最重要途径。一般叶面喷肥后 15 min～2 h 养分即可被叶片吸收。

猕猴桃叶片吸收营养的强度和速率与叶龄、肥料种类、养分浓度以及气候条件等有关。幼叶生理机能旺盛，气孔所占比重大。在发育中的叶片两面的表皮上，最初都有单细胞的细毛，而在部分展开的幼叶上，细毛占比重比老叶大；至叶片成熟后，上表皮的细毛就完全消失。幼叶主叶脉的上侧、叶缘锯齿上，都有腺状组织，叶片成熟后也消失。因此，幼叶较老叶吸收速度快，效率也高。

叶面角质层较叶背厚，叶背气孔多，表皮层下具有较疏松的海绵组织，细胞间隙大而多。中华猕猴桃和美味猕猴桃叶背具有茸毛或硬毛，喷肥后可在较长时间内保持湿润状态，有利于养分渗透和吸收。所以，一般叶背较叶面易于吸收，且吸收速度也快。

叶片对营养元素的吸收还因化合物种类、浓度不同而有差异。例如，喷布硫酸镁最快需 30 s 进入叶内，而喷布氯化镁只需 15 s 即可进入。0.150 mol/L 硫酸镁溶液需经 30 s 进入叶内，而 0.025 mol/L 的硫酸镁溶液则需 60 s 才能进入叶内，即溶液浓度高时吸收速度快。然而，叶片对氯化镁的吸收则与溶液浓度无关。

又比如，叶片从氯化钾溶液中吸收钾速率最快，从硝酸钾溶液中吸收钾居中，而从磷酸氢二钾溶液中吸收钾最慢。可见不同阴离子可影响叶片对同一阳离子的吸收。此外，老叶吸收钾，反而比幼叶显著优越。磷酸二氢钾较磷酸氢二钾进入叶内迅速，但随时间延长，吸收

磷的数量增加，最终吸收磷的数量比钾还要大。因此，补施钾肥，以叶面喷施氯化钾最佳，补施磷肥，以叶面喷施磷酸二氢钾为佳（张玉星，2011）。

叶片吸收与温湿度有密切关系。蒸腾作用所形成的很薄水层比喷到叶片上的水分更有利于叶片对喷施的矿质元素的吸收。叶面喷肥以温度为 18 ~ 25℃、湿度较高时效果较好。因而喷肥时间夏季最好在 10:00 前和 16:00 以后，以免因气温高溶液很快浓缩，既影响肥料吸收，又易发生肥害。

叶面喷肥可提高叶片光合强度 0.5 ~ 1.0 倍以上，喷后 10 ~ 15 d 叶片对肥料元素反应最明显，以后逐渐降低，至 25 ~ 30 d 效果则消失。叶面喷施简单易行，用肥量小，发挥作用快，可及时满足树体的需要，对治疗和预防缺素症有较好的效果。

3. 灌溉施肥

灌溉施肥是将自动化灌溉和精确施肥融为一体的新技术，可使树体在吸收水分的同时吸收养分。实践证明，灌溉施肥，供肥及时，肥分分布均匀，既不伤根系，又能保护耕作层土壤结构，肥料利用率高，可提高产量和品质，降低管理成本，提高劳动生产率。灌溉施肥对猕猴桃成年树和密植果园更为适宜。

灌溉施肥常用的方法是滴灌、微喷灌与施肥相结合。

1）灌溉施肥系统组成

灌溉施肥系统由水源、首部枢纽、输水管道和灌水器 4 部分组成。水源有河流、水库、机井、池塘等；首部枢纽包括电机、水泵、过滤器、施肥罐、控制和测量设备、保护装置等；输水管道包括主、干、支、毛管道及管道控制阀门等（图 5-24）；灌水器包括滴头或喷头、滴灌带等。

图 5-24 施肥管道和施肥罐

2）灌溉施肥方案的确定

应根据品种需水量和生育期降水量确定灌溉定额，一般灌溉施肥的灌溉定额应比大水漫灌减少 50%。在此基础上，确定灌溉时期、次数和每次灌溉量。主要用于追肥，可使肥料利用率提高 40% ~ 50%，故灌溉施肥的施肥量为传统施肥的 50% ~ 60%。

3）肥料种类和具体方法

肥料种类应以速效肥料为主，尽量选择液态肥料，如氨水、腐殖酸液肥、沼液等。如果是用沼液和腐殖酸液肥，必须经过过滤，以免堵塞管道。如果选择固态肥料，则要求水溶性强，含杂质少，如尿素、硝酸铵、磷酸铵、硫酸钾、硝酸钙、硫酸镁、磷酸二氢钾、硼肥等。

灌溉施肥方法是，先将不同肥料分别置于罐中充分溶解，然后再根据各种肥料的浓度混合流入到灌溉管道中。将不同肥料分离溶解，是为避免出现沉淀等现象。灌溉施肥程序一般分为肥料溶解阶段、肥料施用阶段和施肥系统清洗阶段。

灌溉施肥每次施用量极低，需要增加施肥次数，从萌芽开始至果实坐果后的 2 个月内，可以每隔 7 d 左右灌一次。萌芽至开花应以高氮为主，配施钾肥；花期应补充硼肥；坐果 1 个月内以钾肥为主，配施氮肥和磷肥，补充钙肥；接下来的 1 个月是果实内质形成的关键时期，以钾肥为主。采果后至施基肥前，以氮肥为主，配施钾肥，补充果实带走的大量氮、钾，提高树体贮藏营养水平，有利于翌年萌芽、抽梢、花芽形成。

第三节　果园水分调控与管理

一、猕猴桃树与水分的关系

树体需水包括生理需水和生态需水两个方面。生理需水指猕猴桃生命过程中的各项生理活动（如蒸腾作用、光合作用）所需的水分。生态需水是指发育过程中，为果树正常生长发育创造良好生活环境所需要的水分。这两个方面需水常通过叶面蒸腾和株间蒸发来表示，果树的叶面蒸腾量与株间蒸发量之和称为果树需水量。

（一）不同物候期的需水特征

植物所吸收的水分有 95% 以上消耗于蒸腾。在一般情况下，蒸腾量愈多，根系吸收量就愈多，只有土壤水分能源源不断地供应植物需要时，才能保证植物体内生理生化过程的正常进行。猕猴桃是需水量较大的植物，根系是肉质根，既需要水，但又怕水淹，不同种类差异较大。同时，不同物候期，需水特性不一样。

从萌芽至开花坐果期，要求水分充足，迅速促进新梢生长，扩大叶面积，增强光合作用，使开花和坐果正常，为当年丰产打下基础。新梢生长与幼果膨大期为猕猴桃果树的需水临界期，其生理机能最旺盛，如水分不足，则叶片夺取幼果中的水分，使幼果皱缩而脱落。严重干旱时，叶片还将从吸收根组织中夺取水分，影响根的吸收作用。

果实生长后期，正是淀粉积累及转化并存的时期，同时也是新梢开始木质化进入花芽大量分化期，两者均对水分量要求适中，水分过多不利于糖分积累，也不利于花芽分化。此时

可适当控制水分，既保证果实健壮生长，又促进花芽分化，为翌年丰产创造条件。临近果实成熟前一个月，不宜大量灌溉，以免降低果实品质。

采果后至休眠期，根际土壤需要充足的水分，这有助于肥料的分解，促进根系吸收和花芽分化，同时贮藏营养，为翌春的生长发育创造条件。

（二）水分对生长发育的影响

水分对猕猴桃生长发育的影响是多方面的，主要有以下几点。

1．枝叶生长

在土壤干旱、植株处于水分胁迫的状态下，猕猴桃树体地上部营养生长会受到抑制。其表现为新梢发生量少、新梢变短、加粗生长缓慢、树体矮小，同时还会抑制叶原基发生和叶片扩大，使树体叶片数量减少，单叶面积缩小。在严重水分胁迫的情况，甚至导致叶片早衰和脱落。新梢生长量主要是由果树萌动后 6 周内树体水分盈亏状况决定的。早春干旱对新梢生长量影响最大。夏秋干旱，树干生长受阻，干径增长量减少。

2．花芽分化

土壤适度干旱通常能促进花芽形成，尤以在花诱导期效果最为突出。对幼年猕猴桃树不灌溉和灌溉量少时，其花芽形成数量远比对其大量灌溉时形成的多。

春季灌溉有利于花芽形态发育和坐果，但过量灌溉可以造成春梢旺长，降低坐果率。

3．果实品质

果实可溶性固形物含量与水分供应水平呈线性负相关关系。一方面，随着土壤供水能力降低，采收时果实含糖量不断增加，但是土壤水分状况对果实含酸量影响较小，因此在干旱条件下，果实糖酸比通常会增加；另一方面，采前灌溉量过大时，果实品质下降，且贮藏能力降低。

果实裂果多是由于根系或果实皮层快速吸收水分，使果肉急剧增长而果皮增加较慢所致。如猕猴桃品种‘金桃’对土壤湿度特别敏感，当长期干旱突遇降雨或大灌水时，果肉迅速吸水生长而果皮增加较慢，造成裂果。

从提高果实综合品质上考虑，无论是灌溉量太大还是土壤过度干旱，都会对果实品质带来不利影响，只有当土壤水分维持在一个适宜的范围内时，不利的影响才会变小，果实综合品质才能达到最好。谢花后 60 d 内的果实迅速膨大期是果实品质形成对水分需求的关键时期，这一时期的水分供应状况对采收时果品质量影响最显著。一方面水分胁迫能导致果实体积减小、果实硬度增大、果肉出现木栓化、有的还会出现空心；另一方面，水分胁迫能增高可溶性固形物含量和贮藏性。所以，栽培上要综合平衡二者的关系。

二、灌 溉 技 术

（一）灌溉时期

1．灌溉间隔期

果树灌溉时间和每次灌溉量的确定取决于所采用的灌溉技术。在漫灌、喷灌和地下灌溉

条件下，每次灌溉的目的就是恢复适宜的土壤含水量。灌溉时应遵循次数少、每次灌溉量大的原则。对于定位灌溉中的滴灌，由于土壤失去贮藏水分的功能，成为简单的水分导体，灌溉时采用的原则与漫灌等正好相反，要求灌溉次数多而每次灌溉量小。

2．灌溉时期的确定方法

应用最为广泛的灌溉时期确定方法是水分平衡法和土壤含水量法（张玉星，2011）。

1）水分平衡法

水分平衡法主要考虑土壤中持有的水分与果树蒸腾消耗水分之间的平衡。土壤持有水分可通过公式“土壤起始可利用水量 + 时段内的累积降水量 − 时段内的累积地表径流量 − 时段内的累积土壤深层渗漏量”计算获得。水分消耗主要为植株实际蒸腾量，等于蒸腾潜势和果树系数的乘积。蒸腾潜势可根据当地气象资料经过计算获得，果树系数应根据果树生长发育实际情况来确定。

采用滴灌技术进行灌溉时，每天都需要灌溉，除非有降雨或在一次大量降雨后的 3 ~ 5 d，灌溉量为树体前一天的蒸腾量。但在地面灌溉、喷灌以及微喷灌条件下，通常在主要根系分布层土壤中可利用水大部分被消耗后，才进行灌溉，灌溉量小于或等于主要根系分布层内的最大可利用土壤含水量。

在计算土壤可利用水量累积时，应排除两种情况：一种是日降水量较小（<5 mm），且为非连续降水时，一般认为属于非可利用性降水，不应给予考虑；另一种是当降水量较大时，若土壤中剩下的可利用水与降水量之和超过主要根系分布层土壤可容纳的最大水量，则超过的部分不予考虑。

2）土壤含水量法

用测定土壤含水量的方法确定具体灌溉时期是最为可靠的方法，但比较费工费事。一般认为，当土壤含水量达到田间持水量的 60% ~ 80% 时，土壤中的水分与空气状况，最符合猕猴桃生长结果的需要。因此，当土壤含水量低于田间持水量的 60% 时，应根据具体情况，决定是否需要灌溉。

土壤含水量包括吸湿水和毛管水。可供果树根系吸收利用的水，为可移动的毛管水。土壤内水分减少到不能移动的水量，称为水分当量。土壤水分下降到水分当量时，果树吸收水分受到阻碍，树体就陷入缺水状态。所以，必须在土壤达到水分当量以前及时进行灌溉。

如果土壤水分当量继续减少至某一临界值，猕猴桃吸收水分困难，植株最终枯萎，此时即使灌溉也不能恢复果树生长，这一缺水程度称为萎蔫系数。据研究，猕猴桃的萎蔫系数大体相当于各种土壤水分当量的 54%。因此，以土壤含水量达到萎蔫系数时进行灌溉，显然是不正确的。

不同土壤的持水量、持水当量、萎蔫系数等各不相同（表 5-6），在测定不同土壤含水量后，可参考其特征指标，判断是否需要灌溉（张玉星，2011）。

如果已了解果园土质，并经过多次土壤含水量的测定，也可凭经验用手测或目测法，判断其大体含水量，决定是否需要灌溉。如土壤为砂壤土，用手紧握成土团，松开土团不易碎裂，说明土壤湿度大约在饱和持水量的 50% 以上，一般不必进行灌溉。如手指松开后不能形成土团，则说明土壤湿度太低，需进行灌溉。如土壤为黏壤土，捏时能成土团，但轻轻挤压

后容易发生裂缝，则说明土壤水分含量低，必须进行灌溉。

表 5-6　不同土壤持水量、萎蔫系数及容重

土壤种类	饱和持水量 / %	田间持水量 / %	60% ~ 80% 田间持水量 / %	萎蔫系数	容重 / (g/cm^3)
粉砂土	28.8	19	11.4 ~ 15.2	2.7	1.36
砂壤土	36.7	25	15.0 ~ 20.0	5.4	1.32
壤　土	52.3	26	15.6 ~ 20.8	10.8	1.25
黏壤土	60.2	28	16.8 ~ 22.4	13.5	1.28
黏质土	71.2	30	18.0 ~ 24.0	17.3	1.30

（二）灌溉水质及灌溉量

1．灌溉水质

灌溉用地表径流水、雨水、井水、泉水、积雪和污水等，要求符合国家标准 GB 5084—2005《农田灌溉水质标准》（中华人民共和国农业部，2005）。

2．灌溉量

最适宜灌溉量是指在一次灌溉中，使果树根系分布范围内的土壤湿度达到最利于果树生长发育的程度。只浸润土壤表层或上层根系分布的土壤，不能达到灌溉目的，且由于频繁灌溉，容易引起土壤板结、土温降低。因此，必须根据果树根系的分布特点，尽量一次灌足、灌透。猕猴桃根系需一次浸润 60 cm 以上。如果是密植园，根系分布深，灌溉浸润深度应达到 80 cm 以上。

灌溉量的计算方法主要根据不同土壤的持水量、灌溉前的土壤湿度、土壤容重以及要求灌溉后的土壤浸润深度，计算出一定面积的灌溉量：

灌溉量 = 灌溉面积×土壤浸润深度×土壤容重×（田间持水量 − 灌溉前土壤湿度）

例如，要灌溉 5 亩果园，使 0.8 m 深度的土壤湿度达到田间持水量，土壤的田间持水量为 23%，土壤容重为 1.25 g/cm^3，灌溉前根系分布层的土壤湿度为 15%，本次灌溉量应该为

$$\text{灌溉量} = 5 \times 666.67 \times 0.8 \times 1.25 \times (0.23 - 0.15) = 266.67\ (\text{t})$$

每次灌溉前均需测定灌溉前的土壤湿度，而田间持水量、土壤容重和土壤浸润深度等指标，可数年测定一次。但实际使用时，需要根据品种、物候期及园区具体情况而作增减，使更符合实际需要。

如果果园里安装有张力计，灌溉量和灌溉时间则可以真空器的读数为准。

（三）灌溉方法

1．地面灌溉

地面灌溉是我国果园采用较多的传统灌溉方式，主要有沟灌、穴灌、树盘灌。

沟灌是北方果园中地面灌溉一种较好的灌溉方法。具体是在果园行间开灌溉沟，沟深 20 ~ 25 cm，并与配水道相垂直，灌溉沟与配水道之间，有微小的比降。沟的密度根据土壤类型和

种植密度而定。沟灌的优点是将水引入园区内，通过沟底和沟壁渗入土中，对全园土壤浸湿较均匀，水分蒸发量与流失量较小，用水经济，防止破坏土壤结构，减少果园中平整土地工作量，便于机械化耕作。

而南方果园，本身因雨水较多，平地果园开设有排水沟，干旱时可利用排水沟蓄水灌溉，不必在每次灌溉时开沟。同时，因沟较深，可以浸润分布在较深层的根系，而且浸润均匀。

目前，地面灌溉在传统沟灌技术的基础上有所改进，即园区直接用直径 30 ~ 50 mm 的塑料或合金粗管代替灌水沟，管上按植株的株距开喷水孔，孔上安装有开关，可调节水流大小。灌溉时将管铺设在田间，灌完后将管收起，不必开沟引水，既节省劳力，又便于机械作业。

2．节水灌溉

节水灌溉主要有喷灌、滴灌、微喷灌溉等多种方式，是利用机械动力将水按喷雾方式或水滴方式灌溉到空中或地面（图 5-25）。此类灌溉方法比沟灌、树盘灌溉等方法节约用水，是目前最有效、最经济的灌溉方法，可与施追肥结合。详见第四章第三节。

图 5-25　果园简易喷淋带灌溉

三、果园排水

在地下水位过高、自然降水过多、土质结构不良造成暗涝或地势低洼导致积水等情况下，必须及时排水。我国区域广，各地降水量差异极大，雨量集中分布期亦各不相同，因此，果园需要排水的时间和方法各有不同，应根据各地实际情况而定。

（一）涝害对猕猴桃生长发育的影响

1．根系及根域环境

排水不良的果园，根系呼吸作用会受到抑制，从而影响根系对养分和水分的吸收。当土壤中水分过多，缺少空气时，迫使根进行无氧呼吸，使乙醇大量积累，造成蛋白质凝固，引起根系生长衰弱，以致死亡。土壤通气不良，还妨碍土壤微生物（特别是好氧细菌）的活动，从而降低土壤肥力。

在黏土中，大量施用硫酸铵等化肥或未腐熟的有机肥后，如遇土壤排水不良，这些肥料进行无氧分解，产生一氧化碳或甲烷、硫化氢等还原性物质（表 5-7），会毒害根系。

表 5-7　土壤通气不良所发生的还原性物质

元　　素	氧气供给充分土壤（氧化状态）中的正常形态	氧气缺乏土壤（还原状态）中的还原形态
碳	CO_2	CH_4
碳	—	复杂的醛类
氮	NO_3^-	N_2 及 NH_4^+
硫	SO_4^{2-}	H_2S
铁	Fe^{3+}	Fe^{2+}
锰	Mn^{3+}	Mn^{2+}

数据来源：《果树栽培学总论》第四版（张玉星，2011）。

2．地上部

一般果树涝害与旱害的症状极为相似。遭遇涝害后，由于根系生理机能减弱或受害死亡，营养吸收、运转等功能不能进行，从而导致地上部缺水，发生“旱象”，叶片变色甚至干枯脱落，直至整株死亡。

（二）果园排水方法

1．地面排水

一般平地果园可顺地势在园内及果园四周修建排水沟，把多余水量顺沟排出园外。不管南北方，均建议采用垄带栽培。雨水多地区采取高垄栽培（垄带垂直高度 50 ~ 80 cm），既可降低地下水位，也可雨季排涝（图 5-26）。干旱地区或砂质土壤采取低垄栽培（垄带垂直高度 30 ~ 50 cm），有利于保水抗旱（图 5-27）。

山地果园首先应做水土保持工程，并在果园最上部修筑拦洪沟，防止洪水下泄，造成土壤冲刷。在梯田内侧应修排水沟，迂回排水，减低流速，以保护土壤。将多余水引至蓄水池、旱井或水库中蓄水。

（a）示意图

（b）国内果园

（c）智利果园

图 5-26　高垄栽培

图 5-27　龟背低垄栽培

涝洼地果园，可修建台田或在一定距离修建蓄水池、蓄水窖、小型水库，将地面径流贮藏起来备用。由于地下不透水层引起积水或暗涝的果园，应结合果园秋季深翻打通不透水层，使多余水分能够下渗。

2．地下排水

暗管排水多用于汇集排出地下水。在特殊情况下，也可用暗管排泄雨水或过多的地面灌溉贮水。当汇集地表水时，管道应按半管流进行设计。不同类型排水管道埋置深度和排水管之间的距离可参照表 5-8（张玉星，2011）。

表 5-8　不同土壤类型常用排水管道间距与埋置深度

土壤类型	导水率 /（cm/d）	间距 / m	埋置深度 / m
黏土	0.15	10 ~ 20	1.0 ~ 1.5
黏壤土	0.15 ~ 0.50	15 ~ 25	1.0 ~ 1.5
壤土	0.50 ~ 2.00	20 ~ 35	1.0 ~ 1.5
细砂质壤土	2.00 ~ 6.50	30 ~ 40	1.0 ~ 1.5
砂质壤土	6.50 ~ 12.50	30 ~ 70	1.0 ~ 2.0
泥炭土	2.50 ~ 12.50	30 ~ 100	1.0 ~ 2.0

采用地下管道排水，不占用土地，也不影响机械耕作；但地下管道容易堵塞，建设成本也较高，适用于条件较好的果园。

一些发达国家果园排水多采用明沟除涝、暗管排除土壤过多水分，并调节区域地下水位，构成上下结合的综合排水体系。

详细的排水系统规划见第四章第三节。

（三）受涝猕猴桃的管理

（1）及时排水。对于受涝树，应及早排除园内积水，扶正冲倒植株，设立支柱防止动摇，清除根际压沙和淤泥，对裸露根系要及时培土，尽早使其恢复原状。

（2）翻土晾墒。将根颈部分的土壤扒开晾根，及时松土散墒，使土壤通气，促使猕猴桃根系生理机能恢复。果园土壤也应及时耕翻晾墒，刨树盘，以利于土壤水分蒸发，促进新根生长。同时，适当追施速效肥料，以便恢复树势。

（3）加强树体保护。积极防治病虫害，对病疤伤口要刮治消毒，在冬季前进行树干涂白，保护皮层，防止冻伤，幼树可采取综合防护措施，确保其安全越冬。

（4）适当修剪。树体受涝后一般会损伤大量细根，为此应对地上部加重修剪，以维持地上和地下部水分相对平衡。对于抗涝性较弱的品种，更要重回缩，保护好剪口和锯口。对于受涝严重的结果树，要疏果保树。

第六章

整形修剪

第一节　整形修剪的目的、作用及原则

一、整形修剪及其目的

整形是指通过修剪等方法，根据架式，把树体培养出牢固合理的骨架结构，形成某种树形，使其有利于改善树体光照条件，提高结果能力及果实品质。猕猴桃幼龄期间树体管理的主要任务是整形。

修剪是为了维护树形控制果树枝梢的长势、方位、数量而采取的剪枝、抹芽及类似措施的总称。切断部分根系称为根系修剪。以控制树体枝条发生数量和生长为目的而施用植物生长调节剂也属修剪范畴，称为化学修剪。成形之后的猕猴桃树主要通过修剪来维护良好的树形结构。

猕猴桃的整形修剪是以生态和其他相应农业技术措施为条件，以其生长发育规律、品种的生物学特性及对各种修剪的反应为依据的一项技术措施。因此，猕猴桃的整形修剪必须要因时、因地、因品种和树龄不同而异，必须有良好的土、肥、水、热条件为基础，以有效的病虫防控作保证，才能充分发挥作用。

整形修剪的目的是提早丰产，提高果实品质和产量，延长经济结果年限，通过培养标准化的树形，便于田间管理，提高工效，增加果园经济效益。

二、整形修剪的作用

（一）调节猕猴桃与环境的关系

整形修剪的重要任务之一是充分合理地利用空间和光能，调节果园土壤、气候、水分等环境因素之间的关系，使猕猴桃能适应环境，环境更有利于猕猴桃的生长发育。通过调节光照，增加光合面积和光合时间，使幼树迅速扩大树冠和叶面积指数，而成年树保持适宜的叶面积指数。

光合时间是指每天和一年中光合时间的长短。通过合理的整形和修剪，可使树体各部分叶片在一天中有较长时间处于适宜的光照条件下。猕猴桃一年中春季形成的叶片比夏、秋季形成的叶片光合作用时间要长，所以修剪和其他栽培措施均应有利于促进春梢叶面积的增长。

（二）调节树体各部分平衡关系

1. 调节地上部分与根系的动态平衡

通过修剪可调节地上部分与根系的动态平衡，进而调节猕猴桃整体的生长。枝、叶、花、果生长与根系生长发育存在着相互依赖、相互制约的关系。剪掉部分枝条、疏除部分花果，地下部根系比例增加，反而促进保留的枝芽花果的生长；若断根过多，吸收营养减少，对枝叶生长会有抑制作用；根系和枝叶同时修剪，虽相对保持平衡，但对总体生长会有抑制作用。

需要根据不同树龄、不同物候期特点，确定具体的修剪措施，平衡根系与枝叶花果的关系，调节生长结果。

2. 调节生长和结果之间的平衡

通过合理修剪，保证适度的生长，在此基础上促进花芽形成、开花坐果和果实发育，既有利于生长，也有利于结果。幼树以生长为主，在做好肥水管理的基础上，通过及时的夏季修剪和绑缚，可促进枝梢的生长与分枝，迅速培养树冠；而成年树是以结果为目的，如结果过多，树势易衰弱，出现大小年。通过修剪和疏花疏果等措施，可以有效调节枝叶生长和开花结果的矛盾，克服大小年，维持丰产稳产。

3. 调节同类器官间均衡发展

修剪能调节各部分的平衡。强势部分轻剪，促其形成花芽，多结果，降低长势；弱势部分重剪，促发枝梢，有利于营养生长。

树体内各类营养枝之间的比例也应保持相对平衡，长枝对树体整体营养有重要调节作用，短枝则对局部营养有较大的调节作用。长枝数量多、比例大，有利于营养生长；而短枝数量多、比例大，则有利于生殖生长。两者之间也存在平衡和竞争。长枝多时以疏、放修剪为主，以利增加短枝数量；短枝多时以短截和缩剪为主，以利增加长枝数量。

同样，果枝与果枝、花果与花果之间也存在着养分竞争，需要通过修剪保平衡，保证丰产稳产。

（三）调节生理活动

修剪可调节果树的生理活动，使果树内在的营养、水分、酶和植物激素等的变化有利于果树的生长和结果。

1. 调节树体内的营养和水分状况

通过冬季修剪能明显改变树体内水分、养分状况，冬季短截比不短截、重短截比轻短截，第二年抽发新梢中含水量和全氮含量都有所提高，淀粉和全糖含量则降低，说明重剪对新梢生长有促进作用。同时环剥或环割也有类似作用，陈栋等（2019）研究环割处理对‘Hort16A’猕猴桃枝叶营养与果实品质关系的影响，结果表明：主干环割可显著提高结果蔓可溶性蛋白、可溶性总糖含量；两主蔓环割可显著提高果实叶黄素、可溶性固形物、总糖和维生素 C 的含量；结果母蔓环割可显著提高叶片叶绿素 a、叶绿素 b 及总量。

2. 调节树体的代谢作用

修剪对酶的活性有明显影响，徐石兰（2019）对石硖龙眼开展生长期修剪实验，结果表明，2 月至 5 月修剪后的叶片中超氧化歧化酶、过氧化物酶、过氧化氢酶和多酚氧化酶等抗氧化酶活性显著高于不修剪的叶片。

3. 调节内源激素平衡关系

通过修剪改变不同器官的数量、活力及其比例关系，从而对各种内源激素发生的数量及其平衡关系起到调节作用。徐石兰（2019）研究也表明，2 月至 5 月修剪后的叶片在花芽分化期，其脱落酸、生长素、细胞分裂素和油菜素内酯含量高于其他处理，而赤霉素含量低于其他处理，即夏季修剪有利于促进花芽分化。

猕猴桃花前或花期摘心，去掉了合成生长素和赤霉素多的茎尖和幼叶，使生长素和赤霉素含量降低，在短期内控制结果新梢生长的同时，使花中的细胞分裂数升高，有利于提高坐果率。将枝条拉平或弯曲时，枝条内乙烯含量增高，而且出现分布梯度，近先端处高，基部低，背下高而背上低。所以，枝条生长缓慢，向下的芽不易萌发，而背上易出旺枝。

三、整形修剪的依据与原则

整形修剪应以猕猴桃的种类、品种特性，以及树龄、长势、修剪反应、自然条件、栽培架式和田间管理水平等基本因素为依据，有针对性地进行。

中华猕猴桃二倍体类型比中华猕猴桃四倍体和美味猕猴桃变种的树势弱、节间短、更易成花，因此修剪应相对较重处理，防止修剪过轻而导致下年开花结果过多，引起树势早衰。幼年树长势旺，长枝比例高，春、夏梢均能形成花芽，秋梢因养分积累时间短，难以成花，因此在整形的基础上，冬季应对春、夏梢轻剪，疏除位置不当的秋梢，重剪位置适当的秋梢，促发下年壮梢，在迅速扩大树冠的同时，尽早结果。

猕猴桃是藤本果树，树形可因采用的架式不同，而进行调整，可因人的需求而定。例如，生产上大多采用“单主干双主蔓”或“双主干双主蔓”等树形，也有“单主干多主蔓”的圆头形或开心形等。

整形修剪的原则是，因树修剪，随枝成形，统筹兼顾，长短结合，均衡树势，主从分明。对幼年树，既要整好形，又要有利于早结果，做到生长与结果两不误。在同一株树上，两边骨干枝的生长势应相近，避免出现骨干枝一强一弱的现象，采取抑强扶弱、正确促控相结合的修剪方法。冬季修剪时应充分利用靠近主蔓或主干、当年抽生的营养枝或结果枝作下年结果母枝，防止结果部位的外移。

第二节　几种常见树形

一、单主干双主蔓树形

这种树形适用于T形棚架、平顶大棚架，且定植株距在2 m以上。其整形过程为培养主干、培养主蔓、培养侧蔓、培养结果母枝。

（1）培养主干。苗木定植在支柱的中间，如果是嫁接苗，定植时对苗木保留2～3个饱满芽短剪，成活后促使剪口以下萌发健壮新梢，从新梢中选生长势强且靠近嫁接口的1枝作为主干培养，将其余新梢抹除或摘心。如果是春季刚嫁接，则及时抹除砧木上的萌蘖，促使接穗萌发新梢，并直立培养成主干；新梢较弱时，留4～6片叶摘心，促发二次新梢。

（2）培养主蔓。当主干直立生长超出架面20 cm以上时，对主干回剪至架面下约15 cm处，促发剪口附近芽萌发。当剪口下2～3个芽萌发出新梢时，选留两个对向生长的新梢，分两个方向斜着固定在行向主钢丝上，培养成主蔓。

（3）培养侧蔓。当主蔓生长的长度超过株距一半 20 cm 及以上时，从株距一半处短剪，或将尾部从株距一半处侧向弯曲绑缚，促发侧蔓。当年主蔓上所发的侧蔓全部保留，冬季再根据长势对侧梢回剪，长势强壮的一年生枝轻剪留做下年结果母枝，弱枝重剪，促发下年新梢，培养成第三年结果母枝。生长季控制主干与主蔓交界的三角区域，及时抹除三角区域的萌发芽，阻止强势新梢生长，避免影响主蔓后端的生长。第二年，主蔓上上年未萌发的芽和侧蔓上的芽均萌发抽梢或开花结果，至此，主蔓上的芽基本萌发完。当年冬季，对侧蔓可进行选择培养，按照同边每隔 30 ~ 50 cm 留一固定侧枝桩（组）的原则，每主蔓上培养 7 ~ 8 个侧枝桩（组），整株树就有 14 ~ 16 个侧枝桩（组）。主蔓上其他部位的芽位处均培养一个预备桩，每年从桩上发出新梢，至冬季时如较弱则留 2 ~ 3 个芽重剪，下年促发强壮梢，替换相邻弱的固定侧枝组，轮换结果。如果从桩上发出的新梢强旺，可轻剪作下年结果母枝，而对相邻的固定侧枝组重剪更新，轮换结果。

（4）培养结果母枝。每年从侧枝桩（组）处培养 1 ~ 2 个强壮枝为结果母枝，侧枝桩（组）上的结果母枝应与主蔓垂直，向主钢丝两边生长，当结果母枝的长度超过架面宽度时，让其下垂，并与地面保持 80 cm 以上的距离。

此种架式的整形，整个骨架的形成约需 1 ~ 2 年，最长 3 年；但如果是宽行的平顶大棚架，满棚架需要 3 ~ 5 年，枝条配置有序，可以充分利用行间空间。图 6-1 是单主干双主蔓树形的整形过程，图 6-2 是单主干双主蔓树形示意图及标准的三角区域，图 6-3 是新西兰研究的高枝牵引培养主蔓和侧蔓技术，国内目前也有采用此项技术的果园。

（a）第一步

（b）第二步

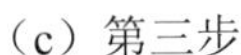

（c）第三步

（d）第四步

（e）第五步　　（f）第六步　　（g）第七步

图 6-1　定植幼苗的单主干双主蔓树形的整形过程

（a）三角区域理想高度 20 cm 以内

（b）幼年期

（c）成年期

图 6-2　单主干双主蔓树形

整形过程中，如果幼树当年未上架，至休眠季节，树势极弱的，即仅有主干且地上部分 60 cm 处直径 <1.2 cm 的，重度回剪至基部嫁接口以上 3 ~ 5 个饱满芽，第二年重新按上述过程整形（图 6-4）。

图 6-3　主蔓和侧蔓的高枝牵引（湖北赤壁神山基地）

图 6-4　弱树冬季重回缩后第二年生长势

二、双主干双主蔓树形

双主干双主蔓树形同样适于大棚架、T 形棚架，特别是老果园高接换种树，很容易整成这种树形。如果是幼苗，其整形过程如下。

苗木定植在支柱之间，春季发芽后，选留靠近嫁接口的 2 个新梢作为主干培养，分别从旁立支柱，支柱长度超过 2.5 m，向上直立生长，以防相互缠绕。

当新梢生长至支柱顶部时，将两个新梢分两个方向绑缚固定在中央钢丝上，确保向上或斜向上的生长，两个新梢架面下相距 20 cm 以内。

后面各培养步骤同单主干双主蔓树形。

老树高接换种发芽后的整形同幼苗整形过程（图 6-5）。

图 6-5　老树高接更新的双主干双主蔓整形过程

三、单主干单主蔓树形

这种树形适于大棚架或 T 形棚架，整形过程与单主干双主蔓树形类似。幼苗定植时重剪留 2～3 个饱满芽，春季萌发时，选择一生长势强且靠近嫁接口的新梢作为主干培养，将其余新梢抹除或摘心；并在幼苗边立一支柱，支柱超过 2.5 m，或直接搭 4 m 高棚，用绳牵引至顶部。冬季再将其放下，沿中央钢丝绑缚一边，成为单主干单主蔓树形，后面侧蔓的培养同单主干双主蔓树形（图 6-6）。

（a）智利果园单主干单主蔓树形

（b）意大利果园主蔓培养状

（c）国内果园第一年主干

图 6-6　单主干单主蔓树形及第一年主干和主蔓培养状

四、单主干多主蔓树形

单主干多主蔓树形（自然开心形）在早期猕猴桃果园中较为常见，特别是早中期发展的果园，适于棚架或 T 形棚架。

苗木定植在支柱之间，春季发芽后，选留靠近嫁接口的 1 个强壮新梢作主干延长蔓培养，将其余新梢除去或摘心作养根枝。当主干延长蔓生长至超过架面 20 cm 以上时，回剪至架面下 15 ~ 20 cm 处，促发剪口以下芽苞萌发。当剪口以下萌发多个新梢时，选留 3 ~ 5 个新梢，朝不同方向绑缚生长，作为骨干枝（也是下年结果母枝）培养，当年冬季对骨干枝短截处理，弱枝重剪，壮枝轻剪。第二年，轻剪枝条结果，从基部培养 2 ~ 3 个营养枝作为这个骨架枝的代替枝组，重剪枝条新发出一壮枝作为下年结果母枝，以后同样可培养成结果枝组。成形后，整个树从上向下俯瞰，呈开心形（图 6-7）。

图 6-7　自然开心形

目前在老的猕猴桃产区常常会见到这种树形。其优点是造型容易，但对修剪人员的技术要求高，否则容易出现修剪不当、内部空膛、枝蔓紊乱、层次不明确等问题。

五、多主干多主蔓树形

图 6-8　多主干多主蔓树形

这种树形主要在易发冻害区域或易发细菌性溃疡病的果园采用较多，且大多采用抗寒性强的实生苗定植。

先培养 2 ~ 3 个主干，冬季休眠期，在每个主干上高位（选择 1 m 以上高度、直径超过 1 cm 处）嫁接品种接穗，第二年每个接穗芽萌发，其上培养 1 ~ 2 个新梢，呈开心形将架面上的枝条均匀分布。如果其中的哪个主干上部接穗品种枝条受冻或感染细菌病害，冬季回剪到主干健康部位重新嫁接；同时，从砧木基部再培养 1 新梢预备培养，当年冬季在新培养的主干上嫁接栽培品种，原染病或受害的主干从基部去除。后期管理中定期关注，保证每株树有 2 ~ 3 个主干（图 6-8）。这种树形不适于标准化果园采用，且费工费时，仅适于小面积果园或观光采摘园，主要用于控制细菌性溃疡病。

六、GDC 树 形

这是意大利从葡萄树形演变而来的树形，适于株距高密度种植，架式采用 T 形棚架或翼式 T 形棚架。一般行距均在 4 ~ 5 m 之间，株距 0.8 ~ 1.2 m。先搭好架形，苗木定植萌芽后，选一强壮新梢隔株朝中央钢丝两边的钢丝绑缚，从行向一端看整行呈 V 形，中间隔得很宽。新梢上架后，均统一沿同一方向绑缚在行向钢丝上，作主蔓培养。主蔓上促发新梢后，保留朝向外边的新梢，作侧蔓培养（图 6-9）。这种架式因种植密度大，整形修剪及维护树形花费人工多，并未在生产上大规模推开。可以在小面积果园或观光采摘果园试用。

（a）幼树朝向

（b）上架成形

（c）一边结果状

（d）主蔓的整形方式

（e）雄株在两雌株间

图 6-9　GDC 树形培养过程

注：（e）摘自意大利金桃公司的金桃种植技术手册。

第三节　成年树修剪

一、修剪方法及作用

猕猴桃成年树修剪的基本方法有抹芽、疏梢、摘心、剪梢、绑蔓、短截、回缩、疏剪、长（缓）放、刻伤、环割、环剥、绞缢、扭梢、拿枝、曲枝等。

（一）抹芽和疏梢

将位置不当的芽抹除或剪去称为抹芽；对过密新梢从基部疏除称为疏梢。抹芽和疏梢的作用是去弱留强、去密留稀，节约养分，改善光照，提高留用枝梢的质量。

（二）摘心和剪梢

将幼嫩的梢尖（生长点）摘除或捏破称摘心；对过长的新梢剪去尾部带叶部分称剪梢（图 6-10）。

图 6-10　摘心和剪梢

摘心和剪梢的目的是，削弱顶端优势，促进侧芽萌发和二次枝生长，增加分枝数。幼树多次采用摘心，结合施肥水，可迅速培养树形。摘心和剪梢可促进枝芽充实，有利花芽形成。花前或花期摘心，可显著提高坐果率。因此，在急需养分调整的关键时期进行摘心和剪梢，对调节树体营养分配更有效果。

（三）短截

冬季修剪时剪去一年生枝的一部分称短截（图 6-11）。

图 6-11　冬季对一年生枝不同程度短截

根据剪截长度，短截分为轻短截、中短截、重短截和极重短截。轻短截一般指剪除枝长度的 1/4 以内，中短截指剪掉枝长度的 1/3 ~ 1/2，重短截指剪掉枝长度的 2/3 ~ 3/4，极重短截指仅保留枝基部 1 ~ 2 个饱满芽。短截反应随短截程度和剪口附近芽的质量不同而异，主要是剪口附近的芽受刺激，以剪口下第一芽受刺激作用最大，新梢生长势最强，芽离剪口越远受影响越小。短截越重，局部刺激作用越强，萌发中长梢比例增加，短梢比例减少。极重短截有利于促发强旺枝梢或长梢（图 6-12）。

（a）母枝极重短截促发 2 梢

（b）侧蔓极重短截促发新梢，更新侧蔓

图 6-12　极重短截反应

短截主要有促进枝条生长，扩大树冠作用，可增加长枝量。短截后缩短枝轴，使留下的部分靠近根系，缩短养分运输距离，有利于弱枝或弱树的更新复壮。

（四）回缩

冬季修剪时剪去多年生枝的一部分（带有一年生枝）称回缩，其作用主要是更新复壮，使留下的枝能得到较多的养分与水分供应。另外，在适宜部位回缩，可防止结果部位外移，避免内膛空虚。回缩修剪主要用于骨干枝、枝组或老树更新复壮上。

（五）疏剪

修剪时对过密枝从基部疏除称疏剪，其主要目的是减少分枝，改善光照。夏季疏剪常用于疏除位置不当的各类弱枝或营养枝。疏剪后减少了母枝上的枝量，对母枝的生长具有一定的削弱作用。冬季疏剪可调节骨干枝之间的均衡，徒长枝或特强枝多疏，中庸、健壮枝少疏或不疏。疏剪反应特点是对伤口上部枝芽有削弱作用，对下部枝芽有促进作用，疏剪枝越粗，距伤口越近，作用越明显。

（六）长放

冬季修剪时，对一年生枝不剪称长放。长放可增加枝量，尤其是中短枝数量。对中庸枝、斜生枝和水平枝长放，能促进花芽形成，第二年促发较多中、短结果枝；但不宜对背上强壮直立枝长放，因其顶端优势强，母枝增粗快，易发生“树上长树”现象。如需利用背上枝长放填补空间，必须配合扭枝、夏剪、拉斜绑缚等措施控制其生长势。

（七）刻伤、环割、环剥和绞缢

在芽、枝的上方或下方用刀横切皮层达木质部，称为刻伤。夏季发芽前后在芽、枝上方刻伤，可阻碍顶端生长素向下运输，能促进切口下的芽、枝萌发和生长。刻伤主要用于幼树整形时促进缺枝一边提早发芽。

环割指的是，在主干上或枝条上，用刀或剪环切一周，深至木质部（图 6-13）。环割能显著提高萌芽率。

环剥，即将枝干韧皮部剥去一圈。环割或环剥主要应用在生长过旺的树上，对于树势不强旺的树不宜采用。

绞缢是用铁丝或类似工具将枝干紧扎，类似于环割，但不伤枝皮层。

这几种方法的结果都是阻断上方叶片制造的光合产物下运，具有抑制营养生长、促进花芽分化和提高坐果率的作用。但因这些措施减少了光合产物下运到根系，从而影响根系的吸收，严重时显著降低根系活力，部分吸收根变黄变黑，甚至死亡，进而影响整株树的生长。

对猕猴桃而言，刻伤、环割、环剥和绞缢主要用在营养生长过旺、花量少的树上，开花结果正常的树和弱树、幼树等不宜采用。特别是环剥，尽量对徒长性的结果母枝采用，不要处理主干。环剥或环割后的伤口上直接涂药保护，可以选用铜制药剂，同时预防真菌和细菌。

（a）新西兰果园

（b）都江堰果园

图 6-13　主干多次环割

（八）扭梢

扭梢是指在新梢基部处于半木质化时，从新梢基部扭转 180°，使木质部和韧皮部受伤而不折断，新梢呈扭曲状态。对于猕猴桃主干与主蔓交界处的旺长新梢可采取这种方式，降低其长势，促进花芽分化。

（九）拿枝

拿枝是指在新梢生长期用手从基部到顶部逐步使其弯曲，伤及木质部，响而不折。对一些位置适当的徒长枝采取拿枝，可减弱生长势，有利花芽形成。

二、修剪时期

修剪主要有生长期修剪和休眠期修剪。生长期指从萌芽至果实采收这个阶段，生长期修剪包括春季修剪、夏季修剪和秋季修剪；而休眠期修剪是在晚秋落叶以后至翌年伤流期之前，又称冬季修剪。生长期修剪和休眠期修剪均非常重要，不能顾此失彼。

（一）生长期修剪

生长期修剪的关键时期是从萌芽至坐果后的两个月内。修剪方法主要包括抹芽和疏梢、摘心和剪梢，目的是除去过多的萌蘖和过多的新芽，减少养分消耗。生长期修剪对树生长抑制作用较大，因此，修剪量要轻。

（二）休眠期修剪

猕猴桃枝梢内部营养物质的运转，一般在进入休眠期前即开始向下运入大枝干和根部，至开春时再由根、干运向枝梢。因此，猕猴桃冬季修剪以在落叶后至春季树液流动前为宜。

休眠期修剪主要目的是为维护基本树形、培养骨干枝、平衡树势、培养结果母枝等。

三、修剪方法的具体运用

（一）生长期修剪

1．抹芽

对嫁接口以下、主干以及与主蔓相交的三角区域、大剪口附近的芽及时抹除；同一节位上的双生芽或三生芽均只留 1 个芽，其余均抹除。

对于节间极短、萌芽率高的品种，可疏除结果母枝上一些弱的下位芽或过密的上位芽。主蔓上萌发的新芽，幼树全部保留，成年树根据具体情况选留或后期根据实际长势处理，确保主蔓不断有新芽萌发，合理利用架面空间。否则容易出现主蔓上空膛，特别是三角区附近更容易（图 6-14）。

图 6-14 主干与主蔓交界的三角区域空膛

2．摘心、剪梢

蕾膨大期至幼果迅速膨大期，对旺长新梢摘心，能暂时抑制新梢的伸长生长，使叶片制造的养分集中供应蕾生长发育、整齐开花、坐果及幼果膨大。这是一项提高坐果率和果实重量的重要措施，主要是对离主干或主蔓 50 cm（或 1 尺，1 尺≈33.3 cm）以外的新梢处理，一般留 6～8 片叶摘心或短剪，陕西、河南等省部分果园也有采用留 3～4 片叶摘心（图 6-15），新西兰的黄肉品种‘Hort16A’果园为减少夏季工作量，直接从最后一个果实处摘心，称“零叶修剪”（图 6-16）。

对离主干或主蔓 50 cm（或 1 尺）以内的新梢长至顶端卷曲时轻摘心或剪梢，可将其培养成为下年结果母枝（图 6-17）；对于大剪口附近或主蔓上发出的位置合适的直立旺枝，可在其半木质化时保留 2～4 芽重剪，促发二次枝，培养成中庸强壮的新梢，成为下年结果母枝（图 6-18）。对于摘心或剪梢后附近芽萌发的副梢，需保留 1～2 片叶再摘心，以避免刺激副芽萌发，也可直接抹除。

图 6-15　结果枝剪梢

图 6-16　结果枝“零叶修剪”

3. 疏梢

从现蕾期开始，对抹芽不及时而产生的各类枝，如砧木和主干上的所有新梢、结果母枝上萌发的位置不当的营养枝、细弱结果枝以及病虫枝等均从基部疏除。疏梢时应根据架面大小、树势强弱、母枝粗细以及结果枝与营养枝的比例，确定适当的留枝量。

图 6-17　新梢轻摘心或剪梢

图 6-18　春季朝天梢重剪反应

目前生产上有两种留枝量的方法。一种是以产定枝，按计划产量来安排留用的结果枝数量。如亩产 2 t，则每亩需要留约 2.3 万个果（按单果重 90 g 计），每亩有效结果面积按 550 m^2 计，则每平方米需要 42 个果，按每果枝挂果 4 ~ 5 个，则每平方米相当于需要约 10 个结果枝。如果亩产 3 t，则每亩需要留约 3.4 万个果，则每平方米需要 62 个果，相当于需要 14 ~ 16 个结果枝（表 6-1）。

另一种是按密度定枝，在一定的面积或空间内留一定量的结果枝，按上述每平方米留枝量，相当于每结果母枝上以 10 ~ 15 cm 的距离留一个结果枝较为适宜。

表 6-1　亩产 2 t 果园的留果量、留枝量

平均果重 / g	留果量 / 个	每 m^2 留枝量 / 枝		
		每果枝坐果 3 个	每果枝坐果 4 个	每果枝坐果 5 个
80	25 000	15	11	9
90	22 222	14	10	8
100	20 000	12	9	7
110	18 182	11	8	7
120	16 667	10	8	6

4. 花后复剪

花后复剪主要针对雄株和结果母枝进行。在冬季修剪时，一般为了保留足够的花量，对雄株轻剪，满足授粉所需。谢花以后，应及时对雄株进行重剪，选留靠近主干附近生长健壮、方向好的新梢作下年开花母枝的更新枝培养。

对于雌株，为了保证产量，冬季修剪时相对较多、较长地保留了结果母枝，谢花后若结果量过大，可对结果母枝进行一定的疏剪；但是这种修剪对树体产量的影响较大，一般不建议采用。

5. 绑蔓

生长季节对有风害危害或方向紊乱的新梢进行绑缚，一般在新梢长到 40 cm 以上时进行，防止风吹折。绑蔓的目的是调整新梢的长势，避免枝蔓无序重叠，使其均匀分布在架面上。绑缚时，为了防止枝梢与钢丝接触时磨伤，不要绑得太紧，应留有空隙，常用的绑扣呈横“8”字形。绑缚过紧，影响植株生长。

（二）冬季修剪

1. 留芽量

留芽量决定了翌年的抽枝量及产量，因此，它是冬季修剪的基本参数。按照翌年预定的产量及品种的萌芽率、果枝率、每果枝结果数、平均单果重来计算每亩地冬季需要留多少饱满芽，即

$$\text{留芽量（个）}=\frac{\text{第二年预定的产量（kg）}}{\text{萌芽率（\%）}\times\text{果枝率（\%）}\times\text{每果枝结果数（个）}\times\text{平均单果重（kg）}}$$

例如，‘东红’猕猴桃的萌芽率为 70%，果枝率为 90%，每果枝结果数为 4 个，平均单果重为 0.09 kg，若计划翌年每亩‘东红’产量是 2 t，按上述公式，则需要保留

$$\frac{2000}{70\%\times 90\%\times 4\times 0.09}=8818\text{ 个芽}$$

但具体运用此计算公式时，要考虑气候条件、树势和管理水平等因素，并要比预定的数量适当多留 10% ~ 20% 的芽数。例如，上述计算的‘东红’，冬季至少要留 1 万个左右饱满芽为宜，相当于每平方米留 18 ~ 20 个饱满芽。如果预期产量是 1.5 t，则需要保留 14 ~ 16 个饱满芽。

2. 成年树的修剪

种植 4 年以后，猕猴桃即进入大量结果期，已具备了基本完整的树体结构，各个级别的骨干枝蔓已经清晰可判。对于成年树的修剪，主要任务就在于维持基本的骨架树形，平衡生长与结果，配备方位适宜、距离恰当、生长强壮的结果母蔓或结果枝组，并对它们进行精心的维护和适时的更新复壮。其目的是保持完整健壮的树体，最大限度地延长丰产年限。

1）主蔓更新

种植后 3～5 年，因对主蔓上枝蔓的不当处理，往往会有骨干枝紊乱的现象发生。比如，三角区域萌发的新梢长势过强而使主蔓细弱（图 6-19），或绑蔓过紧导致主蔓后端生长势减弱而侧蔓生长势加强，或受到冰雹、病虫害等导致主蔓伤痕累累等。此时需要对主蔓更新，具体方法是，选择一条生长势强旺的枝蔓，引向主蔓的生长方向并保持其一定的着生角度，将原有的主蔓取而代之，然后从原来的主蔓基部剪截。

（a）三角区域萌发状　　（b）靠近三角区域一侧蔓长势过强影响主蔓

图 6-19　三角区域萌芽和抽枝状

进入盛年期后，主蔓基本成为骨架蔓，不需随意变更。需要注意的是，主蔓的更新蔓必须生长势强壮，最好有较多的分枝，与另一边主蔓长势相当。

2）侧蔓更新

不论是标准的单主干双主蔓还是单主干多主蔓树形，都将从主蔓上萌发的枝条逐渐培养成侧蔓，每年冬季保留侧蔓基部靠近主蔓的营养枝或结果枝作为下年结果母枝。随着树龄的增长，侧蔓基部会越来越增粗，在主蔓上长成侧蔓基桩（图 6-20）。

3）结果母枝（组）更新

健壮的结果母枝，可抽生数个结果枝，健壮结果枝又可成为下年结果母枝，随着树龄的增长，连续分枝，形成分枝越来越多的结果枝组。而由结果枝转化来的结果母枝，只能在盲节以上再抽生结果枝，这样势必造成结果部位的上升与外移，内膛光秃，导致枝组的老化，结果能力下降。因此，冬剪时，应对结果母枝进行更新复壮。

尽量选留靠近主干、主蔓或直接从主蔓上萌发的当年生中庸强壮枝作为下年结果母枝，营养枝和结果枝均可，营养枝优先，并对其长放或轻剪。短截长度以两行结果母枝不交叉，且剪口直径 0.8 cm 以上为宜，原则是“壮枝长留、细枝短留”。

图 6-20　主蔓上侧蔓更新及后期形成的侧蔓基桩

作为结果母枝的枝条基部粗度以 1.5 cm 左右最佳，不要超过 2 cm。特别是对于种间杂交品种‘金艳’，尽量选留 1.2 cm 左右较好，因‘金艳’品种枝条基部粗度超过 2 cm，混合花芽翌年形成的序花易出现畸形主花。

对于主蔓上过多的弱枝，则采取留 2 ~ 3 个芽重短剪，翌年春促发新梢作下年结果母枝。在枝量不足的情况下，特别是幼树，可以利用当年抽生的二次或三次健壮的营养枝作为下年结果母枝保留，位置不当的营养枝全部疏除，但主蔓上的营养枝需留 1 ~ 2 个芽重短剪。

对于生长季节从枝蔓基部隐芽或大剪口下的芽萌发的徒长枝，其节间长、芽小、绒毛多、组织不充实，一般从基部疏除。更新结果母枝只对位置适当的枝条留 3 ~ 4 个芽短截，以促使翌年发生 1 ~ 2 个充实的发育枝，成为第三年的优良结果母枝。

结果母枝更新的方法一般有单枝更新、双枝更新、轮换结果三种。

（1）单枝更新。当年的结果母枝靠近主蔓基部有长势健壮的 1 年生枝（结果枝或营养枝）时，冬季修剪时选留该 1 年生枝作为下年结果母枝，并对原结果母枝回缩至这个 1 年生枝前 2 ~ 3 cm，对保留的 1 年生枝轻剪或长放。下一年冬季，按同样方法选留新的 1 年生健壮枝培养成第三年结果母枝（图 6-21）。猕猴桃新梢生长量大，果园基本采用单枝更新。

（2）双枝更新。当年的结果母枝靠近主蔓基部着生的 1 年生枝长势中庸或较弱时，则可以在结果母枝上选 2 个 1 年生枝，对最靠近主蔓的 1 年生枝留 2 ~ 3 个饱满芽重剪，翌年促发健壮营养枝；对另一健壮枝长放，翌年促发结果枝（图 6-22）。对于较弱的树或树势较弱的品种可采取此种方法更新结果母枝。

（3）轮换结果。当年的结果母枝抽发结果枝过多，且均大量结果衰弱时，在该结果母枝所在的主蔓或二级骨干蔓上，选择离它最近的 1 年生强壮枝作新的结果母枝，轻剪或长放（图 6-23），而对该结果母枝从基部留 5 ~ 10 cm 重剪，翌年促发健壮新梢，成为再下一年结果母枝。对新选择的结果母枝翌年可尽量让其结果，冬季重剪时，对其重剪回缩复壮，而用今年

重剪结果母枝部位发出的健壮枝作第三年结果母枝。这样两个结果母枝部位轮换结果，有利保证丰产稳产（图 6-24）。

当年生长季　当年冬季修剪前　当年冬季修剪后　次年生长季

图 6-21　单枝更新示意图

当年生长季　当年冬季修剪前　当年冬季修剪后　次年生长季

图 6-22　双枝更新示意图

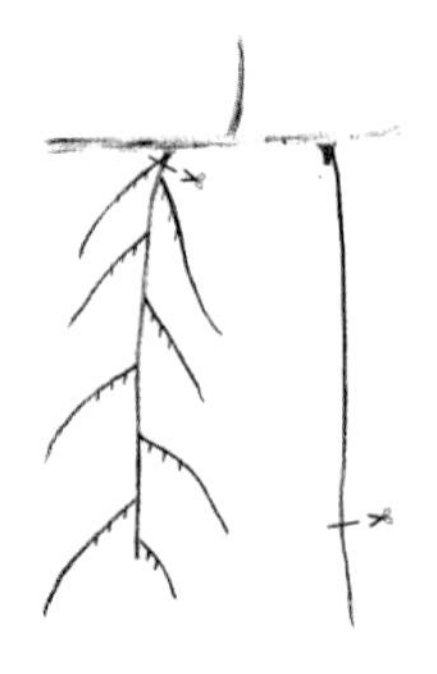
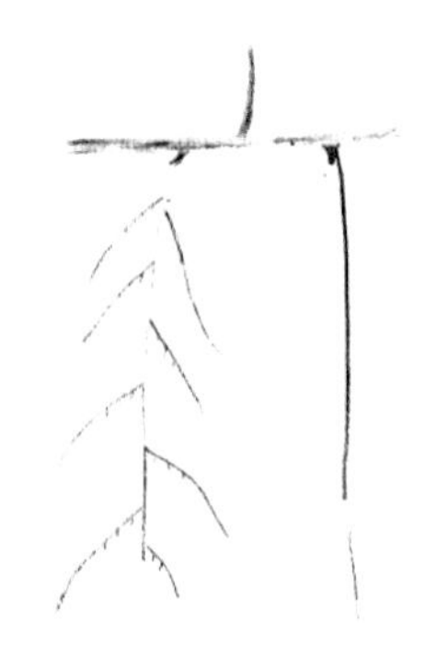

当年生长季　当年冬季修剪前　当年冬季修剪后　次年生长季

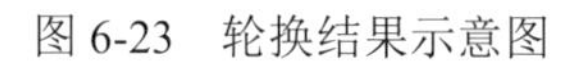

图 6-23　轮换结果示意图

图 6-24　新西兰猕猴桃冬季修剪状（轮换结果、单枝更新）

在实际修剪时，根据枝条生长的具体情况混合采用这三种方法。

轮换结果不仅应用在同一株结果母枝间的轮换，而且在同一个果园也可以采用，即每行树隔年结果，今年重剪一行树，让其促发大量新梢，培养为翌年的健壮结果母枝；而相邻的另一行树则正常修剪，或适当轻剪，让其结果为主，等翌年冬季，再将两行的修剪方式更换过来，结合高枝牵引技术，重剪行的枝条牵引培养，改善结果行的光照（图 6-25）。这种方法对于密植果园可以采用，可保障年年丰产优质。

图 6-25　果园整行轮换更新结果

4）老树更新

老树更新主要采用疏剪、回缩的方法，剪除老枝，促发新枝。老树更新可分为局部更新和全株更新（图 6-26、图 6-27）。

图 6-26　老树局部更新

图 6-27　老树全株更新

局部更新就是把部分衰老的枝剪掉，促发新枝。有些在衰弱枝疏去后，从老蔓上长出徒长枝，适当处理，可培养为新的结果母枝，长放于饱满芽处短截，隔一年后即可抽生结果枝。

全株更新就是自基部将老干一次剪掉，利用新发出的萌蘖枝重新整形，选留 1～2 个健壮的萌蘖枝作为主干培养，其余从基部疏除。保留的萌蘖枝重新按单（双）主干双主蔓树形培养骨架，1～2 年恢复树形，进入结果期。

5）卷枝的修剪

猕猴桃枝蔓具有缠绕性，常形成卷枝。秋季采果后或冬季修剪前，可以先将树上所有的卷枝和枯枝剪除，以便观察树上枝梢的分布，为下一步修剪打基础。

6）雄株修剪

雄株只开花不结果，其作用仅在于为雌株提供充足而良好的花粉。因此，冬季修剪轻，主要在花后复剪（图 6-28）。

图 6-28　雄株花后复剪状

冬季主要是疏除雄株的细弱枯枝、扭曲缠绕枝、病虫枝、交叉重叠枝、萌蘖枝、位置不当的徒长枝，保留所有生长充实的各次枝，并对其进行轻剪；短截留作更新的徒长枝，回缩多年生衰老枝。

总之，结果母枝和开花母枝，均必须在有充分光照的部位选留，才有利授粉和果实发育。不论是幼树还是结果树，修剪时首先要疏除病虫枝、枯萎枝、卷曲枝、衰弱枝，其次疏除过密徒长枝及交叉枝，对衰老结果母枝或枝组应回缩更新，对当年结果枝或发育枝进行短截，每平方米架面上保留饱满芽 18 ~ 20 个（按亩产 2 t 计算）。

对盛果期树修剪时，要避免两种倾向：一种是轻打头的超轻剪，盲目追求产量，造成树势早衰，商品果下降，大小年出现；另一种是超重剪，造成树体徒长不结果或产量低、品质低。对衰弱树则必须实行重剪复壮。

3．冬季绑蔓

整形是通过修剪和绑蔓达到目的的。绑蔓是按照树形对猕猴桃蔓定向定位绑缚。通过引绑，可调整枝蔓长势及枝梢在架面上的合理分布，以便充分利用光能，促进枝梢生长及果实发育。

冬季修剪后，及时对架式整理，然后将主蔓、侧蔓固定于钢丝上，按树形及空间均匀地分布（图 6-29）。绑缚时，用麻绳或尼龙绳打成竹节扣，将枝蔓固定，不可移动。

图 6-29　冬季绑缚

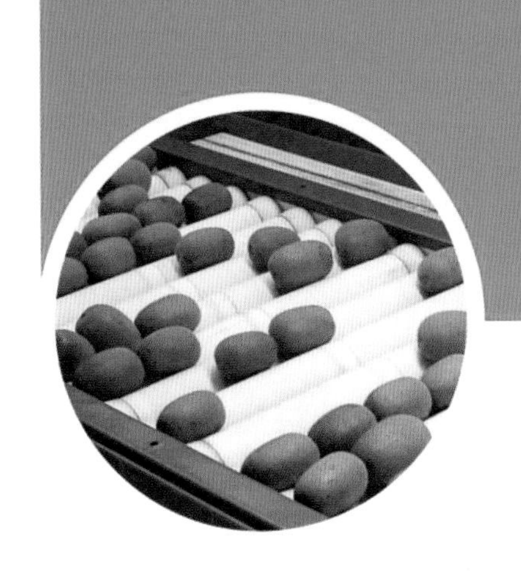

第七章

花果管理

第一节　花果数量的调节

一、果实负载量的确定

（一）适宜负载量的含义

负载量是一株果树或单位面积上的果树所能负担果实的总量。适宜负载量是根据既要保证当年产量、果品质量及最好的经济效益，同时又能培养出大量的健壮新梢，成为下年结果母枝，维持树势，保证丰产稳产确定的。

（二）过量负载的危害

（1）过量负载易造成树体营养消耗过大，导致果实变小，品质降低。

（2）过量负载易引发大小年结果。由于当年结果过多，树体营养消耗过大，源于种子和幼果内的赤霉素（GA）、生长素（IAA）等含量增高，在树体内激素平衡中占优势，不利于当年花芽形成，导致第二年或第三年连续减产而成为小年。

（3）过量负载导致树势明显削弱，树体内营养水平低，新梢、叶片及根系的生长受抑制，不利于同化产物的积累和矿质元素的吸收。

（4）过量负载还会加剧果实间摩擦，加重果树病虫害的发生。

（三）确定负载量的依据

果树负载量应根据果树历年产量和树势以及当年栽培管理水平确定。生产实践中，主要采用综合指标定量、干周或干截面积定量和叶果比或枝果比等方法确定负载量。

猕猴桃种植中，大多采用叶果比和树龄、树势来确定负载量。一般管理水平较高的果园，第三年亩产可达 400 ~ 500 kg，第四年亩产可达 1 000 kg，第五年亩产可达 1 500 ~ 2 000 kg。猕猴桃不同品种的叶果比有所差异，新西兰品种‘艾伯特’和‘布鲁诺’的叶果比为 4，‘蒙蒂’和‘海沃德’的叶果比为 5 ~ 6（王仁才，2000）。

我国众多猕猴桃品种或品系均以短果枝和中果枝结果为主，其叶果比一般为 3 ~ 6。

二、提高坐果率

（一）落花落果的原因

坐果率是形成产量的重要因素，而落花落果是造成产量低的重要原因之一。猕猴桃是雌雄异株，雄株搭配适宜、天气正常情况下，坐果率均很高，不存在生理落果现象（图 2-17）。导致坐果率低的主要原因是：①贮藏养分不足，花器官败育，花芽质量差；②花期低温阴雨、霜冻、梅雨或干热风、花腐病或溃疡病；③雄株不足或人工授粉用的花粉带病等，导致花朵不能完成正常授粉受精而脱落（图 7-1）。

（a）坐果率低

（b）坐果失败

图 7-1　远离雄株授粉不良坐果状

落果的主要原因是：①授粉受精不良，子房产生的激素不足，不能调运足够的营养物质促进子房继续膨大而引起落果；②采前落果主要与病害或虫害有关，如吸果夜蛾或柑橘小实蝇危害、软腐病或黑斑病严重情况下，均会导致落果。

（二）提高坐果率的措施

1．搭配合理的授粉树

猕猴桃为雌雄异株，选择花期一致的雄性品种，雌雄比例以（5～8）∶1 适宜（图 4-1），或采取雄株带状定植（图 4-2），即一行雄一行雌（或二行雌），增加园区的授粉树比例。

2．人工辅助授粉

一般在缺少授粉品种或花期天气不良时采用人工辅助授粉，具体操作如下。

1）收集花粉

在健康雄株果园，采集含苞待放的铃铛花，用人工或机械将花苞粉碎，收集花药，均匀地摊在光滑的木板上，注意厚度不能超过 3 mm（越薄越好）。然后，将摊有花药的木板置于 25～28℃ 的恒温箱中烘干（约 8～12 h），使花药开裂，释放出花粉。过 120 目筛收集花粉，经过滤、装瓶（图 7-2），在 −18℃ 以下冷冻密封条件下干燥保存，一般存放一年仍能保持活力，如短期（3～4 d）用可放 1～2℃ 冷藏冰箱内保存。

机械剥花使用特制的剥花机，制出的花药干净整洁，出粉率比人工略低。急需使用花粉时烘箱温度可适当调高，加快出粉，但不能超过 28℃，以免影响花粉活力。不着急使用时温度要低一些，炕制的花粉活力比较高，但不能低于 21℃，以免出粉时间太长，降低花粉发芽率，湿度大时还会发霉变质。正常情况下，一般 1 kg 鲜花蕾能制备 7～8 g 的花粉，一亩地需要优质花粉 15～20 g。

不提倡采取日光暴晒的方法炕制花粉，因为强烈的紫外线会极大地伤害花粉活力。

2）授粉

（1）花对花授。露水干后，一般在上午 7:00～11:00，直接采集刚开放的雄花，对着雌花柱头轻轻涂抹，开放的雌花柱头分泌黏液，具有黏性，易于粘住花粉，完成授粉过程。一般情况下，1 朵雄花可授 6～7 朵雌花。这种办法成功率高，但费人工。

（a）铃铛花

（b）鲜花上运送带

（c）鲜花机械粉碎

（d）花药进烘箱爆粉

（e）采粉机收集花粉

（f）收集粗花粉

（g）花粉过滤器

（h）过滤后花粉

图 7-2　花粉采集过程

（2）花粉点授。用毛笔、烟嘴、海绵等做成简易授粉器点授，即将授粉器轻轻插入花粉中轻微转动一下，于刚刚开放的雌花柱头上横向轻轻划一下，即可完成。切忌敲打和用力过猛。授粉器有足够长度的把手，便于对高处的鲜花授粉。盛花粉的器皿可选择洁净的家庭小药瓶，也可以用专用的授粉枪（图 7-3）。

（a）干粉点授

（b）干粉喷授

图 7-3　花粉点授

（3）液体喷授。为解决大面积授粉短期人工困难的问题，可采用机械喷雾授粉，先将不带花药壳的纯花粉 1 g、无杂质的蔗糖 10 g 兑水配制成 1.0 kg 的花粉液，然后用雾化性能好

的手持喷雾器于盛花初期喷洒。随配随用，不得超过 0.5 h。糖液可防止花粉在溶液中破裂，为增加花粉活力，可加 0.1% 的硼酸。新西兰于 20 世纪 80 年代就已采用此法，花粉先调配成悬浊液，将适量花粉悬浮于 CBCA［硝酸钙(0.01%)+ 硼酸(0.01%)+ 羧甲基纤维素钠(0.01%)+ 明胶（0.005%)］介质中，每升 CBCA 基质中加花粉 1 g，当 70% ~ 80% 的雌花开放时，用手持喷雾器或水压式喷雾器将花粉喷授于雌花上，每公顷用花粉量为 700 ~ 1 000 g（Hopping et al.，1982）。喷雾授粉后的果实大小形状特别一致，且效率高。

（4）干粉喷授。用专用的授粉器械喷授花粉，标准用量为每公顷施以 500 g 的纯花粉，用量可根据花数变化。花粉与石松子粉混合后喷洒，喷过花粉的柱头变为红色，易于辨别未授雌花。此种方法效率高，是目前生产上使用较多的方法。

3）花期喷水

花期的气候条件直接影响坐果率，猕猴桃花粉发芽需要温度 20 ~ 25℃，空气湿度 70% ~ 80%，若遇花期高温（30℃ 以上）干燥时，则花期缩短，柱头分泌黏液少，影响坐果。因此，在盛花期如遇高温干旱天气，用喷雾器喷清水或 2% ~ 5% 蔗糖水，可提高坐果率，有灌溉条件的可使用微喷增湿降温。

4）花期放蜂

猕猴桃既是风媒花，又是虫媒花，主要是由昆虫传粉，其中蜜蜂所起作用最大（图 7-4）。花期放蜂蜂箱通常置于果园侧面，蜂箱位置应温暖、避风，能发挥最大传粉作用。在果园外围种植雄株，可使蜜蜂在飞往雌株之前先采到雄花粉，且对任何方向吹来的风，雄株都首当其冲，有利于风传花粉。

图 7-4　蜜蜂授粉

猕猴桃的花不产花蜜，故对蜜蜂无特殊的吸引力。蜜蜂在猕猴桃花上采粉时，如花粉偏干，则较难装满蜜蜂的集粉囊，所以在早晨和阵雨之后，花粉比较湿润易于采粉时，蜜蜂传粉的作用最大。因此，花期遇干燥天气，建议喷水增湿，保持花粉湿润状态，便于蜜蜂采集。

一般当果园 10% ~ 20% 的花开放时，将蜂箱引进果园，以每公顷 8 箱较为适宜。果园最后一批花谢之前，应尽快移走蜂箱，以便果园喷用花后杀虫剂，避免伤到蜜蜂。当蜜蜂未离开果园时，不要施用杀虫剂。

蜜蜂传粉要达到理想效果，还需要采取如下措施：

（1）尽早与养蜂者商定引蜂之事。

（2）引蜂前刈割牧草或果园杂草。

（3）至少在蜜蜂进园前一周完成花前喷药治虫。

（4）通知邻近果农，蜜蜂已引进果园并告之蜂箱所在位置。

（5）在猕猴桃花期，果园不能使用对蜜蜂有害的物质。

（6）开花期间如果必须喷药，如喷杀菌剂，则应在无蜜蜂传粉之时，即在清晨或傍晚喷施；否则，会使蜜蜂中毒，而且喷雾的冲力也会伤到蜜蜂。

溃疡病严重的果园或区域，放蜂有传播病害的风险，建议加强病害防治，采用健康的花粉和人工喷授更安全。

三、疏花疏果

疏花疏果的目的是集中养分，生产出优质的果品，保障丰产稳产。

（一）疏蕾、疏花

猕猴桃在开花前 1 个月，正是花的形态分化期。合理的花量，有利于形成优质的花，增加子房的细胞数量，从而提高坐果率和增大果实。

根据猕猴桃的开花结果习性，按一定的顺序疏花。一般同一个花序中，中心花最先发育，生长势强，容易授粉受精，果实较侧花果大，成熟期也比侧花果早。在同一结果枝上，最基部节位的花质量最差，其次是先端节位的花，中部节位上的花质量最佳。

疏花总的留花量比计划结果量多 20% 左右，生长健壮枝留 5 ~ 6 朵花，中等枝留 4 ~ 5 朵，细弱枝留 2 ~ 3 朵，极细弱枝疏除。实际操作中，是先疏除畸形花、病虫花、侧花、极小的花，最后疏基部和先端的小花（图 7-5）。

（a）疏蕾前

（b）疏蕾后

图 7-5　疏蕾或疏花

（二）疏果

谢花坐果后的 60 d 内，果实体积和重量可达到总生长量的 70% ~ 80%。因此，坐果后尽早疏果，有利于促进果实增长，改善果实品质。参照表 6-1 确定适宜的留果量，根据树龄和树势及品种特性而定。如正常生长的 8 年生‘东红’果园，

预定产量是 2 t，按单果重 90 g 计，则每亩需要留果约 2.3 万个；如果亩产 3 t，则每亩约需留果 3.4 万个。如每亩按有效结果面积 550 m^2 计，则每平方米分别需要留果 42 个和 62 个。

疏果的顺序和疏花的顺序一致，应先疏除伤残果、畸形果、小果，再疏除侧花果，最后疏除结果部位基部或先端的过多果实（图 7-6），留果量为预期产量的 100%。

（a）疏除畸形小果

（b）序花小果需疏除

（c）疏除侧花果状

图 7-6　疏果

第二节　果实管理

果实管理主要是为提高果实品质而采取的技术措施。果实品质包括外观品质和内在品质。外观品质，主要从果实大小、色泽、形状、洁净度、整齐度、有无机械损伤及病虫害等方面评定；内在品质以肉质粗细、风味、香气、果汁含量、固酸比和营养成分为主要评价依据。

一、增大果实、端正果形

优质果品的商品化生产中，应达到某一品种的固有标准大小，且果形端正。增大果实、端正果形，应重点做好以下几项管理工作。

（一）提高营养

首先应根据不同品种果实发育的特点，最大限度地满足其对营养物质的需求。果实发育前期主要需要以细胞分裂活动为主的有机营养，而这些营养物质的来源多为上年树体内贮藏养分。因此，提高上年的树体贮藏营养水平，加强当年树体生长前期以氮素为主的肥料供应，对增加果实细胞分裂数目具有重要意义。

果实发育的中后期，主要是增大细胞体积和细胞间隙，对营养物质的需求则以糖类为主。因此，合理的冬剪和夏剪，维持良好的树体结构和光照条件，增加叶片的同化能力，适时适量灌溉等措施，都有利于促进果实的膨大和提高内在品质。

（二）充分授粉

充分授粉受精，除能提高坐果率外，还有利于果实增大和端正果形。众多研究指出，美味猕猴桃单果种子数与果重呈线性正相关，中华猕猴桃的大果型果实的种子数不低于 450～600 粒的阈值。所以，一般认为，生产大果型的果实必须保证种子数达 600～1300 粒/果，这就要求科学搭配授粉树、在花期做好授粉工作。授粉受精良好的子房，会提高激素的合成，增加幼果在树体营养分配中的竞争力，果实发育快，单果重增加。人工辅助授粉可以增加果实中种子形成的数量，使各心室种子分布均匀，在增大果实体积的同时，使果实的发育均匀端正，减少和防止果实畸形。

（三）合理留果

猕猴桃生产中，应根据不同品种开花结果习性及土壤肥力水平、树势强弱、树龄等，合理留果，改善果实品质，提高单产效益。

（四）应用生长调节剂

果实的大小和形状很大程度上受本品种的遗传因素所控制，而应用生长调节剂，可使当年果实的某些性状发生较大的改变。在一些技术先进国家，利用生长调节剂改变果实的大小、形状、色泽和成熟期等，已成为果树生产中的常规技术（表 7-1）。

表 7-1　增大果实、调整果形的生长调节剂

名　称	适应果树	使用目的	处理时期	处理方法	用　量
KT-30	猕猴桃	增大果实	花后 10～20 d	浸幼果	3～5 mg/L
CPPU*	猕猴桃	增大果实	谢花后 10～20 d	浸幼果	5～20 mg/L，增加红心品种的花青素
普洛马林	苹果	增大果形指数	盛花期	全树喷布	20～50 mg/L
赤霉素	葡萄	增大果粒	盛花前 14 d（第一次） 盛花后 10 d（第二次）	浸花穗 浸果穗	100 mg/L 无核化、促早熟
	日本梨	增大果实	盛花后 30～50 d	用膏剂涂果柄	20～30 mg/L 促早熟
	金冠苹果	增大果形指数	幼果期	全树喷布	62.5～250 mg/L
细胞分裂素（BA）	苹果	增大果实	谢花后	全树喷布	100～200 mg/L
	猕猴桃	增大果形指数 增大果实	幼果期	浸幼果	—

数据来源：《果树栽培学总论》第四版（张玉星，2011）。

* CPPU 为中科院武汉植物园猕猴桃团队研究结果。

猕猴桃生产中主要是小果型品种需要采用生长调节剂来帮助增大果实、提高产量。在猕猴桃生产中运用较多的是氯吡苯脲（KT-30，CPPU）、细胞分裂素（BA）。笔者团队于 2016～2017 年在‘东红’上开展 CPPU 浸果实验，结果表明：谢花后 14 d 用 5 mg/L 的 CPPU 浸幼果，果实增重最明显（约 23%），可溶性固形物含量增加最多（约 18%），果实酸含量略有减

少（约 3%），且果实内花青素含量增高；到果实采收时，果实上的 CPPU 完全分解，无残留。

猕猴桃品种多样，要科学合理地使用植物生长调节剂，不能滥用。如不同猕猴桃品种运用 CPPU 后的表现各不相同，有的品种运用后风味变浓，有的品种运用后风味变淡。不管哪个品种，超剂量使用后，果实的贮藏性均降低，果实软腐病加重。因此，使用 CPPU 时要慎重。大果型品种，如‘金艳’‘金桃’等，不需要用 CPPU。小果型和红心类型品种，如‘东红’‘红阳’等，低浓度使用 CPPU，可刺激果实增大，提高花青素含量。

促进果实膨大的调节剂大多采用浸果方式使用，如 CPPU 的使用。随着浸果用工量大、时间要求紧，生产上开始出现喷施 CPPU 以减少人工，其促进果实膨大的效果也很好。但发现结果枝喷过 CPPU 后，枝上腋芽易萌发，萌发二次梢短粗（图 7-7）。因此，喷施时尽量喷果实表面，不要喷到营养枝上面，以免加重夏季剪梢工作量。

图 7-7 CPPU 喷施果枝后发芽状

二、改善果实品质

虽然猕猴桃从坐果至成熟外观品质变化不大，但是内在品质仍然受外界环境和栽培措施的影响而有差异。猕猴桃果实品质受到光照（光强、光质）、温度、土壤水分、树体内矿质营养水平和果实内糖分的积累和转化，以及有关酶的活性等影响。猕猴桃果实达到最佳品质的途径主要有以下几方面。

（一）创造良好的树体条件

1. 改善光照条件，增强树势

通过冬、夏季修剪，形成良好的果园群体结构，树体透光率不少于 15%，树势保持中庸健壮，新梢生长量适中，且能及时停止生长，叶幕层厚度适宜，叶内矿质元素含量达到标准值，均有利于果实干物质积累。

2. 科学施肥

增加有机肥的施入，提高土壤有机质含量，均利于果实品质提高。矿质元素与果实色泽发育密切相关，过量施用氮肥，可干扰花青苷的形成，影响果实着色，故果实发育后期不宜追施以氮素为主的肥料。而果实发育期及时补充钙肥、钾肥，有利于果实品质提高，增强果实的贮藏性。王仁才等（2000a）在中华猕猴桃品系‘湘酃 80-2’（丰悦）上的施肥研究表明，幼果期浸 0.5% 的 $Ca(NO_3)_2$ 对果实成熟品质的综合效果最佳，能延长贮藏期，前期提高果实硬度，后期延长货架期，在 10～12℃ 下贮藏 25 d 好果率仍有 60.9%，且含糖量比对照提高了 34.2%。另据王仁才等（2006）在 7 年生美味猕猴桃品种‘米良 1 号’上的施肥研究表明，适量施钾肥能提高果实硬度及可溶性固形物与维生素 C 含量，降低果实含酸量，提高果实贮藏性，其中以“果实迅速膨大期株施纯 K_2O 80 g + 采前 6 周叶面喷施 0.3% K_2SO_4”处理果实贮藏效果最佳，贮藏 6 个月好果率仍有 68.89%，明显高于不施肥处理。

3．科学灌溉

果实发育前期，充足的水分有利于果实的细胞分裂和膨大。此期若遇干旱，则果实生长受阻，严重时还会出现空心或果肉木质化。若长期干旱突遇降雨，果实有时还会开裂。在果实发育后期（采前 10～20 d），保持土壤适度干燥，有利于果实淀粉的转化和糖的积累，提高贮藏性，减轻采后病害的发生。如此时过度灌溉或降雨过多，将造成果实品质降低、贮藏性下降。

（二）果实套袋

果实套袋是提高果实品质的重要技术措施之一，近年来在猕猴桃栽培中运用较多。果实套袋技术除能改善果面色泽和光洁度外，还可减少果面污染和农药的残留，预防病虫和鸟类的危害，避免枝叶擦伤果实，提高果实的市场竞争力和售价（图 7-8、图 7-9）。

图 7-8　套袋果和不套袋果的区别

注：黄褐色、果面光洁的为套袋果，深褐色、果面不光洁的为不套袋果。

1．纸袋选择

果实套袋所用纸袋，其纸质需是全木浆纸，需具有耐水性较强、耐日晒、不易变形、经风吹雨淋不易破裂等优点，大多选用单层的黄褐色袋，内外层同一个颜色，也有用白色袋的。韩飞等（2018，2017）在‘金艳’和‘金魁’上套袋研究表明：综合果实品质和采后贮藏性，在武汉地区，‘金艳’上套黄褐色单层袋效果最好，套白色单层袋最差，而‘金魁’上套内黑外红褐色粘底双层袋效果最好，其次是内黑外黄褐色双层袋，同样是套白色单层袋效果最差。

（a）四川果园

（b）日本果园（2008 年摄）

图 7-9　果实套袋状

图 7-10　果袋浸润袋口

2．套袋时间和方法

在疏果后宜早进行果实套袋，一般于谢花后 50～60 d 内套完。套袋前应向果面喷一次杀虫杀菌剂。

对于以防治果实软腐病为目的的套袋，可提前到谢花后 35 d 开始。套袋前先用水浸润袋口（图 7-10），套袋时袋口置于果柄顶端，然后缩紧袋口，用细铁丝捏住袋口即可。操作时应动作轻柔，防止碰伤幼嫩果实的表面，形成疤痕。

3．除袋

光照强的区域，大多是在采收时解袋。对于光照不足的区域，建议在采果前 20～30 d 解袋。除袋以后，有利于果实糖分的积累，提高果实的干物质含量。

套袋虽对提高果实品质有效，但需耗费大量人工。对于劳动力紧张的强光照区域，也可采取架设浅色遮阳网代替套袋。遮阳网可有效防止日灼，使果面颜色一致，改善黄肉猕猴桃果肉颜色，同时也能调节果园温湿度条件，促进果实生长发育。

第三节　果实采收及采后处理

猕猴桃果实采收是果园管理最后一个环节，如果不当将影响果实的贮藏性和果实商品性。在采前一个月，应评估果园产量及果实品质等级，根据果品贮藏能力及市场方向，以及当地劳力情况，拟订采收计划。要合理组织劳力，准备必要的采收工具和材料，并搭设适当面积的堆果棚，以便临时存放果实和解袋、初选次果；同时需对保鲜库及分选线提前做好消毒清理工作，便于果实能及时按规程入库。

一、确定果实采收期的依据

（一）果实成熟度

（1）生理成熟。当果实种子充分成熟，果实淀粉积累达到最大值，可溶性固形物进入快速上升期时，猕猴桃果实即进入生理成熟阶段。

（2）食用成熟。果实采收后，经一段时间的自然后熟或人工催熟，表现出该品种应有的色、香、味，内部化学成分和营养价值也达到该品种应有的指标，风味品质达到最佳，猕猴桃果实即达到食用成熟。

（二）判定成熟度的依据

猕猴桃与其他水果不同，从坐果到成熟，外观颜色没有明显变化，其成熟度的判断依据主要是果实采收时的内在指标及每个品种的果实生长日数、果实脱落难易程度等，其中最重要的是内在指标。

1. 内在指标

国内外长期采用的内在指标是猕猴桃果实采收时的可溶性固形物、硬度，对黄肉猕猴桃品种增加果肉颜色（色度角）。近年来，也有结合干物质来判断采收期的。

陈美艳等（2019）开展的‘金桃’后熟品质的影响因子研究表明：果实采收时的干物质含量是决定果实风味品质的最重要因素；其次是采收时硬度，其与果实综合品质呈显著的负相关；再次是可溶性固形物含量，其与果实综合品质呈显著的正相关，但相关性远低于果实干物质。因此，采收时，果实干物质含量是重要的基础指标，只有干物质含量达到标准后，才能达到果实应有的风味品质。

当干物质含量达到采收标准后，再依据果实采后用途如贮藏时间长短、销售距离、鲜销或加工等，来确定采收时的可溶性固形物含量和硬度值。以‘东红’为例：如果为了尽早上市，当果实干物质含量达到采收标准后，可溶性固形物的质量分数达 6.5% 即可采收；如果需要长期贮藏或远距离销售，则果实可溶性固形物的质量分数要求在 8% 以上，且硬度必须在 8 kg/cm^2（测定探头直径 0.79 cm 时，相当于 4 kg）以上。每个品种的果实特性不同，故采收指标亦有差异，应针对不同品种开展实验，制定相关标准。

2. 果实脱落难易程度

猕猴桃果实达到生理成熟后，果柄和果实梗部间形成离层，手握果实轻轻按一下果柄，果实与果柄即自然分离。根据其分离难易程度可判断果实成熟度。

3. 果实生长期

在同一环境条件下，不同品种猕猴桃从盛花到果实成熟，各有一定的生长期，可作为确定果实采收期的参考；但需要经过多年的内在品质监测，方能确定每个品种的生长日数，以后如在相似环境下推广，即可作为采收判断依据。由于每年气候条件有差异，这个果实生长期只能作为参考。

对猕猴桃而言，确定果实成熟度最科学的方法还是监测果实生理指标，在采前的一个月，定期检测果实的干物质和可溶性固形物含量、硬度、色度角等指标。对于黄肉品种，经过多年的积累观测，后期可直接根据果肉颜色变化来预判采收时间，再测定指标验证。

（三）采收标准

我国选育的猕猴桃品种类型很多，按颜色可分红心、黄肉和绿肉等多种类型，按来源可分实生选育品种或种间杂交选育品种。各品种采后生理特性差异大，需要针对每个品种进行分期采收及多果园采收品质比较，才能得出科学的采收标准。

综合国内外众多科研人员的研究结果，就猕猴桃品质与贮藏性能综合考虑，干物质含量达到标准时采收的果实，其后熟风味能体现品种应有的特性。中华猕猴桃品种的最佳采收标准为果实可溶性固形物的质量分数达 8%，美味猕猴桃为 7.5%；而可溶性固形物的质量分数达 6.5% 为可采收标准。根据笔者团队对‘金艳’‘金桃’‘东红’的分期采收及多果园品质比较研究，得出了三个品种干物质（DM）、可溶性固形物（SSC）、色度角及硬度的采收标准（表 7-2）。

表 7-2　金桃、金艳和东红果实采收标准

品种	可采收标准				最佳采收标准			
	DM / %	SSC / %	色度角 / (°)	硬度 / (kg/cm^2)	DM / %	SSC / %	色度角 / (°)	硬度 / (kg/cm^2)
‘金艳’	≥15.5	≥7.0	≤104	≥8	≥16.0	8 ~ 12	≤103	≥8
‘金桃’	≥16.0	≥8.0	≤104	≥8	≥17.0	10 ~ 12	≤103	≥8
‘东红’	≥17.0	≥7.5	≤104	≥8	≥18.0	8 ~ 12	≤103	≥8

二、果实采收方法

猕猴桃果实达到生理成熟时，果实与果梗基部已开始形成离层，采收时用手握果，轻轻一拽，果就很容易被采下，留下果梗于果枝上。采收时要求采摘人员剪短指甲、戴手套，采时轻拿轻放，避免损伤果实。果实一旦受到伤害，伤口处极易微生物侵入，且促进呼吸作用，导致乙烯的产生，使自身及周边好果均加快后熟而降低贮藏性。

为保证采果质量，采收时采用专用采果袋，或者在采果用的筐（篓）或箱内部垫上蒲包、袋片等软物。专用采果袋一般装 10 ~ 15 kg 果实（图 7-11）。

图 7-11　专用采果袋及木筐（新西兰果园）

注：图片来自《猕猴桃属 分类 资源 驯化 栽培》（黄宏文 等，2013）。

果实采下后轻轻倒入木箱或塑料果筐，木箱容量是 80 ~ 100 kg，果筐是 15 ~ 20 kg。如果是套袋果实，采下现场撕袋或运回包装厂撕袋，根据实际情况安排（图 7-12）。

（a）果园现场撕袋

（b）果园分装

（c）果园装车

图 7-12　采果现场撕袋和分装

果实采后要求 24 h 内运送到包装厂或预冷房处理。采果和运输途中均应轻拿轻放，果筐和运输车内不宜装设过高、过多，避免压伤、挤伤、碰伤。同时，采下的果实应放在阴凉通风处，避免阳光直射。

采收时间，以无风、晴朗但又避免烈日暴晒天气为佳。采前如遇下雨，雨后至少晴 2~3 d 再采。采收最好分次进行，先采大果，后采小果；容易受霜害、风害地方的果实先采。果实采收时，一般应按先外后内顺序采收，以免碰落其他果实，减少人为损失。

三、采后处理

（一）预贮愈伤

预贮愈伤是果品采后重要的预处理环节。预贮主要作用是散发果实过多的水分，减少微生物的生长繁殖，从而减少果实的腐烂。愈伤是人为地创造适宜条件加速采收过程当中产生的果柄等处机械伤的愈合，从而避免伤口遭微生物二次侵染而引起腐烂的处理环节。

猕猴桃采收下来是否经过预贮愈伤可视产地采期气候而定。如果产地采期气候湿热，采收果含水量偏高，很容易发生机械损伤，最好进行预贮愈伤处理。相反，如果产地采期气候干燥、温度适宜，可以跳过预贮愈伤环节尽快入库，将果心温度降至适宜贮藏温度对于猕猴桃的贮藏更为重要。

（二）分选

猕猴桃果实采收时，采收现场就可以进行第一次分选，目的是剔除杂物，剔除有明显机械外伤、病虫危害伤及畸形等不符合商品要求的果实。进入分选车间，有条件的最好用红外线设备进行第二次分选，将有机械内伤的果实与好果分开，另作处理。

果实入库前或进入市场前，应进行分级处理。入库前，最好进行内在品质分级，如根据

果实可溶性固形物或硬度值进行分级，对于可溶性固形物含量高的果实或硬度低的果实尽快安排上市，而对于可溶性固形物含量低的果实或硬度较高的果实则可长期贮藏。因此，入库前进行内在品质分级是合理分配其走向，减少供应链损失的重要依据。但是，单纯靠人工无法进行无损质量分级，必须通过先进的（近）红外线扫描设备来实现。

目前先进的采后商品化处理设备的质量分级系统，是通过近红外技术对猕猴桃进行无损伤扫描，检测出果实的瑕疵、可溶性固形物、内部果肉颜色和果实硬度等多个数据，综合确定其成熟度和品质。通常一套多功能的采后商品化处理设备可以把预分选线和包装线通过各种输送系统连接在一起形成一套完整的猕猴桃采后商品化处理设备。

预分选线可以对猕猴桃原料果进行清洁、去除浮毛及灰尘，安装有无损检测装置的可以扫描果实内部，并按照内在品质进行分选。残次、病害和畸形果被挑拣出来淘汰，成熟度高、不宜贮藏的果实可以直接进行销售包装上市，符合中长期贮存的猕猴桃装入大木箱或周转箱中，送至气调库或冷库中贮藏。

（三）分级

在预分选的基础上，再按果实大小或重量进行分级。大多采用重量分选线，自动分选果实，工作效率高。在果形、新鲜度、颜色、品质、病虫害和机械伤等方面符合要求的基础上，再按果实大小进行分级，猕猴桃主要是按重量分级，安装有内在品质分选设备的自动分选线，同时可对果实进行内在品质分级。

中果型的红心猕猴桃‘红阳’和‘东红’分级标准见表 7-3。

表 7-3　红心猕猴桃品种‘东红’和‘红阳’的等级感官要求

项　目	特级	一级	二级
果形	具有‘红阳’和‘东红’两品种固有果形（圆柱形），端正，无畸形果		
色泽	果面暗绿色至浅绿色，着色均匀		
果面	果面洁净，无损伤及各种斑迹，无外部异常水分		
果肉色泽	品种固有的色泽，‘红阳’是黄肉或黄绿肉红心，‘东红’是黄肉红心		
果心	果心饱满，没有空心，软熟果果心不硬		
风味	软熟后表现品种固有风味，有香气，无异味		
成熟度	采收时达到生理成熟指标，无变软，无明显皱缩		
果实单果重 / g	100 ~ 120	80 ~ 100	60 ~ 80
缺陷	无	无畸形果。轻微颜色差异果、轻微形状缺陷果和轻微擦伤果（果皮缺损总面积不超过 1 cm^2）总比例不超过 5%	无严重缺陷和畸形果。轻微颜色差异果、轻微形状缺陷和轻微擦伤果（果皮可有总面积不超过 2 cm^2 已愈合的刺伤、疮疤）总比例不超过 6%

注：摘自《猕猴桃主栽品种果实采收标准》DB 5202/T008—2018（中科院武汉植物园 等，2018）。

上述标准同级内果实大小差异仍较大，实际生产上利用重量分级机对果实进行分级时，级别可调得更细，可以 10 g 一个级别，一般可分 5 ~ 7 级。如‘金艳’‘金魁’等大果型品种，在果实外观达到要求后，重量可按 120 ~ 130 g、110 ~ 120 g、100 ~ 110 g、90 ~ 100 g、80 ~

90 g、70～80 g、<70 g 或 >130 g 进行分级；而‘金桃’‘徐香’等中果型品种，可按 110～120 g、100～110 g、90～100 g、80～90 g、70～80 g、60～70 g、<60 g 或 >120 g 进行分级；再如‘红阳’‘东红’等中小果型品种，则按 110～120 g、100～110 g、90～100 g、80～90 g、70～80 g、60～70 g、<60 g 或 >120 g 进行分级。上述分级中排在越前面，表示果实品质越优。用这样的分级标准，不会误导种植者盲目追求果大，滥用植物生长调节剂，而会根据品种特性考虑综合品质。

图 7-13～图 7-17 是新西兰果品包装厂猕猴桃机械重量分选、分级的大致流程，供参考。

图 7-13　待分选果实进入传送带

图 7-14　传送带上红外线无损检测

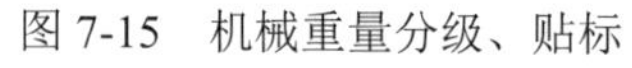

图 7-15　机械重量分级、贴标

图 7-16　机械手包装

（四）包装

包装是保证果实安全运输的重要环节，包装好的果实可减少在运输、贮藏和销售过程中的互相摩擦、挤压、碰撞等所造成的机械损伤，还可减少果实水分蒸发、病害蔓延，保持果实美观新鲜，提高耐运能力。

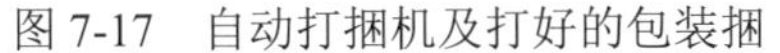
图 7-17　自动打捆机及打好的包装捆

1．包装容器的要求

包装容器的选择讲究“科学、经济、牢固、美观、适销”。要有利于保护果实的质量，防止机械损伤和果实污染，提供有利于贮运的环境条件。包装容器必须牢固美观，能承受一定压力，便于搬运和贮藏堆码，能降低运送费用，便于购销者处理。

2．包装容器的规格和类型

长途运输和贮藏的包装容器，主要有板条木箱、纸箱和塑料箱，其容量以 10～25 kg 为好。目前国际市场上流通的猕猴桃包装，大多参照新西兰行业标准采用木质或纸质的托盘包装（图 7-17）。此种托盘由木板或卡片纸板制作，里面有预制的塑料容器盒，内有很薄的聚乙烯薄膜衬垫，上面有瓦楞纸板及一个卡片纸板盖，纸盒四周有通气孔，按大小分级，每托盘装同一规格的果实 18 个、22 个、25 个、27 个、30 个、33 个或 36 个，毛重约 3.6 kg。托盘包装好后，在一端标明果实数量、等级、品种、产地、包装日期及注册商标等。一般 174～180 个托盘垒放在货盘上，用塑料边带和铝合金角板捆绑好，便于冷藏和集装箱运输。

销售包装除了参照运输和贮藏包装外，也有很多小容量的礼品盒或零售式包装，有 6 个、8 个、12 个、16 个等，每个包装内要求规格一致，容量 0.5～2.0 kg。随着产品流向市场的多样化，猕猴桃包装有向小型、精致方向发展的趋势。

3．包装方法

要求包装容器大小一致，清洁、美观。市场上也有用泡沫塑料网袋包装后再装箱的包装方法。果实在箱内的排列形式，有直线排列和对角线排列。直线排列方法简单，其缺点是底层受压力大；对角线排列，其底层承受压力小，通风透气较好。装满箱后，要捆扎牢固。

（五）果品运输

果品运输过程中要求尽量做到快装、快运和快卸，不论利用哪种运输工具，都应尽可能保持适宜的温度、湿度及通气条件，这对于保持果品的新鲜品质有着十分重要的意义。

对于猕猴桃而言，果实从采地物流中心到销地物流中心的运输中，应尽量采用冷链运输

系统。这种冷链系统使果实从采收、运输、贮藏、销售直至消费的全部过程，均处于适宜的低温条件下，可以最大限度地保持果实的品质，降低贮运中的损耗。实践证明，冷链流通具有良好的经济效益，将成为从产地到销地的主要运输方式，实现冷链系统的连续管理。

为提高我国猕猴桃产品运输质量，运输过程中应使用温湿度检测仪器进行全程记录和监控。运输的产品质量要符合运输标准，果品质量、成熟度和包装应符合规定，并且新鲜、完整、清洁，没有损伤和萎蔫。装运、堆码时要注意安全稳当，要有支撑与气垫，防止运输中移动或倾倒，避免撞击、挤压、跌落等现象，尽量做到运行快速平稳。

最重要的是，猕猴桃不能和产生乙烯量大的果蔬一起装运，因为微量的乙烯也可促使其提前后熟变软，缩短寿命。

（六）入库

经过预分选确定成熟度适中、适合贮藏的猕猴桃果实，装入大木箱或周转箱内进入气调低温库或机械冷库进行贮藏。库房需提前进行消毒，入贮的猕猴桃应先经过预冷，然后进入贮藏库，封库调气和调温。

预冷操作很重要，预冷速率的控制对果实冷害的发生率至关重要，预冷所需时间依品种及果实成熟度而定。

（七）催熟

刚采收下来的猕猴桃，无法立即食用，需经过一定时间的存放使其自然后熟。同一个品种在常温下后熟时间比在低温下后熟时间短，如常温下‘金艳’需 42 d 果实后熟，而低温下（1℃±0.5℃）需 60 d 才后熟。目前国产猕猴桃果实到零售柜台时，有很多未达到最佳食用状态，常见的是未熟的硬果，少部分是过熟腐烂果。为了使果实能以最佳食用状态上市，早期需要对果实进行催熟处理。催熟工艺是保证上市商品的成熟度、货架期和商品性一致的重要手段。对于不同品种、不同产地、不同采收环境、不同采后处理方式的猕猴桃，需要有针对性实验，确定合适的催熟工艺。

1. 猕猴桃的可食状态

猕猴桃属于呼吸跃变型水果，大部分果实采收时仅生理成熟，硬度较高，没有完全达到可食状态，需经自然后熟，发生一系列生理变化，硬度降低、可溶性固形物增加，果实才达到最佳风味。果实硬度为 2.0 kg/cm^2 以下，用手触摸果实有软感时的状态为可食用状态，最佳食用硬度为 1.0～2.0 kg/cm^2。可食状态猕猴桃果实的可溶性固形物含量和总酸含量达到每个品种的最佳状态，固酸比适宜，黄肉品种果肉的颜色更黄，果实中轴软化。

市场的要求是，在上市后 1～2 d 内达到上述的可食状态，且货架期在 7 d 以上。

2. 猕猴桃的催熟方法

为了迅速上市，需要采取人为措施，促使猕猴桃果实呼吸高峰到来。随着果实中自发乙烯浓度的增加，水解酶活性也增强，促进淀粉的水解、有机酸和细胞壁果胶物质等的分解，使果实软化，促进后熟。猕猴桃的催熟方法有自然催熟和强制催熟。

1）自然催熟

将收获后的猕猴桃直接用塑料袋密封置于 15～20℃ 下，温度高则催熟速度快。对于经低温贮藏后出库的猕猴桃在室温下催熟时，贮藏期与催熟时间成反比，贮藏时间越长的果实，催熟需要时间越短。猕猴桃的催熟还与湿度有关，如空气干燥，则不易后熟。

2）强制催熟

为了提高猕猴桃果实后熟速度，可采用外源乙烯催熟。通常采用乙烯利浸果，然后置于 10～20℃ 下（美味猕猴桃 15～20℃、中华猕猴桃 10～15℃），当果实硬度达到 4 kg/cm^2 时转入 5℃ 以下存放，保持湿度 95%。

将需要催熟的果实置于专用的催熟库中，根据品种设计好乙烯浓度和使用时间，催熟温度同上，硬度达到指标后，降低库温至 5℃ 存放，同时保持湿度 95%。这种方法具有果实成熟度一致的优点，适用于大批量果实一次性催熟。

四、建立全程质量追溯体系

猕猴桃果品成为商品，要经历从种植、田间管理、采收、包装贮运直至销售上市诸多环节，只有严格控制各个环节的质量，才能在终端消费市场体现果品的应有价值。全程质量追溯体系可以有效进行过程控制，一旦出现问题，可以直接追溯到源头予以解决，避免问题再次发生，使整个产业链趋于完善。

随着食品安全问题越来越受到广泛关注，需要加强每个冷链物流中心各生产环节的质量监控，保证生产质量。同时，把各个零散的产地冷链物流中心与运输系统和销地冷链物流系统整合在一个统一的网络平台上，协调产销矛盾，建立整个产业链全程质量追溯体系，有利于促进产业健康持续发展。

第四节　果 品 贮 藏

一、果实采后生理特点

猕猴桃被公认为呼吸跃变型果实，采后具有明显的呼吸跃变现象，但它又有着不同于典型呼吸跃变型果实（如番茄、香蕉和鳄梨等）的生理变化特征（McAtee et al.，2015）。因为大部分与果实成熟相关的生理变化（如淀粉水解、果肉颜色改变、果实软化等）发生在果实成熟早期，此时没有乙烯和二氧化碳含量的明显上升跃变，而其跃变却是发生在果实成熟末期（McAtee et al.，2015；Richardons et al.，2011）。研究表明，在 20℃ 贮藏温度下，猕猴桃果实采后呼吸跃变通常发生在采后 1～2 周内（王仁才 等，2000b）。

大量研究表明猕猴桃不同品种、采收期（果实成熟度）等均影响果实采后呼吸强度及呼吸高峰的出现时间，从而影响果实贮藏品质和贮藏期限（吴彬彬 等，2008；王仁才 等，2000b；谢鸣 等，1992）。通常，美味猕猴桃的贮藏性优于中华猕猴桃，可能与采后果实呼吸作用及乙烯代谢有关。谢鸣等（1992）研究发现中华猕猴桃‘翠丰’在 20℃ 贮藏条件下果实的呼吸强度较高，而且其呼吸高峰和乙烯高峰均出现较早，致使其贮藏性差于美味猕猴桃‘布鲁诺’和‘海沃德’。即使同属美味猕猴桃的不同品种，也有着显著不同的果实呼吸强度及生理变化。例如，在0℃低温贮藏条件下，‘海沃德’比其他美味猕猴桃品种‘艾利森’、‘布鲁诺’和‘蒙蒂’等有着更低的呼吸速率和乙烯释放率，使其贮藏性最优（Manolopoulou et al.，1998）。

猕猴桃果实对乙烯非常敏感，极低浓度（0.1 μl/L）的外源乙烯都会促进果实软化成熟（McDonald et al.，1982），且中华猕猴桃比美味猕猴桃对乙烯更为敏感；同时，猕猴桃果实采后生理变化，如淀粉水解及糖分积累、叶绿素色素降解或和花青素与类胡萝卜素合成、果胶水解及果实软化、芳香物质合成等，都受到乙烯的调控（王绍华 等，2013）。所以，为了最大限度延长猕猴桃的贮藏寿命，必须想方设法抑制内源乙烯的生成及其作用，并清除贮藏环境中的乙烯。

果实软化是猕猴桃果实成熟衰老的主要特征之一，其外在表现是果实硬度下降、质地变软，硬度和质地是果实成熟标准和果实品质的重要指标，影响到果实采前采后处理方法、贮藏期限及风味口感等（程杰山 等，2008）。新西兰专家系统分析了 14 个猕猴桃种或品种（系），包含25个不同基因型果实，在常温下的果实软化属性，结果表明不同种或品种（系）有着相似的果实软化进程，果实硬度曲线大致遵循 S 形曲线，即缓慢的软化启动阶段、快速下降阶段和更加缓慢趋于渐近线水平的结束阶段，但是不同基因型有着显著不同的果实软化速率（White et al.，2005）。

二、影响贮藏寿命的因素

（一）遗传基础

目前，猕猴桃商业栽培种有 4 个，品种数量就更多。不同种或品种果实采后生理变化、后熟时间与货架时间均有很大差别，这是种或品种自身遗传特性决定的。从表 2-1 中可以看出，美味猕猴桃果实普遍比中华猕猴桃果实的后熟时间长，相同种不同品种间果实也有差异，相同染色体倍性的品种间同样有差异。

果实常温后熟时间越长，表明其果实的贮藏性越佳。同样，在低温下，不同品种的贮藏特性也不一样（表 7-4）。在常温下耐贮的品种，在低温下贮藏时间也更长。因此，需充分了解每个贮藏品种的采后生理特性，便于制定科学合理的采后保鲜方案。

表 7-4　最适冷藏条件下不同品种的贮藏性

贮藏性	贮藏期	品　　种
易腐烂	2 周～1 个月	软枣猕猴桃品种
较耐贮藏	2～4 个月	‘红阳’‘丰悦’等常温后熟期 15 d 以内的品种
耐贮藏	4～6 个月	常温后熟期在 15 d 以上品种，如‘东红’
极耐贮藏	7～8 个月	常温后熟期在 30 d 以上的品种，如‘金艳’‘海沃德’

（二）栽培管理措施

除品种特性外，栽培管理措施不同，果品贮藏性也会有所差异，甚至有时差异非常显著。

如雨天采摘，或采前 10 d 内大量灌溉等的果园，果实的含水量高，果面上微生物增加，导致采后极易腐烂。

果实发育后期施用氮肥过多，其贮藏性也会降低；有机肥充足、光照适宜的果园，果实硬度增加，相应的贮藏性增强。因此，每个果园均要进行严格的生产和天气状况记录，以便科学合理地制定采收时间及采后果品保鲜措施。

（三）采收期

猕猴桃不同成熟度采收，其果实的贮藏性也不同。采收过早，果实尚未充分成熟，淀粉未积累到最大值，产量低、品质差，贮藏性大大降低，易发生冷害。采收过晚则果实过熟，虽风味品质极优，但果实快速软化，易产生机械伤，贮藏期缩短。

（四）温度

1．温度对果实贮藏期的影响

温度是果品贮藏的基础条件，在一定温度范围内，果品的呼吸强度随温度的降低而减弱。低温可延迟呼吸高峰的出现，推迟衰老期的到来，从而延长贮藏寿命。一般情况下温度每升高 10℃，果品的呼吸速率增大 2～3 倍，果品在不同温度下贮藏，其寿命将会出现明显的变化。笔者团队于 2015～2016 年研究了‘东红’果实在不同贮藏温度下的表现（表 7-5）。

表 7-5　武汉 2015~2016 年不同低温条件下‘东红’果实好果率

贮藏温度 / ℃	好果率 / %				
	入库 42 d	入库 82 d	入库 122 d	入库 162 d	入库 202 d
1～2	99.63±0.74 a	99.25±1.04 a	98.00±2.14 a	89.63±9.44 a	73.13±16.04 a
3～4	98.63±1.41 a	94.75±3.81 a	77.75±13.81 b	63.63±25.04 b	22.75±31.73 b
6～8	96.63±1.99 b	89.25±7.94 b	35.38±20.09 c	27.00±21.53 c	19.67±17.04 c

注：所有处理均为采后第二天入库，冷库空气湿度均为 95%±2%。小写字母表示 0.05 水平显著差异。

从表中可以看出，在 1～2℃ 下，贮藏至 122 d 好果率达 98.0%；在 3～4℃ 下，入库 82 d 好果率 94.8%；在 6～8℃ 下，入库 42 d 好果率 96.6%。这表明，随着贮藏温度的升高，贮藏期显著缩短。

2．果实冰点

随着环境温度的降低，各种微生物的生长繁殖减慢，果品腐烂减轻；但不同品种的果实都有其果实冰点，如果贮藏温度低于冰点温度，就容易发生冻害。

果实冰点就是果实中的水分开始形成冰晶的温度，不同果品其可溶性固形物含量不同，冰点温度也不相同。一般果实可溶性固形物含量越高，其冰点温度越低。

在猕猴桃生理成熟的不同阶段，其冰点也不同。例如：猕猴桃采收预冷及入库贮藏前期，冰点温度为 -1.2～-0.8℃；在贮藏中期，冰点温度为 -1.5～-1.2℃；在贮藏后期，冰点温度为 -1.8～-1.5℃。贮藏的猕猴桃果实随着贮藏时间的延长，其冰点温度呈下降趋势（段眉会 等，2013）。

不同品种的猕猴桃，其果实冰点也存在小的差异。例如：'海沃德'果实的冰点温度为 −1.8 ~ −1.5℃（Gerasopoulos et.al.，2006）；而'红阳'果实的冰点温度为 −2.2 ~ −1.8℃（尚海涛 等，2016）。

同一果实的不同部位，其冰点温度也不一样。例如：'红阳'果实中果皮的冰点温度为 −2.3 ~ −2.9℃，内果皮的冰点温度为 −2.1 ~ −2.7℃，中轴胎座（果心）的冰点温度则为 −1.8 ~ −2.2℃，即果心冰点温度最高（尚海涛 等，2016）。

因此，在设计库温时应以所贮藏品种的果心冰点温度为参考依据，即库温的最低限要高于果心冰点温度。

3．果品适宜的贮藏温度

能够保持果实品质最佳、贮藏时间最长的温度，应该是使果品的生理活性降低到最低程度而又不会导致生理失调的温度水平，一般情况下是指接近于冰点又不会发生低温冷害的温度。生产中，果品适宜的贮藏温度应稍高于这一温度，一般美味猕猴桃六倍体类型的绿肉品种，最适宜的冷藏温度是 0.0℃±0.5℃，中华猕猴桃品种是 1.0℃±0.5℃。

（五）湿度

湿度对果品贮藏的影响主要与果实失重和病害有关。湿度过低，果实失水皱缩；湿度过大，温度高时果实极易腐烂。

贮藏中的果实不断地蒸发水分。一般说来，当果品损失其原有重量 5% 的水分时，就明显出现萎蔫状态，不仅降低商品价值，而且使正常的呼吸作用受到破坏，加速细胞内可塑性物质的水解过程，从而削弱其贮藏性和抗病性。

保持贮藏库内适当的相对湿度，可以有效地减少果实的水分蒸发。对于大部分猕猴桃果品而言，在低温贮藏时，较适合的空气相对湿度为 90% ~ 95%。

（六）氧气和二氧化碳

适当增加果品贮藏环境中的二氧化碳浓度，降低氧气浓度，可以降低果实呼吸强度，抑制果实硬度下降，延缓果实的后熟进程，延长贮藏时间，并能明显抑制微生物的生长繁殖。不同品种的猕猴桃果品对这两种气体的浓度比例有一定的要求，如二氧化碳的浓度过高、或氧的浓度过低，就会导致无氧呼吸、新陈代谢失常，出现生理病害。

王贵禧等（1993）对'秦美'猕猴桃开展氧气和二氧化碳贮藏研究表明，在库温 0℃、湿度 90% ~ 95%、氧气 5% 时：二氧化碳浓度达 9% 以上，果实即发生严重的生理伤害；二氧化碳浓度在 6% ~ 9%，果实不宜长期贮藏；二氧化碳浓度为 4%，经 12 周贮藏，好果率达到 92.5%；二氧化碳浓度为 3%，经 28 周贮藏，好果率达到 87.9%，效果较好。因此，推荐适宜'秦美'猕猴桃长期贮藏的气体指标为 5% 氧气和 3% ~ 4% 二氧化碳。

（七）乙烯

乙烯是一种能促进果实成熟的植物激素类物质。随着果实成熟，果实内部产生乙烯并释放出来，乙烯反过来增强果实的呼吸作用，促进果实成熟、衰老，这对果实贮藏非常不利。

特别是猕猴桃对乙烯非常敏感，果实暴露在乙烯环境下会加速其衰老进程。一般温度升高、水分胁迫，以及果品的成熟、采收、生理伤害、机械伤、病害等都会使乙烯产生量增加；相反，在低温、低氧和高二氧化碳环境中，乙烯产生量会降低。

刚采摘的猕猴桃内源乙烯浓度很低，一般在 1 μg/g 以下，并且含量比较稳定。经短期存放后，乙烯浓度迅速增加到 5 μg/g 左右，呼吸高峰时达到 100 μg/g 以上。与苹果相比，猕猴桃的乙烯释放量是比较低的，但对乙烯的敏感性却远高于苹果，即使有微量的乙烯存在，也足以提高其呼吸水平，加速呼吸进程，促进果实的成熟软化（罗云波 等，2001）。因此，在猕猴桃贮藏过程中，不应将其与易产生乙烯的果蔬放在同一贮藏库或同一运输车中，以免这些果蔬产生的乙烯催熟猕猴桃。

三、预　冷

预冷是指将新鲜采收的果实在冷藏、运输或加工之前快速冷却，迅速除去田间热，将果心温度降低到适宜温度的过程。果实经过恰当的预冷可以减少产品的腐烂，最大限度地保持产品的新鲜度和品质。预冷是创造良好温度环境的第一步。

果蔬预冷的方式有很多种，包括自然降温冷却、水冷却、冷库空气冷却、强制通风冷却、包装加冰冷却、真空冷却。猕猴桃采后预冷主要采用冷库空气冷却、强制通风冷却、真空冷却三种方式（罗云波 等，2001）。

（一）冷库空气冷却

冷库空气冷却是一种简单的预冷方法，是将猕猴桃果筐箱码放在具有较大制冷能力和送风量的专用预冷库房内降温的一种冷却方法。

这一预冷方式在猕猴桃贮藏中使用最广泛。预冷时，堆码猕猴桃果品包装容器应留有适当的间隙，保证气流通过。当制冷量足够大，以及空气以 1 ~ 2 m/s 的流速在库内和容器间循环时，冷却的效果最好。如果冷却效果不佳，可以使用有强力风扇的预冷间。如果在专用的预冷间，产品的冷却时间一般为 18 ~ 24 h。

采用冷库空气冷却时，猕猴桃果品容易失水，保持库内空气相对湿度不低于 95%，可以减少失水量。

（二）强制通风冷却

强制通风冷却，又叫压差预冷，是在包装箱堆的两个侧面造成空气压力差而进行的冷却。压差不同的空气经过货堆或集装箱时，可将产品散发的热量带走。

强制通风冷却的具体方法是：先将猕猴桃果品装入侧面带有通气孔的果筐内，将果筐排列堆高，排成两列或堆成凹型，一般情况下，每列长度在 8 ~ 12 m，果筐堆放高度 1.5 ~ 2.0 m，尺寸视配置的风机风量风压大小而定；然后将果堆上面及两端无水果箱处用挡板封上，在一头安装压力风扇；库房制冷后即开启压力风扇进行循环，这样堆内外之间会形成压力梯度，冷空气由外而内快速穿过堆体内部冷却果品。

这种方法技术先进、投资适中，冷却速度也很快，一般约 8 h 即可达到果品预冷要求，特别适用于猕猴桃采后快速预冷。

（三）真空冷却

真空冷却是将果品放在坚固、气密的容器中，迅速抽出空气和水蒸气，使果品表面的水分迅速蒸发，带走潜热，令果品温度降低，从而达到预冷果品的目的。真空预冷法可在 30 min 内完成猕猴桃果品冷却。

在真空冷却中果品的失水范围为 1.5% ~ 5.0%。由于被冷却果品的各部分是等量失水，所以果品不会出现萎蔫现象。

这种方式需要有较大的投入，不适于大型冷库冷却，对产品包装有特殊要求。其对表面积小的水果类冷却效果一般，目前使用较少。

四、贮藏方式

果品贮藏方式有多种，常用的有常温贮藏、机械冷藏和气调贮藏等。常温贮藏主要是利用调节自然温度来进行贮藏，如果实的沟藏、窑藏、通风贮藏等；机械冷藏指的是利用制冷剂的相关特性，通过制冷机械循环运动的作用产生冷量并将其导入有良好隔热效能的库房中，使其达到适宜的低温，控制库内空气湿度，并适当加以通风换气的一种贮藏方式；气调贮藏是调节气体成分贮藏的简称，指改变果品贮藏环境中的气体成分，通常是增加二氧化碳浓度和降低氧气浓度以及根据需求调节其他气体成分浓度，来贮藏产品的一种方法（罗云波 等，2001）。以下根据猕猴桃的特点，参照罗云波等（2001）重点介绍机械冷藏和气调贮藏。

（一）机械冷藏

1. 冷藏库的组成

机械冷藏要求有坚固耐用的贮藏库，且库房设置有隔热层和防潮层以满足人工控制温度和湿度贮藏条件的要求。用于贮藏果蔬的机械冷藏库通常为高温冷库（库温控制在 0℃ 左右），由冷藏库房、生产辅助用房、生产附属用房和生活辅助用房等组成。

冷藏库房根据贮藏猕猴桃果品的规模分为若干间，以满足不同质量果品对温度和湿度的要求。生产辅助用房包括装卸站台、穿堂、楼梯、电梯间和过磅间等。生产附属用房包括整理间、制冷机房、变配电间、水泵房、产品检验室等。生活辅助用房主要有生产管理人员的办公室、员工的更衣室和休息室、卫生间及食堂等。

2. 冷藏库的管理

机械冷藏可用于长期贮藏猕猴桃，耐贮的品种可贮藏 6 ~ 7 个月，不耐贮的品种也可以贮藏 2 ~ 4 个月。贮藏效果与库房管理有很大关系，在管理上需特别注意以下几点。

1）温度

温度是决定猕猴桃贮藏成败的关键。

（1）要根据品种确定最终的贮藏温度，一般是 0 ~ 1℃。

（2）要根据品种特性及采收时果实质量，确定库温是梯度降温还是一次性降温。

（3）选择和设定果品的贮藏温度后，需维持库房中温度的稳定，一般要求控制在 ±0.5℃以内。这是因为温度波动太大会导致果实失水加重，贮藏环境中水分过饱和会导致结露现象，将增加湿度管理的困难，也会由于液态水的出现有助于微生物的活动繁殖，致使病害的发生，加重果实腐烂。对猕猴桃而言，温度波动太大，会加速果实的后熟软化，缩短贮藏寿命。

（4）库房所有部分的温度要均匀一致，这对于长期贮藏猕猴桃果实尤为重要。这是因为微小的温度差异，长期积累可达到令人难以相信的程度。

（5）当冷藏库的温度与外界气温有较大的温差时，通常指超过 5℃，冷藏的果品在出库前需经过升温过程，以防止“出汗”现象的发生。升温最好在专用升温间或在冷藏库房穿堂中进行。升温的速度不宜太快，维持气温比果实温度高 3～4℃ 即可，直至果实温度比正常气温低 4～5℃ 为止。出库前如需催熟可结合升温进行。

综上，冷藏库温度管理的要点是适宜、稳定、均匀及合理的贮藏初期降温和商品出库时升温的速度。对冷藏库房内温度的监测、温度的控制可人工或采用自动控制系统进行。

2）相对湿度

首先，要控制库内适宜的湿度。对于猕猴桃而言，相对湿度控制在 90%～95% 最适宜。湿度过低，果实易失水，特别是对于易失水的品种，如‘东红’‘翠玉’等，失水不仅直接减轻了重量，而且会使果实新鲜程度和外观质量下降，果面皱缩，严重时会降低食用品质，降低营养含量，使果肉纤维化，导致果实病害的发生。

其次，要保持库内相对湿度的稳定。控制库内温度的恒定是保持湿度稳定的关键，同时库房要安装湿度调节装置。人工调节库房相对湿度的措施有：①当相对湿度低时可通过地坪洒水、空气喷雾等进行调节；②对果品进行包装，创造高湿的小环境，如用塑料薄膜覆盖在果品堆码上或用塑料薄膜做包装内衬等；③对库房中空气循环及库内外的空气交换可能造成的相对湿度的改变，要加强监管；④蒸发器除霜时不仅影响库内的温度，也常引起湿度的变化，对此要加强监管；⑤当相对湿度过高时，可通过加强换气来降低，或用生石灰、草木灰等吸潮。

3）通风换气

通风换气是机械冷藏库管理中的一个重要环节。猕猴桃果实是个生命活体，在贮藏中仍在进行各种活动，消耗氧气，产生二氧化碳，同时果实后熟中还会产生乙烯。二氧化碳浓度过高，猕猴桃易中毒伤害，产生生理病害；猕猴桃对乙烯极为敏感，乙烯浓度超标，会加速果实后熟，缩短果品贮藏时间。因此，需将这些气体从贮藏环境中降低或清除，而最简单的办法是通风换气。

通风换气的频率依据贮藏的品种和入库时间的长短而有差异。刚入库时，通风换气间隔的时间可适当短些，如 10～15 d 一次。当库内温湿度等条件稳定后，通风换气可每个月一次。每次通风时要求做到充分彻底，换气时间根据外界环境的温度确定。当外界环境温度与贮藏库温的差距最小时，进行通风换气最佳。要防止因库房内外温差过大而带入热量或冷气，对果品造成不利影响。

4）库房及用具的清洁卫生和防虫防鼠

贮藏环境中的有害微生物、害虫、老鼠是引起果品贮藏损失的主要原因之一。因此，机械冷库在贮藏猕猴桃之前应进行彻底地清洁消毒，做好防病、防虫及防鼠工作。

机械冷库配套的用具，包括垫仓板、贮藏架、周转箱等，须用漂白粉水进行认真的清洗，并晾干后方可入库。

库房和用具在使用前需进行消毒处理。常用的方法有用 0.5% 高锰酸钾溶液、0.2% 过氧乙酸等喷洒，用硫黄（10 g/m^3，12 ~ 24 h）、过氧乙酸（26% 过氧乙酸 5 ~ 10 ml/m^3，8 ~ 24 h）等熏蒸。

5）产品入库

猕猴桃果实入库前，先对库房预先制冷并蓄积一定的冷量，有利于果实入库后使果心温度迅速降低。经过预冷的猕猴桃果实可以一次性入库，并根据采收时果实内在品质确定是需要梯度降温还是直接采用最终贮藏条件贮藏。

未经预冷果品入库，应分次分批进行，除第一批外，以后每次的入库量不宜太多，第一批入库量以不超过库容总量的 1/5 ~ 1/4 为宜，以后每次以库容的 1/6 ~ 1/5 入库，每个库 5 d 内入满，以免引起库温的剧烈波动而影响降温速度。

6）堆放

库内堆放猕猴桃果筐不宜过高，要求堆码离墙、离地坪、离天花板均有一定距离。具体分别是离墙 20 ~ 30 cm，离地面 20 ~ 30 cm（用垫仓板架空），离天花板 50 ~ 80 cm 或者低于冷风管道送风口 30 ~ 40 cm。

同时，堆码与堆码之间，以及堆码内果筐之间，均要留有一定的空隙，以保证冷空气进入码间和码内，排除热量。空隙的大小与码的大小、堆码的方式有密切关系。这些措施的目的是为了使库房内空气循环畅通，避免出现死角，及时排除田间热和呼吸热，保证各部位温度均匀一致。

果筐在堆放时要防止倒塌情况的发生，可搭架或堆码到一定高度时用垫仓板衬一层再堆放的方式预防。猕猴桃果品在贮藏中要分等级、分批次存放，不能和其他果蔬存放在一起。特别是，不能和易释放乙烯的果品，如苹果、香蕉等放在一起。如果混放，则会加速猕猴桃果实的后熟及腐烂。

7）冷库检查

猕猴桃果品在贮藏过程中，要定期对库房的温度、相对湿度进行检查、核对和调整，并记录在案，绘出果品入库以后的温湿度变化图。要定期组织人员对贮藏果品进行检查和品质分析，清除过熟果和腐烂果。要对果品质量做到心中有数，便于及时处理硬度过低的果实，发现其他问题能及时采取控制措施。在检查果品的同时，也要做好库房设备的日常维护，以确保制冷效果。

（二）气调贮藏

1．气调贮藏方式

气调贮藏包括自发气调和人工气调两种方式，二者在猕猴桃贮藏中都有应用，但应用效

果好的是人工气调。人工气调是在贮藏环境中人为控制氧气和二氧化碳的浓度并保持稳定的一种气调贮藏方式。

人工气调的基本原理是，在不影响果实正常代谢的前提下，提高二氧化碳浓度，降低氧气浓度，排除库内乙烯气体，有效地降低呼吸作用，减缓猕猴桃采后成熟和衰老，抑制病菌发生，减少果实腐烂，从而达到延长果实贮藏寿命的目的。该方式把低温贮藏、气体调节和乙烯脱除合为一体，并使用计算机控制系统进行操作。

采用人工气调方式贮藏的果品贮藏期明显优于其他方法。目前，这种贮藏方式是技术上最为先进的方式，已成为国内外猕猴桃贮藏的发展方向。

2．库房要求

气调贮藏对库房的要求高，库容要求单间小型化，有利于气密性的控制。气调贮藏库房要有专门的气调系统进行气体成分的贮存、混合、分配、测试和调整等。一个完整的气调系统主要包括贮配气设备、调气设备和分析监测仪器设备。

贮配气设备有贮气罐（瓶）、配气所需的减压阀流量计、调节控制阀、仪表和管道等。

调气设备有真空泵、制氮机、降氧机、富氮气脱氧机（如烃类化合物燃烃系统、分子筛气调机、氨裂解系统、膜分离系统）、二氧化碳洗涤机、乙烯脱除装置等。这些先进调气设备的运用能迅速降低氧气浓度、升高二氧化碳浓度，脱除乙烯，并维持各气体组分的浓度稳定。

分析监测仪器设备有采样泵、安全阀、控制阀、流量计、奥式气体分析仪、温湿度记录仪、测氧仪、测二氧化碳仪、气相色谱仪和计算机等。这些设备满足了气调贮藏过程中相关贮藏条件精确的分析检测要求，为调配气提供依据，并对调配气进行自动监控。

通常，猕猴桃长期贮藏的适宜气体条件是：库内氧气和二氧化碳浓度分别控制在2%～3%和3%～5%，乙烯浓度控制在0.02 μl/L以下；贮藏温度比机械冷藏温度略高，约高0.5℃，即库温0～1℃（美味猕猴桃0℃，中华猕猴桃0.5～1℃），上下温差不得大于0.5℃；空气相对湿度和机械冷藏相同，保持在90%～95%。

3．库房管理

气调贮藏的库房管理有很多与机械冷藏相似，但在果品质量、温湿度调节、气体成分控制等方面有特殊性。

（1）用于气调贮藏的果品质量要求高，应严格控制采收成熟度，并配合做好初选、分级等采后商品化处理，以利于气调效果的充分发挥。

（2）猕猴桃果品需按成熟度、品种、产地、贮藏时间分库贮藏，确保提供最适宜的气调条件，也便于果品的及时出库。

（3）进入气调贮藏的果品一定要预冷，保证果品能一次性入库。缩短装库时间，有利于尽早建立气调条件。封库后，调节气体成分期间需避免因温差太大导致内部压力急剧下降，以免增加库房内外压力差而对库体造成伤害。

（4）气调贮藏期间可能会出现短时间的高湿情况，一旦发生这种现象即需除湿，如采用氧化钙吸收等。

（5）气调贮藏中果品易发生有害气体和异味物质，如果不及时清除，会累积过量对果品造成伤害。需要定期开启乙烯脱除装置、二氧化碳洗涤机等，达到清新库内空气的目的。

（6）气体成分的调节是气调贮藏的核心，常采用调气法和气流法。调气法是应用机械人为地降低环境中的氧气浓度和增加二氧化碳浓度，及时清除乙烯，使其达到果品要求的气体成分条件。此方法操作较复杂、烦琐，指标不易控制，所需设备较多。气流法是采用将不同气体按配比指标要求人工预先混合配制好后，通过分配管道输送入气调库，形成气体的循环。运用这一方法调节气体成分时，指标平稳、操作简单、效果好。

4．库房安全

采用气调贮藏时，要注意安全，防止低氧和高二氧化碳对猕猴桃果品造成伤害，导致损失。要定期检查气体成分，及时调整，并做好记录，以防止意外情况的发生。同时，贮藏期间要坚持定期通过观察窗和取样孔加强果品质量检查。

在注重贮藏果品的安全性的同时，特别要注重人员的安全。低氧对人的生命安全是有危险的，且危险性随氧气浓度降低而增大。所以，气调库在运行期间门应上锁，工作人员不得在无安全保证的情况下进入气调库。解除气调条件后应进行充分彻底的通风，达到安全的氧气标准，工作人员才能进入库房操作。

五、贮藏期主要病害

在猕猴桃贮藏过程中，果实带菌入库、机械伤害、不当温度或气体引起的生理失调等，会使贮藏的果品产生病害，从而严重影响果品质量、贮藏期限和货架期，甚至造成大量腐烂损失。必须重视贮藏期的病害发生和防治。猕猴桃贮藏病害主要有冷害、冻害、二氧化碳气体伤害、1-甲基环丙烯伤害、微生物伤害等。

（一）冷害和冻害

冷害和冻害是果品贮藏过程中最易发生的一种生理病害。冷害是果实组织在冰点以上的不适低温下，由于生理失调而产生的伤害；而果实组织在冰点以下的不适低温下，由于结冰而产生的伤害叫冻害。

1．果实受害后的症状

猕猴桃发生冷害后的典型症状是中果皮果肉颗粒状，并伴随有水渍状（图 7-18），严重时果肉内有空腔，果面呈黑斑凹陷（图 7-19）。据新西兰专家研究，‘海沃德’果实发生冷害后，同样表现出外果皮出现颗粒状，并伴随有水渍状［图 7-18（c）］，而‘阳光金果’果实遇冷害，果实外观还表现出花柱端颜色加深变暗，退却果实原有本色［图 7-19（c）］。

猕猴桃果实遭受冷害后，不能正常后熟，很难食用，果实软化后外果皮不易剥离，受害果实容易遭受微生物侵入，导致其腐烂。

猕猴桃果实遇到冻害的症状，比在遇到冷害的症状更加严重。例如：新西兰专家获得的‘海沃德’冻害症状是在出现果肉颗粒和水渍状的基础上，解冻后的果肉内外边界（中果皮与内果皮边界）消失，内外果肉组织不可区分，成为具有一致外观的果肉组织［图 7-20（a）］；贵阳学院食品与制药工程学院王瑞研究员等在‘贵长’上研究发现，遇到冻害的果肉解冻后果肉软化，出现空腔，内外果肉颜色一致，不会软熟［图 7-20（b）］。

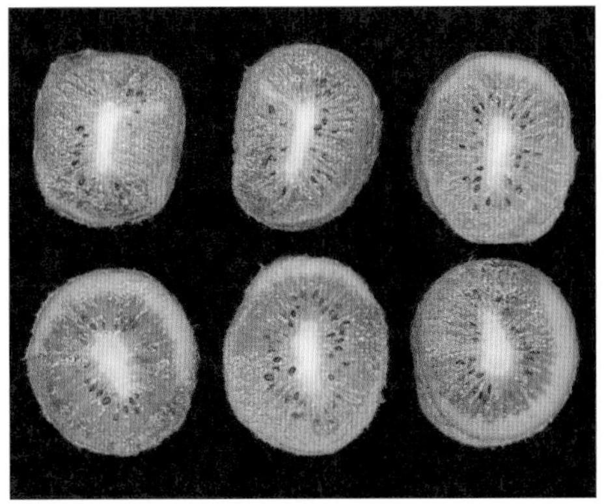

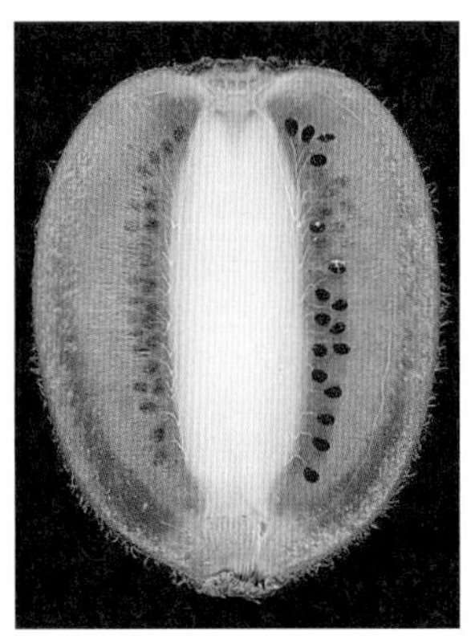

（a）‘金艳’　（b）‘贵长’　（c）‘海沃德’

图 7-18　猕猴桃果实冷害剖面状

注：‘贵长’照片来源于贵阳学院食品与制药工程学院王瑞研究员；
‘海沃德’照片来源于新西兰植物与食品研究所。

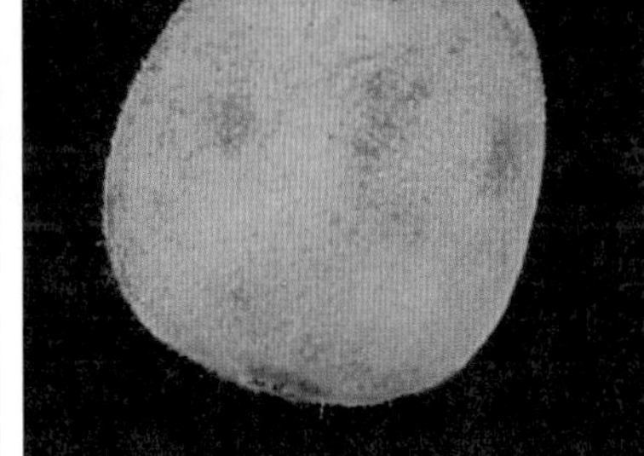

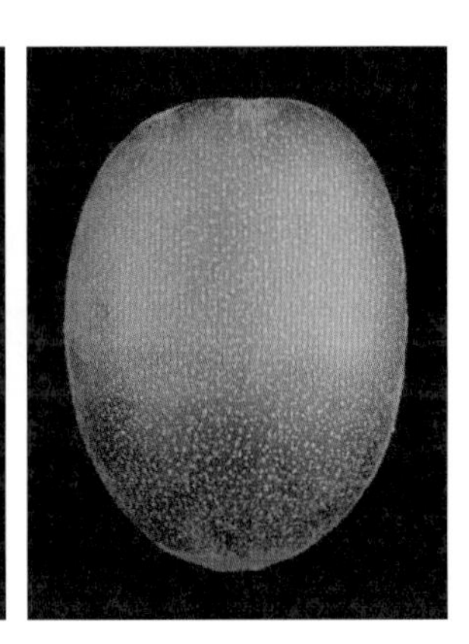

（a）‘红阳’　（b）‘金艳’　（c）‘阳光金果’

图 7-19　猕猴桃果实冷害外观状

注：‘阳光金果’照片来源于新西兰植物与食品研究所。

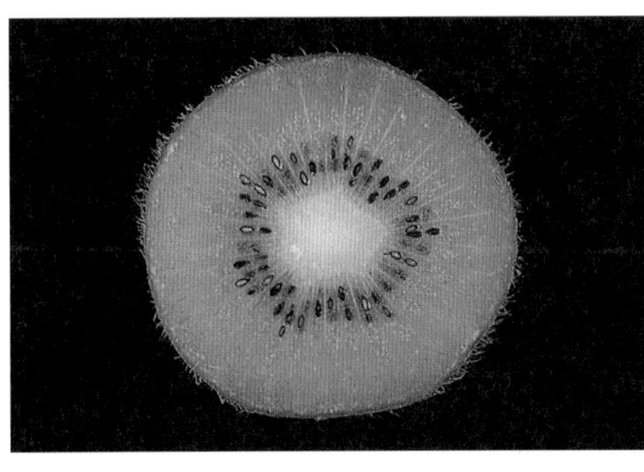

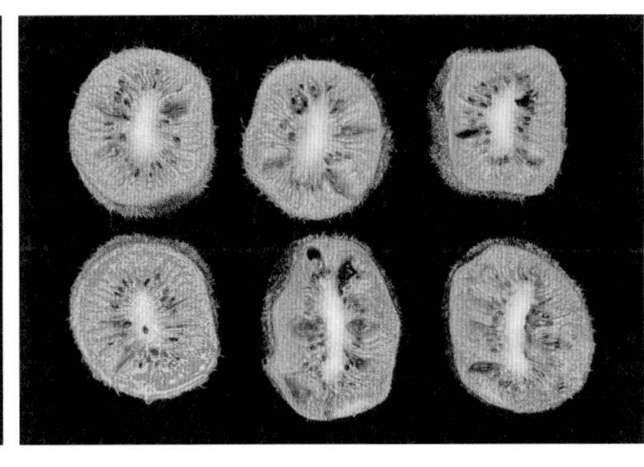

（a）‘海沃德’　（b）‘贵长’

图 7-20　猕猴桃果实冻害症状

注：‘贵长’照片来源于贵阳学院食品与制药工程学院王瑞研究员；
‘海沃德’照片来源于新西兰植物与食品研究所。

2. 影响冷害或冻害的因素

不同猕猴桃品种对低温的敏感性也不相同，因此可通过实验确定各贮藏品种对低温的敏感性，为制定其贮藏温度参数提供依据。果实在冷害或冻害临界温度以下时，温度越低则发生冷害或冻害的时间越早，受害的程度也越大。果实在低温下贮藏时间越长，后期果实发生冷害或冻害的程度越深。保持好贮藏环境正常的相对湿度可以减少果实冷害或冻害的发生。二氧化碳浓度升高到一定程度会加速冷害症状的出现。

3. 防止和减轻冷害或冻害的方法

（1）保持适温贮藏。在猕猴桃贮藏中设定和保持适宜的贮藏温度，是防止和避免出现冷害或冻害的有效手段。贮藏环境温度稳定控制在每个品种的最佳范围，如‘海沃德’品种适于 0℃±0.5℃、‘金艳’品种适于 1℃±0.5℃。根据采收时果实的可溶性固形物含量，采取梯度降温或一次性降温，采收时果实的可溶性固形物偏低时，对低温敏感，贮藏温度过低易出现冷害或冻害。

（2）入库前进行预冷处理，增加果实抗性。将果品放在略高于贮藏温度的环境中一段时间，可以增强果实的抗冷性。

（3）调节湿度减轻冷害。相对湿度过低则会加重冷害症状。因此保持和稳定正常的相对湿度也很重要。贮藏中尽量使用较高的相对湿度以利于减轻冷害症状。

（二）二氧化碳气体伤害

在猕猴桃贮藏中，气体伤害所造成的损失比由病原菌所引起的腐烂伤害威胁性更大。一旦发生气体伤害，将导致库中大部分或者整库果品的受损。因此，在贮藏过程中一定要注意合理应用、控制气体成分。

当贮藏环境中二氧化碳浓度过高（>8%）时，贮藏过程易产生二氧化碳伤害。其表现为：果肉组织变为水浸状、果心变白、变硬，从果皮下数层细胞开始至果心组织间有许多不规则的较小或较大的空腔，褐色或淡褐色，较为干燥；果心韧性大，果肉发酸有异味，严重时有麻味；整个受害果实的硬度偏高，果肉弹性大，手指捏压后无明显压痕。

例如，‘贵长’在高二氧化碳浓度下，表现出外果皮至果心有空腔，且果肉颜色变浅［图 7-21（a)］。贮藏过程中必须严格控制二氧化碳的浓度，保持贮藏环境中的二氧化碳浓度不超过 5%，避免产生伤害。新西兰研究认为高浓度二氧化碳可能增加由 *Crytosporiopsis actinidiae* 造成的真菌病理性凹陷发生率［图 7-21（b)］，但未见到对果实造成直接可见的损伤，还可能诱导果实无氧呼吸造成果实异常软化，果肉褪色和产生异味。

（三）1-甲基环丙烯伤害

近年来，在猕猴桃采后保鲜中，1-甲基环丙烯（1-MCP）为主要成分的保鲜剂运用较多。1-MCP 是一种乙烯作用的有效抑制剂，为阻断乙烯信号的有机分子，常温下为气体，无色、无味、无毒。1-MCP 可以消除乙烯的效应，从而延缓许多果实、蔬菜、插花和切花等的成熟与衰老进程（罗云波 等，2001）。猕猴桃果实采后如能科学使用，也能得到很好的效果。

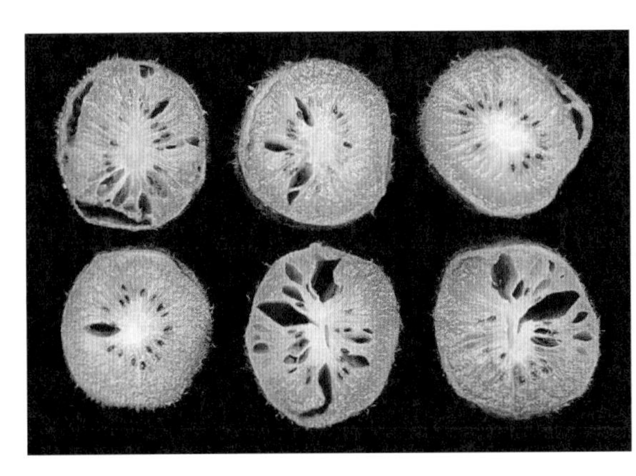

（a）‘贵长’

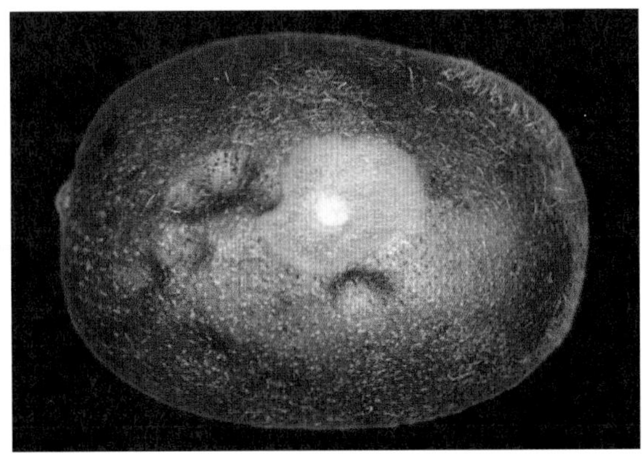

（b）美味猕猴桃果实

图 7-21　猕猴桃果实二氧化碳伤害

注：‘贵长’照片来源于贵阳学院食品与制药工程学院王瑞研究员；
美味猕猴桃照片来源于新西兰植物与食品研究所。

曹森等（2019）在‘贵长’猕猴桃上试验表明：0.75 μl/L 和 0.50 μl/L 1-MCP 处理均能够更好地保持猕猴桃货架期的好果率；0.75 μl/L 1-MCP 能最好地维持猕猴桃后熟质地品质，而 0.50 μl/L 1-MCP 也能较好地维持果实后熟质地；两处理均能够延缓果实硬度并且使果实正常后熟，而高浓度（1.50 μl/L 和 1.25 μl/L）的 1-MCP 对猕猴桃果实后熟质地的保持效果较差，出现“僵尸果”现象。

猕猴桃果实受到 1-MCP 伤害后，易受冻害或冷害，果实不后熟，受害部分直接腐烂，严重时果肉有空腔（图 7-22）。因我国猕猴桃品种较多，在实际商业运用中，如果不对销售的品种做严格的科学实验，只是照搬其他品种的处理方法，很容易就会出现上述问题。此外，在使用中 1-MCP 浓度过大，或对采收过早的果实进行处理，都可能会出现“僵尸果”。因此，在使用这类保鲜剂时，要求经过严格实验，对贮藏对象得到准确的浓度参数，才能保证安全。

图 7-22　‘贵长’1-甲基环丙烯受害状

注：照片来源于贵阳学院食品与制药工程学院王瑞研究员。

采用机械冷藏或气调贮藏的中华猕猴桃或美味猕猴桃品种，果实贮藏期完全可以达到4～7个月，且更健康安全，因此不主张用1-MCP处理猕猴桃，避免影响果实本该有的风味。

（四）微生物病害

猕猴桃的微生物病害主要是果实软腐病、灰霉病及青霉病，均是田间感染，贮藏期表现症状的真菌性病害。防治猕猴桃的微生物病害的主要措施，首先是加强田间感染期的防治，其次是采收时轻拿轻装轻放，尽量防止和减少机械伤出现，合理愈伤。详细介绍见第八章。

第八章

主要病虫害及非生物灾害

第一节　猕猴桃主要病害及其防治

在长期的技术推广过程中，发现猕猴桃田间存在多种病害，主要有溃疡病、花腐病、果实软腐病、黑斑病、青霉病、炭疽病、褐斑病、灰斑病、灰霉病、菌核病、膏药病、根腐病、根癌病、立枯病、白粉病、根结线虫病、病毒病等，本节主要对严重影响果园产量和品质的病害及其防治作详细介绍。

一、溃　疡　病

猕猴桃溃疡病是一种严重威胁猕猴桃生产的毁灭性细菌病害，具有发生范围广、传播速度快、致病力强、防治难度大等特点，可在短期内造成大面积树体死亡。目前，在美国、日本、法国、新西兰、韩国、伊朗、意大利、葡萄牙和智利等国家，以及中国大部分产区都有发生（McCann et al.，2017；李黎 等，2013），给世界猕猴桃产业造成了严重的经济损失。

（一）症状

猕猴桃细菌性溃疡病主要发生在春季伤流期、开花期和秋季，为害主干、枝蔓、新梢、叶片及花蕾等部位（图 8-1）。

图 8-1　猕猴桃细菌性溃疡病感病部位及典型症状

春季，溃疡病病原菌多从衰弱的枝干皮孔、芽基、落叶痕、枝条分叉处及修剪伤口侵入，在 2 月下旬至 3 月上旬出现病症：植株主干和枝条感病后龟裂，产生乳白色黏质菌脓，后期与植物伤流混合后呈黄褐色或锈红色，韧皮部局部溃疡腐烂，严重时可环绕茎干导致树体死亡；新梢生长期，在新生叶片上呈现 1～3 mm 不规则形或多角形的褐色斑点，一般在阳光下

可看到病斑边缘有明显的淡黄色晕圈，后期导致叶片焦枯、卷曲；藤蔓感病后部分变成深绿色、水渍状，常形成 1～3 mm 长的纵向裂缝，后期变黑枯死；花蕾感病后不能张开，随后变褐枯死并脱落。

夏季，温度升高，为病原菌在叶片上侵染发病期和枝干上潜伏侵染期。病原菌侵染至木质部造成局部溃疡腐烂，皮层颜色呈红褐色，影响养分的输送和吸收，造成树势衰弱。

秋季，当温度适当降低时，部分地区会出现侵染小高峰，叶片上感病症状明显。

冬季，病原菌侵染速度明显减弱，主要在病枝蔓的皮孔、气孔及果柄处越冬，也可随病残体在土壤中寄生，如此形成周年侵染循环。

（二）病原

猕猴桃细菌性溃疡病的病原为丁香假单胞杆菌猕猴桃致病变种（*Pseudomonas syringae* pv. *actinidiae*，Psa）。菌体为短杆状或稍微弯曲，单细胞，两端钝圆，多数具 1 根、少数具 2～3 根极生鞭毛；革兰氏染色为阴性，无荚膜，不产芽孢；低温、强光照和高湿适于该病菌的生长；为好氧菌，在牛肉蛋白胨培养基上的菌落为乳白色、圆形、光滑、边缘全缘，在肉汁胨培养液中呈云雾状混浊且不形成菌膜，在金氏培养基上的菌落一般产生黄绿色的荧光；氧化酶阴性，精氨酸双解酶阴性，对烟草花叶有过敏反应。

病原菌随带菌苗木或花粉远距离传播，在园区内借风雨、昆虫或农事操作工具近距离传播，阴雨低温天气有利于病菌侵染扩展；在气温 5℃ 时开始繁殖，25～28℃ 是生长最适宜温度，生长最高温度为 35℃，最低温度为 -12℃，致死温度为 55℃、10 min。在侵染猕猴桃植株的过程中，病原菌可以潜伏在植株皮层、木质部或中心髓层中，其中皮层部位的病菌繁殖最活跃。

（三）发病规律

1．栽培品种的抗性

猕猴桃栽培品种间抗病性差异很大，种植抗病品种是降低猕猴桃溃疡病危害的最有效途径。研究表明，一般美味猕猴桃的品种抗性强于四倍体的中华猕猴桃品种，四倍体的中华猕猴桃品种强于二倍体的中华猕猴桃品种。如美味品种‘徐香’‘金魁’‘海沃德’‘米良 1 号’等抗病性非常强，特别是‘金魁’，中华猕猴桃四倍体品种‘翠玉’‘金桃’‘金梅’等抗性较强，而毛花猕猴桃与中华猕猴桃杂交培育的一代或二代四倍体品种‘金艳’‘金圆’等抗性中等。中华猕猴桃二倍体品种以‘东红’‘楚红’‘金农’等抗性较强，其他抗性较弱品种中，又以‘红阳’‘Hort16A’最易感病。因此，发病重灾区要慎重发展易感病的中华猕猴桃品种。如确定发展，则必须采取设施农业，预防病害发生。

2．气候因素的影响

溃疡病的发生时间、危害程度与极端低温关系密切。低温高湿、多雨天气、冬季持续低温、春秋季节气温突降等都会导致树体发生不同程度的冻害或冷害，这些冻害或冷害造成的伤口均易诱发溃疡病，特别是春季溃疡病大多与冬季极端低温或倒春寒、高湿相伴随发生。当极端低温达 -12℃ 以下时，此年将成为重病年或严重病年；当旬平均气温达 20℃ 时，病害停止危害蔓延。秦虎强等（2013）发现低温有利于枝干发病，其中秋、冬季日平均气温低于0℃的天数越多、雨天越多，翌春溃疡病发病率越高。另外，冬季温度越低，萌芽期倒春寒温差大，风害严重，这些因素都会导致树体易发病，树势减弱。

3．农艺措施的影响

该病的发生与树龄、种植密度、挂果量也有一定关系。树龄越老，树势越弱，对病害的抗性越低。种植密度大，导致通风透光性降低、湿度加大，会加重病害的发生。超负荷挂果，会导致树势衰弱，当年冬季或翌年春季易发病，这在‘红阳’品种上表现特明显。

（四）防治措施

坚持“预防为主，综合防治”的植保原则，农业防治与化学防治相结合，抓住秋季预防与春季治疗关键期。

1．农业防治

1）加强检疫

加强苗木、接穗和花粉的检疫，不盲目从疫区引进。选用健壮无病苗木建园，防止接穗与砧木带菌，杜绝嫁接传染。

2）合理选择栽培品种和种植区域

首先，选择抗寒性、抗病性强的品种。其次，选择适种区域，避开严重冻害或倒春寒频繁发生的区域。例如：湖南、湖北、四川平原等地应控制在海拔800 m以下，而贵州六盘水、云南屏边、四川凉山等低纬度高海拔气候区控制在海拔1 600 m以下更安全；对于易感品种‘红阳’而言，华中地区应选择更低海拔区域，如600 m以下，在云贵川高原气候宜选择在1 200 m以下。

3）加强栽培措施，控制病情扩散

（1）增强树势，多施有机肥，防止偏施氮肥，注重磷、钾肥施用，提高抗性。

（2）加强果园防风、防冻措施，减少自然灾害伤口，从而减轻病害的传播。在风害严重区域，除风口上种植防护林或安装防风网外，果园内部每隔几行也要安装防风网防穿堂风（图8-2）。对于冬季低温或倒春寒发生区域，采取避雨大棚栽培是目前防效最好的措施（图8-3）。

图8-2　果园内部行带上加设防风网

注：右图由四川凉山烟草局退休干部余和民提供。

（a）贵州六枝果园

（b）浙江义乌果园

图 8-3　温室和避雨棚

（3）加强园区水分管理，防止因土壤积水、湿度过大，加重病害的感染。

（4）减少农事操作传染，在修剪、嫁接等农事操作时，病株和健株间不串用工具。嫁接前将采集的接穗装入密闭的塑料袋内，通入臭氧气体 30 ~ 60 min 进行表面消毒。每使用一次嫁接刀具用 75% 酒精或过氧乙酸消毒处理一次，严防工具传染。

（5）对受市场欢迎的“娇气”品种，采取小面积栽培，多主干多主蔓树形；同时，每年从基部培养新砧木备用，一旦原有主干上的嫁接品种发病，即将新砧木改接更新。例如，陕西等产区果农小面积种植‘红阳’，采用此办法降低溃疡病的危害（图 8-4）。

图 8-4　每年从砧木处培养新梢高位嫁接控制溃疡病

（6）要对来往人员、车辆等加强入园时消毒措施。

4）加强秋冬季预防措施

冬季修剪宜早不宜迟，要求在休眠期至伤流期前完成，对于冻害严重区域，还可提早到落叶前修剪，修剪后加强剪口的保护。

落叶前喷施碧护 15 000 倍液 1 ~ 2 次或其他防冻营养液。冬季用波尔多液、石灰水涂抹树干；树干缠草、基部培土、树盘灌水，预防树体受冻，减少冻伤口，防止病菌入侵。冬季

彻底清园，将病虫枯枝和死树集中烧毁，并进行土壤消毒。

5）加强病虫防治

果园加强病虫防治，特别是防治大青叶蝉、桑白蚧、斑衣蜡蝉、蝽象类等害虫，可减少伤口和传染途径。

2．化学防治

防治溃疡病需实行全年药剂覆盖。注意同一时期的药剂轮换使用，每次用一种，严格控制浓度。

（1）秦虎强等（2016）研究发现，9～12 月份施用 3～4 次铜制剂（氢氧化铜，如可杀得3000；碱式硫酸铜，如铜高尚）、叶枯唑等，均可杀死入侵、定殖在浅皮层的病菌，预防效果明显优于治疗效果。

（2）冬季清园之后，全园（树体及地面）喷洒 3～5°Bé（波美度）石硫合剂一次。萌芽前喷施一次 0.5～1.0°Bé 石硫合剂。

（3）早春发病期，每 4～6 d 全园检查一次。若是枝条发生轻微症状，可将枝条剪除烧掉。对染病的主干、主蔓未造成皮层环剥时，彻底刮除病斑，用高温喷枪对病斑处进行短时间灼烧（2～3 s），以病斑为中心涂药防治。涂药范围应扩大到病斑范围的 2～3 倍，药剂有噻霉酮膏剂、梧宁霉素、代森铵、氯溴异氰尿酸、腐烂净及叶枯唑。刮治应在阴天进行。若是主干发病较严重，可直接将主干剪至健康部位以下 30 cm 左右，再涂上铜制剂进行防治，可用松脂酸铜、氢氧化铜等防治药剂。若整株发病较重，主干几乎无健康部位，需要将整株剪除烧掉、土壤消毒。刮去的病残体带离果园烧毁，并对工具进行消毒。

（4）萌芽至开花期间喷施两次杀菌剂，展叶期和露瓣期各一次。可选喷 80% 乙蒜素乳油 3 000 倍液、1.5% 噻霉酮 600～800 倍液、2% 春雷霉素水剂 500 倍液、46% 可杀得 3000（氢氧化铜）水分散粒剂 1 500 倍液、0.15% 梧宁霉素 800 倍液及菌毒清 500 倍液等杀菌剂。还可选用噻菌铜、加瑞农、苯菌灵等药剂。

（5）采果前 20～25 d 可选喷 0.15% 梧宁霉素 800 倍液、1.5% 噻霉酮 600～800 倍液、中生菌素 600 倍液或 5% 菌毒清水剂 500 倍液等；采果后喷施一次氧化亚铜、碱式硫酸铜或波尔多液等。

二、花　腐　病

（一）症状

猕猴桃感染花腐病，植株受害严重时花萼变褐，花丝变褐腐烂，花蕾不膨大或脱落；受害轻的花蕾能膨大，但不能完全开放（图 8-5）。雌花感病结果不正常，果肉变黑褐色，种子少或无种子。受害果实多在花后一周内脱落，受害较轻的果实不能正常后熟，果实萎蔫，果肉变酸，果心变硬，不可食用。

（二）病原

猕猴桃花腐病主要由细菌性的绿黄假单胞菌（*Pseudomonas viridiflava*）及丁香假单胞菌

（*P. syringae*）引起，也有由真菌性的灰霉病引起的。

图 8-5　细菌性花腐病的典型症状

（三）发病规律

猕猴桃花腐病病原菌在树体叶芽、花芽和土壤中的病残体上越冬。早春随风雨、昆虫、病残体、农事活动在果园中传播。

花腐病的发病率与整个花期的温度和降水量呈正相关，雨水和昆虫、人工授粉是主要传播途径，现蕾至开花期温度偏低、遇雨或园内湿度大，则发病重。此外，栽植过密、生长过旺等导致通风透光差的果园，及地势低洼的果园发病率均较高。

（四）防治措施

1. 农业防治

（1）做好冬季清园工作，及时剪除病虫枝、死枝，剪完后全园喷 1 次 3 ~ 5°Bé 石硫合剂。

（2）发病初期剪除感病的花蕾和叶片，带出果园集中销毁，防止传染。

（3）选择无病花粉用于人工辅助授粉，且不用点授方式。

（4）花期加强田间管理，改善果园环境，保持排水畅通，降低园内湿度。

（5）避雨栽培可有效降低发病率。

2. 化学防治

（1）芽萌动前喷施浓度不高于 1.5°Bé 的石硫合剂。

（2）花蕾期、花蕾露白期、初花期各喷施一次药剂防治，药剂可选用噻菌铜、可杀得 3000、加瑞农、苯菌灵或噻霉酮等。

三、果实软腐病

（一）症状

猕猴桃果实软腐病是在果实贮藏期表现的一种常见严重病害，主要是在花期前后感染，转移至果实上潜伏，采后后熟过程中表现，因此又被称为“果实熟腐病”。该病不仅加大了采后损耗，同时也降低了果实风味品质，田间感染严重时还会出现采前落果。

李黎等人于 2014～2015 年对全国果实软腐病害进行了大规模调查，发现该病在四川、陕西、河南、湖北及湖南等猕猴桃主产区普遍发生，发病率通常在 20%～50%（Li et al.，2017a）。

果实软腐病发病初期，果实外表无明显症状，诊断困难。随着病情发展，发病部位表皮逐渐变软，出现类似大拇指压痕斑。剥开凹陷部的表皮，可发现病部中心果肉呈乳白色，周围果肉呈黄绿色水渍状或产生空洞（图 8-6），因此有的地方俗称其为“白点病”。纵剖病果可以看到病变组织呈圆锥状向果肉深部扩展，6～10 d 病斑扩散至果实中间，直至整个果实完全腐烂。叶片受害多从叶缘开始，初期为褐色半圆形病斑，逐渐向叶片中心扩散，褐色至深褐色，后期导致叶片焦枯或脱落。

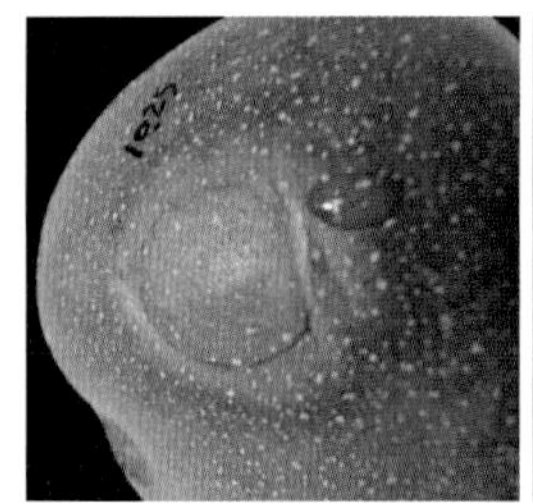 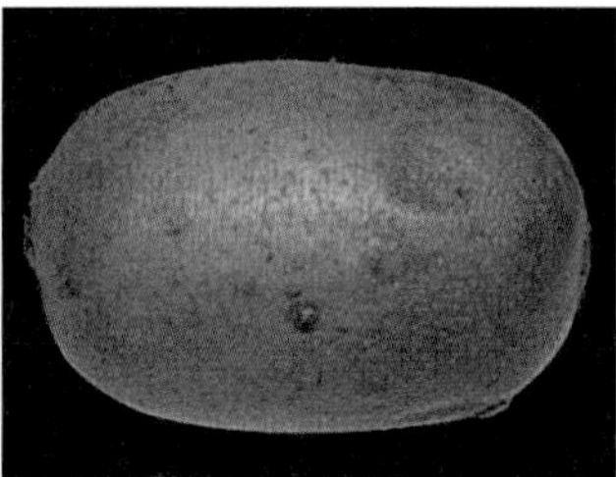 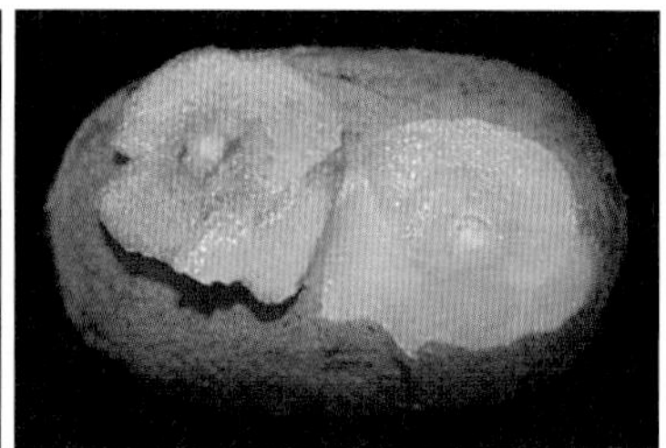 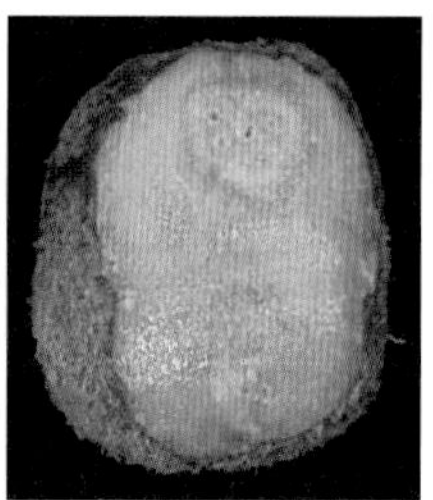

图 8-6　果实软腐病的典型症状

（二）病原

近年来，国内外学者先后对日本、韩国、美国、新西兰、智利、印度的软腐病病原菌进行了鉴定，研究结果表明各国病原菌存在明显差异。病原菌种类主要为灰葡萄孢菌（*Botrytis cinerea*）、拟茎点霉菌（*Phomopsis* sp.）、葡萄座腔菌（*Botryosphaeria* sp.）、大茎点霉菌（*Macrophoma* sp.）、青霉菌（*Penicillium* sp.）、含糊间座壳（*Diaporthe ambigua*）、蜡叶芽枝霉（*Cladosporium herbarum*）、链格孢菌（*Alternaria* sp.）等（Auger et al.，2013；Pennycook，1985；Sommer et al.，1984；Opgenporth，1983；Hawthrone et al.，1982）。

在我国，多位学者对陕西、浙江、福建、江西、四川等地的猕猴桃果实软腐病病原进行了鉴定，认为病原菌种类主要为苹果轮纹病菌（*Physalospora piricola*）、灰葡萄孢菌（*Botrytis cinerea*）、青霉菌（*Penicillium* sp.）、拟茎点霉菌（*Phomopsis* sp.）、茎点霉菌（*Phoma* sp.）、葡萄座腔菌（*Botryosphaeria* sp.）、富氏葡萄孢盘菌（*Botryotinia fuckeliana*）、拟盘多毛孢菌

(*Pestalotiopsis* sp.)、层出镰刀菌(*Fusarium proliferatum*)、链格孢菌(*Alternaria* sp.)等(Zhou et al.,2015;Wang et al.,2015;李诚 等,2012;姜景魁 等,2007;宋爱环 等,2003;丁爱冬 等,1995;李爱华 等,1994)。由此说明我国各地的果实软腐病病原菌同样存在明显差异。

Li 等(2017a)对采集自福建福安,贵州贵阳、修文,安徽金寨、安庆,湖南桂阳,浙江桐乡,上海,湖北武汉、黄石,河南西峡,陕西咸阳、周至,四川蒲江、广元、苍溪、都江堰,重庆武陵,江西奉新等地的 138 份感病果实样本进行了病原菌的分离鉴定,发现引起中国猕猴桃软腐病的主要病原菌是间座壳菌(拟茎点霉菌的有性态,*Diaporthe* sp.)、葡萄座腔菌(*Botryosphaeria dothidea*)、链格孢菌(*Alternaria alternata*)、小孢拟盘多毛孢菌(*Pestalotiopsis microspora*),其检出率分别为 52.6%、23.7%、13.2%、10.5%。除了葡萄座腔菌和链格孢菌外,其他病原菌均首次被证实为猕猴桃果实软腐病的致病菌(图 8-7)。

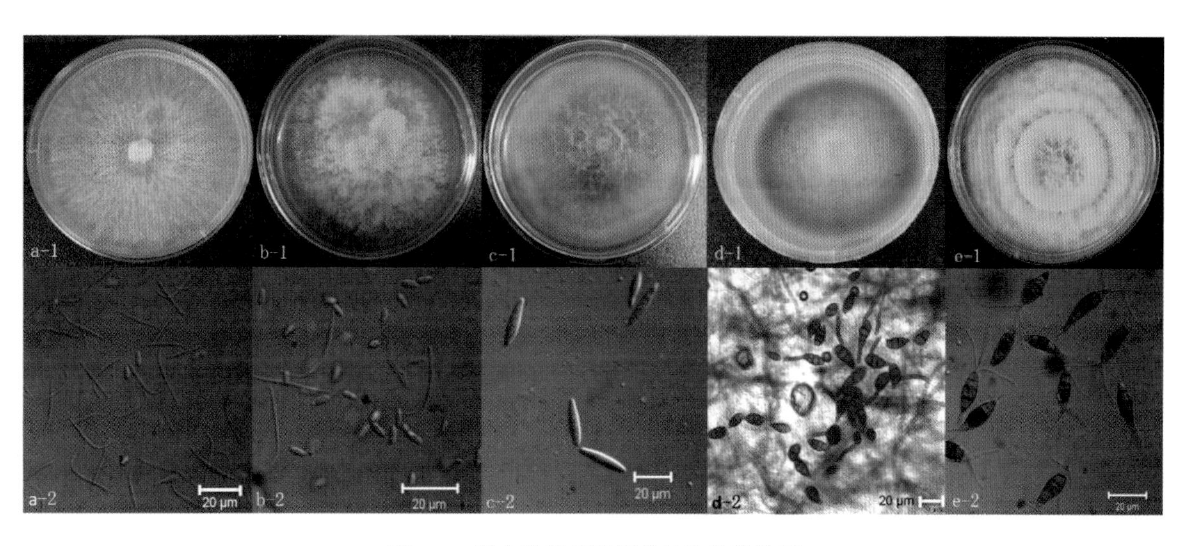

图 8-7 果实软腐病病原菌的生物学特征

注:a 为 *Diaporthe actinidiae*,b 为 *Diaporthe lithocarpus*,c 为 *Botryosphaeria dothidea*,d 为 *Alternaria alternata*,e 为 *Pestalotiopsis microspore*。

调查发现,不同地区的致病菌存在明显差异,如重庆、陕西及河南地区的葡萄座腔菌检出率高,湖北地区的拟盘多毛孢菌检出率高,贵州、四川及江西地区的拟茎点霉菌检出率高。据此说明,病原类型差异可能与栽培区域环境、病原菌的来源及侵染能力不同有关。

(三)发病规律

病原菌以菌丝体、分生孢子器及子囊壳在枯枝、果梗等病残体上越冬,翌年春季气温回升后,子囊孢子或分生孢子释放,借风雨传播。

丁爱东等(1995)在对‘秦美’猕猴桃果实软腐病的研究中发现,采收运输过程中造成的机械伤口是主要的病原菌侵染途径;但王井田等(2013)研究发现‘徐香’猕猴桃果皮相对‘秦美’较厚,毛较硬,抗机械伤能力较强,而发病率仍然较高,由此说明机械伤口不是‘徐香’猕猴桃果实软腐病病原菌的主要侵染途径。

2017 ~ 2018 年,笔者团队对猕猴桃果实软腐病的致病规律进行了分析,发现病原菌的主

要侵染途径是在枝条上潜伏越冬，翌年早春花期时侵染花蕾，幼果形成时由花蕾转移至幼果，潜伏表皮下。严重时采前就会发病导致落果，轻微时至果实采后表现腐烂症状。健康果实表面如无伤口，病原菌无法直接从果实表面侵入，这一结论支持王井田等（2013）的观点。同时，如果实表面存在伤口，病原菌可从果面伤口侵入引起软腐病症状，但伤口侵入并非软腐病菌的主要侵染途径，这一研究结果与丁爱东等（1995）的结论部分相同。因此，在蕾期至套袋前进行防治，尽可能减少病原菌侵染花蕾及幼果，并减少果实表面机械伤，是猕猴桃果实软腐病防治的关键。

（四）防治措施

1. 农业措施

（1）加强田间管理，合理种植密度。对于密植果园，及时间伐或重剪，或采用相邻两行轮换结果管理。

（2）加强冬夏季修剪，消除病源，改善果园通风透光条件，降低园内湿度。

（3）多施、深施有机肥，不偏施氮肥，增施磷肥、钾肥，及时补充硼、铁等微量元素，预防因缺硼、缺铁等加重病害。

（4）对于发病严重区域，采取果实套袋，减轻病害的传染。

（5）采收、运输中避免果实碰伤，减少机械伤。入库前需对果实进行严格挑选。

（6）1～3℃低温贮藏有利于抑制该病的发生，尽可能保证采收后24 h内入冷库。

2. 化学防治

（1）冬季及时喷施铲除性药剂。冬季清园之后，全园（树体及地面）喷洒3～5°Bé石硫合剂一次，清除越冬病源。

（2）从萌芽到盛花期间喷施两次杀菌剂，展叶期一次，露瓣期一次，可选用代森铵、噻菌铜、加瑞农、苯菌灵、异菌脲、甲基托布津等药剂。

（3）花后立即喷施一次杀菌剂，可选用嘧菌酯、苯醚甲环唑、肟菌酯、氟硅唑、噻霉酮等。之后，每隔7～10 d喷施一次直至套袋（坐果后35 d左右）。

（4）套袋前一天务必对果实、树体喷施杀菌剂。

（5）套袋后至采果前20 d内喷施2～3次，采果前20 d内不再喷药。

（6）采果后喷施一次波尔多液或氧化亚铜。

（7）每种药的使用浓度严格按照产品说明配制，每次轮换使用不同药剂。

四、黑 斑 病

（一）症状

1. 叶片受害症状

发病初期叶背形成灰黑色绒毛状小霉斑，严重者叶背密生多个小病斑，后期小病斑联合成大病斑，呈灰色、暗灰色或黑色绒霉状，随后逐渐变黄褐色或褐色坏死斑。病斑多呈圆形或不规则形，病健交界不明显（图8-8）。病叶易脱落。

图 8-8　猕猴桃黑斑病的典型症状

2．枝蔓受害症状

病部表皮出现黄褐色或红褐色水渍状的纺锤形或椭圆形病斑，病斑凹陷后扩大，并纵向开裂肿大形成愈伤组织。病部表皮的坏死组织上产生黑色小粒点或灰色绒霉层（图 8-8）。

3．果实受害症状

初期果面出现灰色或黑色绒毛状小霉斑，6 月初出现褐色小点，后期逐渐扩大，形成明显凹陷的近圆形病斑（图 8-8）。情况严重时，在 7 月下旬开始落果，一直持续至采果。刮去表皮可见病部果肉呈褐色至紫褐色坏死状，并形成锥状硬块。果实后熟期间病健交界处果肉最早变软发酸，直至整个果实腐烂。

（二）病原

姜景魁等（1995）认为中华猕猴桃黑斑病病原菌有性阶段为小球腔霉（*Leptosphaeria* sp.），无性阶段为猕猴桃假尾孢（*Pseudocercospora actinidiae*）。2017 年，李黎等人在浙江温州和贵州六盘水猕猴桃黑斑病叶片和果实上分离到大量稻黑孢菌（*Nigrospora oryzae*），并证实该菌会引起猕猴桃黑斑病（Li et al.，2018）。

稻黑孢菌，隶属于半知菌亚门、丝孢纲、丝孢目、暗色孢科、黑孢霉属，分生孢子褐色或黑色，圆球形，单胞，大小为（10～12）μm ×（14～16）μm（图 8-9）。

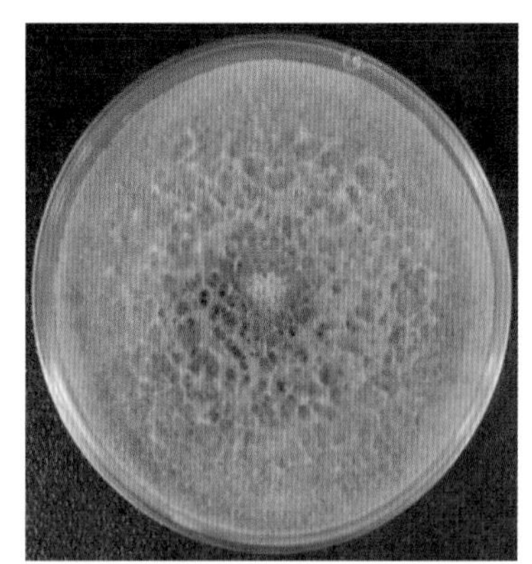
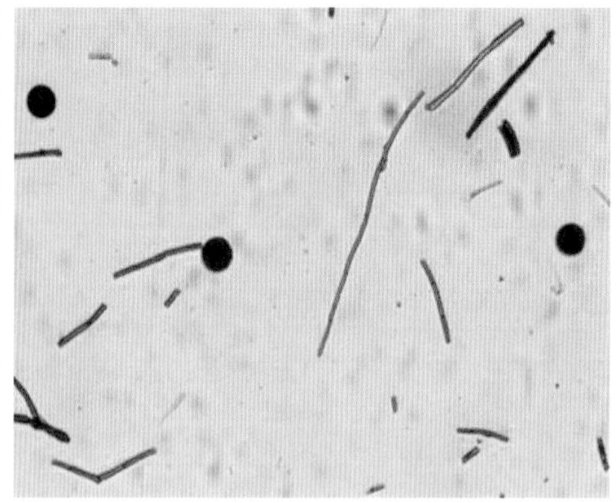

图 8-9　稻黑孢菌的生物学特征

（三）发病规律

病原菌以菌丝体和分生孢子器在枝蔓病部和地下病株残体上越冬。猕猴桃黑斑病的发病率与降雨关系密切，生长季节遇阴雨高温且排水不畅极易引发，且扩散较快。栽植过密、支架低矮、枝叶稠密或杂草丛生的果园，病害发生严重。

（四）防治措施

防治措施参考果实软腐病。

五、青　霉　病

（一）症状

青霉病引起的果实腐烂是猕猴桃果实成熟和采后贮藏中的主要病害之一，在各猕猴桃主产区均普遍发生（白俊青，2019）。初期症状为果面上出现水渍状淡褐色圆形病斑，随后病部果皮迅速变软腐烂，用手指按压病部果实易破裂。最后病部长出白色菌丝，很快转变为青色霉层（图 8-10），易于识别。

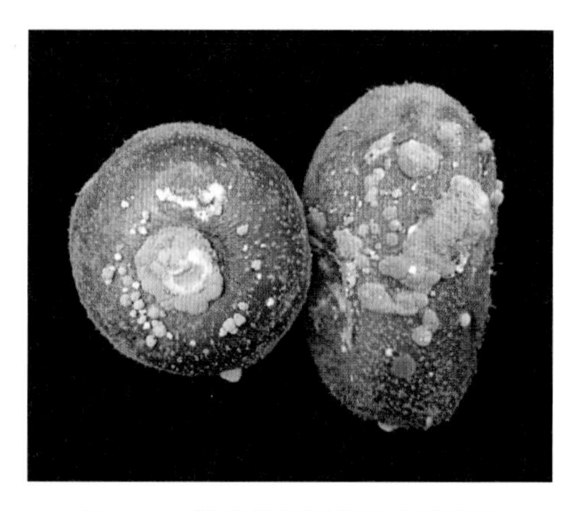

图 8-10　猕猴桃青霉病的典型症状

（二）病原

诸多学者对猕猴桃青霉病病果进行病原菌分离鉴定，研究发现扩展青霉（*Penicillium expansum*）是最为常见的致病菌（张美丽，2016；Zhu et al.，2016）。程小梅等（2018）通过对湖南、陕西两个猕猴桃主产区的青霉菌进行分析，首次确定草酸青霉（*Penicillium oxalicum*）也为猕猴桃青霉病的致病菌。感染此类病菌不仅会导致猕猴桃果实腐烂，而且会产生棒曲霉素（对人类有潜在的致突变、致癌、致畸和胚胎中毒作用），危及食品和人体安全（Wang et al.，2017）。

（三）发病规律

青霉病致病菌主要通过果实机械伤口或其他病原菌感染部位入侵。2018 ~ 2019 年，季春艳及白俊青分别通过研究发现，‘海沃德’‘徐香’‘翠玉’的青霉病抗性明显高于‘Hort16A’‘红阳’‘脐红’等品种，不同品种的抗性与其表皮组织结构致密度呈正相关性（白俊青，2019；季春艳，2018）。

（四）防治措施

1．农业措施

（1）在猕猴桃采收时，应尽量避免雨后或雾天果皮含水量多的情况下采果。

（2）采收、分级、运输及包装过程中，尽量防止损伤果实。

（3）贮藏库、果窖及果筐使用前，要进行消毒。

2．化学防治

化学药剂结合冷藏是目前防治猕猴桃贮藏病害的最常用方法，但由于青霉菌属于嗜冷性真菌，冷藏难以有效防治，而过量使用杀菌剂易导致耐药菌株产生、化学药剂残留及毒素积累等问题的出现，威胁人体健康。

目前，国内外对猕猴桃青霉菌的研究主要集中在生物防治方面，外源草酸、银杏叶提取物、槲皮素等处理均被证实可有效减少猕猴桃采后青霉病的发生，降低毒素积累（张美丽，2016；朱玉燕 等，2015）。

六、炭　疽　病

（一）症状

猕猴桃炭疽病主要危害叶片、枝条和果实。发病多从猕猴桃叶片边缘开始，从中间部位开始也较普遍。叶片上呈现不规则病斑，初期呈水渍状，后变为褐色，边缘病斑呈半圆形，病斑交界明显。后期病斑中央呈灰白色，边缘深褐色，病斑正背面散生许多小黑点（图 8-11）。受害叶片边缘多个病斑接合在一起，致叶缘焦枯、卷曲，干燥时叶片易破裂。

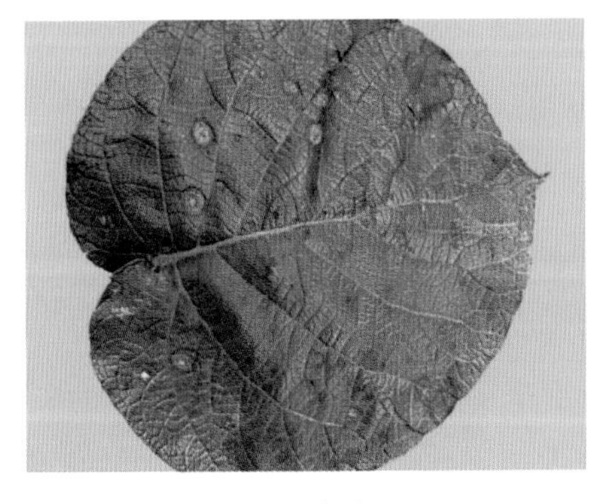

（a）老叶

（b）幼叶

图 8-11　猕猴桃炭疽病的典型症状

（二）病原

Ushiyama 等（1996）研究发现，引起日本猕猴桃炭疽病的主要病原菌为胶孢炭疽菌（*Colletotrichum gloeosporioides*）和尖孢炭疽菌（*C. acutatum*）。赵丰（2013）明确了引起江西奉新猕猴桃果梗炭疽病的病原菌为隔孢丛壳菌（*Glomerella septospora*，无性型为 *C. taiwanense*）。李黎等人报道认为，胶孢炭疽菌是引起中华猕猴桃炭疽病的致病菌，分生孢子透明状，单胞，呈圆柱形（图 8-12），大小为（10.45~15.78）μm ×（3.56~5.89）μm（Li et al.，2017b）。

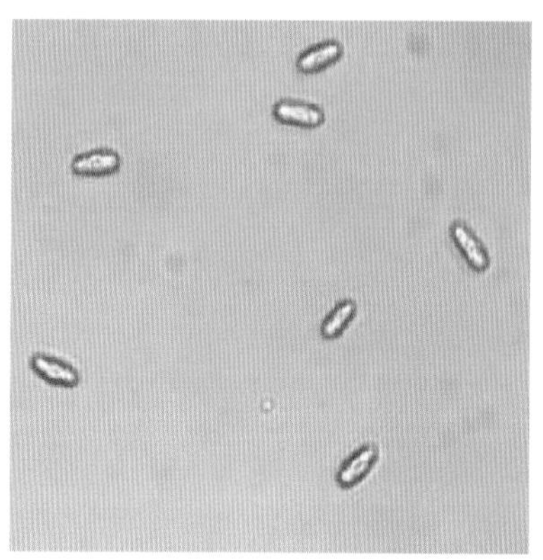

图 8-12　胶孢炭疽菌的生物学特征

（三）发病规律

猕猴桃炭疽病的致病菌主要以菌丝体或分生孢子器的形式在病残体或腋芽等部位越冬。翌春温湿度适宜时，病菌分生孢子可通过伤口和气孔侵入，也可在其他叶斑病发生时在病害部位与其他病害混合发生，加重危害。高温、高湿、多雨条件下易流行。排水、通风不良，种植过密，栽植过深，树势衰弱的果园易发病。

（四）防治措施

防治措施参考果实软腐病。

七、褐　斑　病

（一）症状

嫩叶刚开始展开即可受害，初期在叶正面出现褐绿色小点或边缘出现水渍状斑点，后期随气温升高逐步扩展到近圆形至不规则形的病斑，外沿深褐色，中部色浅（图 8-13）。后期叶缘成黄褐色卷曲状，形状似日灼病症，部分病叶干枯死亡，结果枝被侵染易导致落果。

图 8-13　猕猴桃褐斑病的典型症状

（二）病原

赵金梅等（2013）研究发现，中华猕猴桃褐斑病病原菌为链格孢菌（*Alternaria alternata*）。崔永亮（2015）研究发现，多主棒孢菌（*Corynespora cassiicola*）可引起‘红阳’褐斑病。

（三）发病规律

病原菌同时以分生孢子器、菌丝体和子囊壳在病残落叶上越冬。翌年春季萌芽新梢期，产生分生孢子和子囊孢子，借助风雨传播到新叶上，萌发菌丝以侵染叶片组织。一般 5～6 月份为病菌侵染高峰期，7～8 月份为发病高峰期。高温、高湿、通风透光不良的果园易发病。

（四）防治措施

防治措施参考果实软腐病。

八、灰　斑　病

（一）症状

猕猴桃灰斑病发病初期，叶缘或叶面出现水渍状褪绿污褐斑，多雨高湿条件下病斑迅速扩大，边缘深褐色，中央灰浅色，呈不规则状，病健分界明显。后期侵染局部或大半部叶片，发生在非叶缘的病斑明显较小（图 8-14）。受害叶片干枯、早落，影响正常产量。

图 8-14　猕猴桃灰斑病的典型症状

（二）病原

罗禄怡等（2000）报道，猕猴桃灰斑病病原菌为烟色盘多毛孢菌（*Pestalotia adusta*）和轮斑盘多毛孢菌（*Pestalotia* sp.）。

（三）发病规律

病原菌以菌丝体或分生孢子的形式在病残体内越冬。翌年春天形成分生孢子，借风雨传播，萌发侵入叶片组织。在高温、高湿条件下，发病较重。一般在 5～6 月份开始发病，7～

8 月份进入盛发期，9 月份如多雨、湿度大，则发病严重。

（四）防治措施

防治措施参考果实软腐病。

九、灰　霉　病

（一）症状

猕猴桃灰霉病发病初期，叶片边缘出现暗褐色烫伤状病斑，慢慢向内部蔓延，之后叶片背面出现灰白色孢子，严重时落叶或整个枝条坏死。发病初期若出现连续几天的高温干旱天气，则病症不再蔓延，病斑干枯。

果实受害初期，在果蒂处出现水浸状病斑，病斑均匀向下扩展。果实外部的病部果皮上长出不均匀的灰白色霉状物，形成不规则形的黑色小菌核，外观呈灰色。切开病果，果肉由果蒂处向下腐烂，蔓延全果，有酒味，通常变为浅粉红色至浅黄褐色（图 8-15）。

 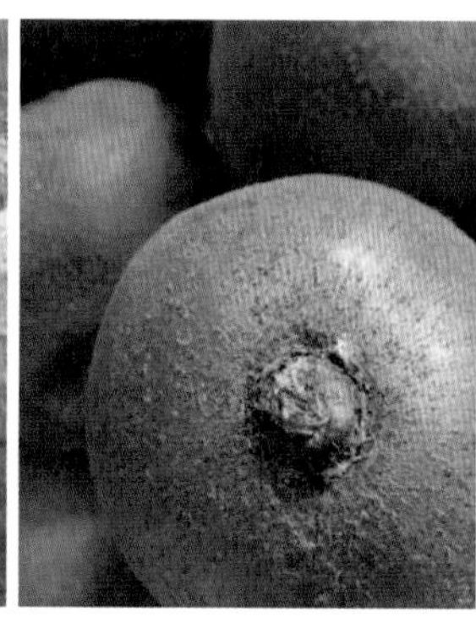 

图 8-15　猕猴桃灰霉病感染叶片和果实的典型症状

（二）病原

李诚等（2014）发现江西奉新灰霉病的病原菌为灰葡萄孢菌（*Botrytis cinerea*，有性态为富氏葡萄孢盘菌 *Botryotinia fuckeliana*）。Michailides 等（2000）发现美国和新西兰‘海沃德’猕猴桃的灰霉病菌同为灰葡萄孢菌。该病原菌属半知菌类葡萄孢属，分生孢子梗丛生，大小为（200 ~ 300）μm ×（11 ~ 16）μm，淡褐色，顶端分枝，其上附着分生孢子，分生孢子脱落后露出棒头状小柄。分生孢子卵圆形或椭圆形，无色或淡灰褐色，单胞，大小为（8.75 ~ 13.75）μm ×（6.25 ~ 8.75）μm。

（三）发病规律

猕猴桃每年花期前后多雨高湿，叶片、嫩枝、幼果极易感染灰霉病。随着秋季降雨增加，灰霉病流行严重，开始为害果实。病原菌每年从 3 ~ 4 月份开始活动侵染，至 9 ~ 10 月份秋季降雨增加，温度回落，发病严重，直到为害果实。若果实在采收、分级、包装及搬运过程中

产生伤口，极易感染灰霉病病原菌，果实受伤越多，发病越严重。采摘造成的果蒂伤口是其主要的入侵门户。

（四）防治措施

（1）花期前后关注气象信息，出现长时间的阴雨天气需要及时喷施嘧霉胺、腐霉利、异菌脲等药剂防控。

（2）果实膨大期至采收防治参考软腐病防治措施。

（3）避免阴雨天采摘，避免早采，采后合理愈伤。

（4）对库房、果筐、用具消毒，降低病害发生率。

十、菌　核　病

（一）症状

猕猴桃菌核病主要危害花和果实。受害花呈水渍状，变软变褐，不能开放；受害病果的花丝、花瓣等黏附在果实表面，形成黑褐色病斑，表面凹陷软腐，条件适宜时病斑继续扩大，形成水渍状，并有白色菌丝伴黑褐色菌核粒。危害较轻时留有病斑的果实仍可挂在藤蔓上（图8-16），病害严重时果实大量脱落。

图 8-16　猕猴桃菌核病感染果实的典型症状

（二）病原

猕猴桃菌核病病原菌为核盘菌（*Sclerotinia sclerotiorum*），分类上属于子囊菌亚门、核盘菌科、核盘菌属。病原菌无性繁殖阶段产生分生孢子，营养体菌丝可以集缩成菌核。菌核黑褐色，不规则形，在土壤中可存活数百天。菌核吸水萌生，长出高脚酒杯状子囊盘。子囊盘淡赤褐色，盘状，盘中密生栅状子囊。子囊棍棒形或筒状，子囊孢子呈单列生长，单胞，无色，椭圆形（焦红红 等，2014）。

（三）发病规律

猕猴桃菌核病病原菌以菌核在土壤或病残体上越冬。翌春猕猴桃始花期菌核萌发，产生子囊盘并弹射出子囊孢子，借风雨传播为害花器。当温度湿度条件适宜时，土壤中少数未萌发的菌核可不断萌发，侵染生长中的果实，引起果腐。菌丝体在病果中大量繁殖并形成菌核，菌核随病残体落地而在土中越冬。若春季温暖多雨，土壤潮湿，有利于菌核萌发，产生的子囊孢子多，则病害重（齐秀娟 等，2015）。

（四）防治措施

防治措施参考灰霉病和果实软腐病。

十一、膏 药 病

（一）症状

猕猴桃膏药病可发生在树干及枝条的各个部位，主要危害一年生以上的枝干。病原菌最初在受害部位产生近圆形的白色菌膜，表面光滑，扩展后中间呈褐色，边缘仍为白色或灰白色，最终变为深褐色。病斑可绕茎扩展危害，使枝干成段长满海绵状子实体（图 8-17）。病斑后期往往发生龟裂，易脱落。

图 8-17　猕猴桃膏药病的典型症状

（二）病原

猕猴桃膏药病病原菌为 *Seftobasidium alividium*，是担子菌亚门、隔担耳属的一种弱寄生真菌。土壤和树体缺硼、果园蚧壳虫严重为病原真菌侵染和传播提供了机会，是膏药病的主

要诱因。因此，该病主要出现在土壤速效硼浓度偏低（10 mg/kg 以下）或者蚧壳虫严重的猕猴桃种植园内，高温高湿环境下加重发生。

（三）发病规律

猕猴桃膏药病病原菌以菌丝体在患病枝干上越冬。翌年春夏温湿度适宜时，菌丝生长形成子实层产生担孢子，借气流或昆虫（如蚧壳虫、叶蝉）传播为害植株。

张力田等（1996）发现在湖北省，猕猴桃膏药病和粗皮、裂皮等典型缺硼症伴生，并发现施硼能矫治此病。

土壤黏重、排水不良的郁闭果园也易发病。

（四）防治措施

1．农业措施

（1）加强冬夏季修剪，改善通风透光条件，及时清除病斑严重的枝条，并集中烧毁。

（2）及时防治蚧壳虫或叶蝉等传播源，对缺硼果园及时补施硼肥。

（3）多施、深施有机肥，不偏施氮肥，增施磷肥、钾肥，预防缺硼，增强树体抗性。

2．化学防治

（1）冬季用 3～5°Bé 石硫合剂或 1∶20 石灰乳涂抹病部。或用竹片或小刀刮除菌膜，再用 3～5°Bé 石硫合剂涂抹，若其中加入 0.3%～0.5% 五氯酚钠，则效果更佳。

（2）生长季节，先刮除膏药病斑，随后涂抹甲基托布津等常规防治真菌药剂防治。

十二、根　腐　病

（一）症状

猕猴桃根腐病主要由疫霉菌和蜜环菌引起，症状因病原而不同（图 8-18）。

由疫霉菌引起的根腐，有两种表现症状：①由根尖开始感病，蔓延到主侧根，地上部分生长衰弱，萌芽迟，叶片小，枝蔓顶端枯死；②从根颈部开始发病，根颈部出现环状腐烂。病斑初为水渍状，逐渐发展成褐色、条形或梭形病斑，患病处腐烂后有酒糟味，后菌丝大量发生，产生白色霉状物，以后根系逐渐变黑腐烂。

由蜜环菌引起的根腐，初期根颈部皮层出现黄褐色水渍状病斑，皮层逐渐变黑软腐，韧皮部易脱落，内部组织变褐腐烂。后期在患病组织内充满白色绢丝状菌丝，腐烂根部产生许多淡黄色成簇的伞状子实体。

不论是由哪种病菌引起的根腐，绝大部分是由于土壤湿度过大或水淹条件造成的，少部分是由于施肥不当，造成肥害伤根腐烂。

栽植方法不当，根颈埋得过深时，根颈皮层容易变褐腐烂（图 4-37、图 4-38）。土壤透气性越差，根颈发病越快。

根系腐烂会导致叶片黄化或褐斑、炭疽等病状，或边缘焦枯，出现早期落叶，二次萌芽开花，降低树势，严重时部分枝条干枯乃至全株枯死。

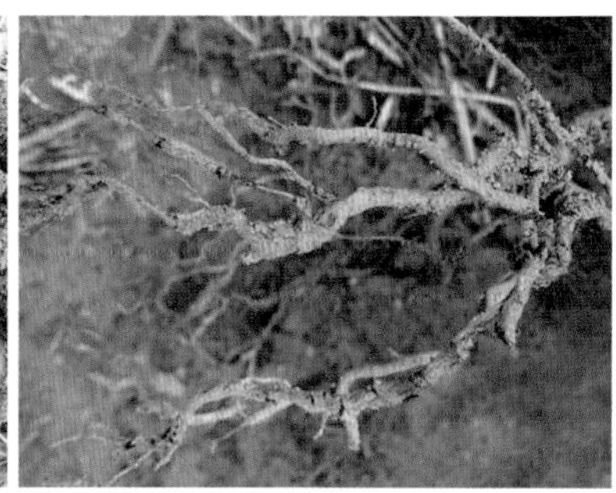

（a）根系腐烂

（b）根系腐烂后叶片症状

图 8-18　猕猴桃根腐病的典型症状

（二）病原

国内外关于猕猴桃根腐病的报道，病原多数鉴定为疫霉菌属（*Phytophthora* spp.），另一种病原是蜜环菌（*Armillaria mellea*）。尉莹莹等（2017）在辽宁丹东软枣猕猴桃上发现多见镰孢（*Fusarium commune*）也可引起根腐病。

（三）发病规律

根腐病主要发生在高温高湿季节。疫霉菌随病残组织在土壤中越冬，翌年春季随着气温回升，雨水增多，越冬的疫霉菌卵孢子就萌发产生游动孢子囊。游动孢子囊释放的游动孢子借雨水传播，从伤口、嫁接口或根尖侵入。7～9 月份土壤湿度和温度高时，有利于病害的扩展蔓延。蜜环菌以菌丝或菌素在土壤病组织中越冬，越冬病原菌也是在翌春气温回升、树体萌动后开始活动。菌丝从树体嫁接部位或从根尖伤口侵入，5～8 月份进入发病高峰，发病期间可多次重复侵染。

不论哪种病菌引起的根腐病，带病苗木均为重要的远距离传播途径，且均可随耕作或地下害虫活动传播。嫁接口埋入土下和伤口多的植株易感病，特别是夏季高温高湿季节。地势低洼、土壤黏重、排水不良、地下害虫猖獗的果园发病重。

（四）防治措施

1．农业措施

（1）培养无病毒苗木。采用抗涝性强的种类作砧木，增强对高湿和土壤病害的抗性。采

用水旱轮作地作苗圃地，或选多年种植禾本科植物的无病地育苗。苗圃地基肥要求选用充分腐熟的厩肥或饼肥，忌用林间搜集的渣土肥。

（2）苗木栽植切忌过深或先栽苗后起垄，否则根颈深埋，易腐烂，特别是透气性差的土壤表现严重。对于根颈被埋的树，将根颈附近的土壤扒开，露出根颈及骨干根基部，有利于排湿和透气，预防病害发生。

（3）加强田间管理。雨季及时排水，防止果园积水或高湿。

（4）及时拔除病株，消灭地下害虫。果园发现病株立即连根清除，及时烧毁，病穴用 5°Bé 石硫合剂或生石灰消毒，也可用五氯酚钠 150 倍液消毒，或换土补栽。同时，需加强地下害虫如蛴螬等的防治。

2．化学防治

（1）首先对苗木浸根。栽前用 10% 的硫酸铜溶液或 20% 石灰水、70% 的甲基托布津可湿性粉剂 500 倍液浸泡 1 h 后再栽。

（2）在病株与健康株之间挖 1 m 以上的深沟进行封锁，在沟中泼施 20% 噻菌铜悬浮剂 300 倍液。

（3）地面较干时采用 70% 甲基托布津 600 倍液或 50% 代森锌 200～400 倍液，分别以 0.3kg/株和 0.5kg/株灌根，能显著抑制病害。

（4）对根颈部初发病植株，将病组织刮除，涂抹 70% 甲基托布津糊状药剂，用薄膜包覆，也有防治效果。

十三、根　癌　病

（一）症状

猕猴桃根癌病主要发生在根颈部，也发生于侧根和支根，嫁接处较为常见。癌瘤大而硬，木质化（图 8-19）。初生时瘤体呈乳白色，后逐渐变为褐色至深褐色，表面粗糙凹凸不平。

幼树感病，发育受阻，生长缓慢，植株矮小，严重时叶片黄化，早衰。成年树受害，果实小，树龄缩短。

图 8-19　猕猴桃根癌病的典型症状

（二）病原

细菌性病害，病原为根癌土壤杆菌（*Agrobacterium tumefaciens*）。

（三）发病规律

该病菌生存于土壤中，发育适宜温度为 10～34℃。植株因嫁接、虫口伤害时受病菌感染，细菌刺激寄主细胞，形成细胞增生膨大瘤状，2～3 个月后症状明显。碱性土壤有利于发病。

（四）防治措施

（1）加强苗木检查和消毒。苗木出圃时要对根部进行检查，发现病苗应予淘汰。未发病苗木要在萌芽前将嫁接口以下部分用 1% 硫酸铜溶液浸 5 min，再放入 2% 石灰水中浸 1 min。

（2）对已带病的植株根部的根瘤须用快刀切除，然后用硫酸铜 100 倍液消毒切口，再外涂波尔多液保护。切下的病瘤立即烧毁，病株周围的土壤用抗菌剂 402 2 000 倍液灌注消毒。

十四、立　枯　病

（一）症状

立枯病又叫猝倒病，主要危害刚出土至株高 10 cm 左右的实生幼苗。受害时，茎基部初呈水渍状，颜色逐渐加深，后变黑腐烂，上部叶片萎蔫或呈白色凋枯（图 8-20）。病株易断，湿度大时病部有白色霉状物，发病前期植株叶片白天萎蔫，晚上和清晨又可恢复。久雨突晴时常出现幼苗萎蔫死亡现象。

图 8-20　猕猴桃立枯病的典型症状

（二）病原

猕猴桃立枯病可由多种病原真菌引起，但主要为半知菌亚门中的立枯丝核菌（*Rhizoctonia solani*），有性阶段为担子菌亚门薄膜革菌属丝核薄膜革菌（*Pellicularia filamentosa*）。菌丝有隔膜，初无色，老熟时呈浅褐色至黄褐色。

（三）发病规律

立枯病病原菌以菌丝体或菌核在土壤中或病残体上越冬，腐生性较强，一般在土壤中可存活 2 ~ 3 年。

在适宜的环境条件下，病菌从幼苗的茎基部或根部的伤口侵入，或直接穿透寄主的表皮侵入而引起发病。此外，病菌可通过雨水、流水、病土、农具、病残体及带菌堆肥传播为害。

高温高湿有利于发病，苗床中土壤湿度对幼苗发病影响更大，一般雨水多、湿度大时，病害重。此外，苗床播种过密也会加重病害的发生。

（四）防治措施

1．农业措施

（1）苗床应设置在地势较高，排水良好，便于浇水的地方。

（2）播种前，床土要充分翻晒，进行消毒处理，肥料要腐熟。

（3）苗床荫棚高度以 100 cm 左右为宜，尽量保证幼苗免受烈日暴晒和干热风吹，使之有适宜的通风和半透光条件，促进幼苗生长。

（4）结合间苗，拔除病株，在发病严重的直播畦内，可按株行距 3 cm×12 cm 的距离进行间苗。

2．化学防治

发病初期，可喷洒 75% 百菌清可湿性粉剂 600 倍液、75% 敌克松原粉 800 倍液、50% 甲基托布津 400 ~ 800 倍液等进行防治。

十五、白　粉　病

（一）症状

在被侵染的植物表面产生一层“白粉”，秋天为害，感病叶片正面可见圆形或不规则形褪绿斑，背面着生白色至黄白色粉状霉菌，叶片较平展（图 8-21）；后期散生许多黄褐色至黑褐色闭囊壳小颗粒。叶片卷缩，枯萎，凋落，严重者可见新梢枯死。

（a）叶正面初期　（b）叶背面初期　（c）叶背面后期

图 8-21　猕猴桃白粉病感染叶片的典型症状

（二）病原

猕猴桃白粉病病原菌为猕猴桃球针壳菌（*Phyllactinia actinidiae*），白粉即病原菌的菌丝、分生孢子和分生孢子梗。在生长季节后期，会形成黑色小颗粒，即是白粉菌的有性世代——闭囊壳。

（三）发病规律

病原菌以菌丝体在被害组织或潜伏的芽鳞间越冬，在适宜条件下产生分生孢子，借风力传播。在高于 25℃ 的温度下，飞落到寄主感病点的分生孢子即萌发直接侵入。气温在 29～30℃ 时发病很快，适温少雨或闷热的天气有利病害的发生。一般在 7 月上、中旬开始发病，7 月下旬至 9 月达到发病高峰。此外，过密栽植，氮肥施用过多，枝叶幼嫩徒长和通风透光不良皆有利于病菌的滋生。

（四）防治措施

1．农业措施

加强栽培管理，增施磷、钾肥和有机肥料，防止偏施氮肥，提高猕猴桃树体的抗病能力。

2．化学防治

发病初期，用 25% 粉锈宁 2 000 倍液、15% 粉锈宁 1 000 倍液、50% 甲基托布津可湿性粉剂 800 倍液等药剂，隔 7～10 d 喷 1 次，连喷 2 次。

十六、根结线虫病

（一）症状

图 8-22　猕猴桃根结线虫病典型症状

猕猴桃根结线虫病主要危害根部，在植株受害嫩根上产生细小肿胀或小瘤，数次感染则变成大瘤（图 8-22）。瘤初期为白色，后变成浅褐色，再变为深褐色，最后变成黑褐色。

从苗期到成株期均可受害，苗期受害造成植株矮小，新梢短而细弱、叶片黄瘦易落，挖根可见根系有大量肿瘤。成株期受害造成树势弱，叶片黄化易脱落，结果少、小、僵硬。严重时病根变黑腐烂，地上部表现为整株萎蔫死亡。

（二）病原

侵染猕猴桃的根结线虫主要为南方根结线虫［*Meloidogyne incognita*（Kofoid et White）Chitwood］、花生根结线虫［*M. arenaria*（Neal）Chitwood］、爪哇根结线虫［*M. javanica*（Treud）Chitwood］以及北方根结线虫（*M. hapla* Chitwood）（陈文 等，2018）。

（三）发病规律

根结线虫以卵、幼虫或成虫在病组织或土壤中越冬，带病土壤和病根是此病的主要初侵染来源，感病苗木是远距离传播的主要途径。

以二龄幼虫侵入猕猴桃幼根，固定在一定位置取食，并分泌毒素刺激受害部位产生肿瘤。世代重叠，一年中幼虫出现 4 次高峰。温度高时发生量大，生活周期短。

（四）防治措施

1．农业措施

（1）培养无病苗木，加强苗木检疫。采用水旱轮作地作苗圃地，有利于培育无病苗木。

（2）选择无根结线虫病的地块建园，加强果园肥水管理，适当增施有机肥。

（3）对有根结线虫病的苗木，在移栽前应认真清理，对发病轻的植株剪除带疣病根，然后移栽。移栽前用 48℃ 热水浸根 15 min，可有效杀死根结线虫。对重病苗或重病树要及时烧毁，并进行土壤消毒。

（4）果园套种能抑制根结线虫的植物，如猪屎豆、苦皮藤、万寿菊等。

（5）在猕猴桃根部的树盘表面覆草，利用杂草腐烂后产生大量的腐生线虫，吸引捕食根结线虫的有益微生物。覆草后的果园每 100 g 腐烂草中有腐生线虫 5 000 条以上，而未覆草的果园腐生线虫却很少。腐生线虫越多，捕食根结线虫的有益生物就越多，可对根结线虫起到生物防治的作用。

2．化学防治

（1）栽苗前用阿维噻唑膦水溶液浸根 1 h，可杀死苗木上的病原。

（2）对于发病的园区，在病树冠下 5 ~ 10 cm 的土层撒施阿维噻唑膦颗粒剂，施药后需浇水，药效期长达 2 ~ 3 个月。

（3）苗圃地发现病株，可用 1.8% 爱福丁乳油（每 667 m^2 用 680 g 兑水 200 L），浇施于耕作层（深 15 ~ 20 cm），效果好，且无残毒遗留，对人畜安全。

十七、病　毒　病

近年来在各猕猴桃产区常发现有零星病毒病发生，多数由猕猴桃病毒 B、柑橘叶斑驳病毒及长线型病毒引发，危害叶片，导致叶片黄化（图 8-23）。

图 8-23　猕猴桃病毒病症状

猕猴桃病毒病受害叶片常出现无序的黄色斑点或斑块，病健交界明显，有的连接成片，造成整片叶的大部分呈现黄色或黄白色，严重影响叶片的光合功能。症状较轻的园区内个别植株的个别叶片出现症状，较重的园区植株的大部分叶片受害，影响植株生理功能，使树势衰弱。

目前，各园区猕猴桃病毒病的影响较小，且传播较慢。因此对其研究较少，没有非常有效的药剂防治。可有效控制猕猴桃病毒病的根本防治措施是，及时剪除病枝或病叶。全园喷洒氨基寡糖素、阿泰灵等药剂，或喷施抗病威、植病灵等，也有利于防治该病。

第二节　猕猴桃主要虫害及其防治

一、主要虫害

（一）蚧壳虫类

蚧壳虫主要危害猕猴桃的藤蔓、叶柄、叶和果实，以雌性成虫及若虫寄生在主干、枝条、叶片和果实上吸取汁液。一般多集中在枝条分叉处，严重时整株分布，导致树势逐年衰弱，伴随膏药病等其他病虫害的发生，可直接导致枝蔓或整株枯死，果实萎缩，产量低，品质差。目前危害猕猴桃的蚧壳虫大多是茶、桑、柑橘等木本植物上的害虫，主要有桑白盾蚧（*Pseudaulacaspis pentagona* Targ.）、草履蚧（*Drosicha corpulenta* Kuwana）（图 8-24 ~ 图 8-26）、考氏白盾蚧（*P. cockerelli* Cooley）等。

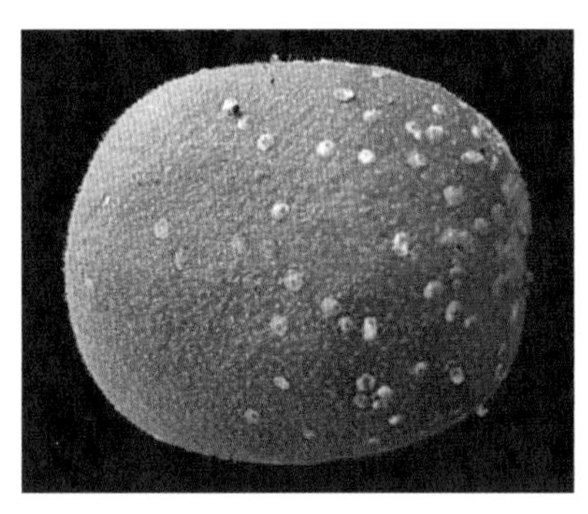

（a）成虫危害果实症状

（b）若虫危害果实症状

（c）危害枝干症状

图 8-24　桑白盾蚧

图 8-25　草履蚧

图 8-26　蚧壳虫与膏药病共生

（二）叶蝉、蜡蝉类

我国常见的危害猕猴桃的叶蝉有 6 种，分别为桃一点叶蝉、小绿叶蝉、假眼小绿叶蝉、大青叶蝉、葡萄斑叶蝉和猩红小绿叶蝉，主要在 5～10 月份危害叶片。成虫、若虫主要在叶片的背面吮吸叶片汁液危害，猕猴桃叶片正面被叶蝉成、若虫刺吸后形成褪绿斑点，严重时整个叶片变成黄白色，引起提早落叶，影响树势（图 8-27）。

（a）危害叶片正面

（b）成虫、若虫在背面吸食状

图 8-27　叶蝉

常见的蜡蝉有斑衣蜡蝉、广翅蜡蝉等，主要危害猕猴桃茎干和果柄，特别是在果柄上产卵，易导致果柄脱落。目前，蜡蝉在猕猴桃果园中未造成大的危害，但虫口量多时仍需加以防治（图 8-28）。

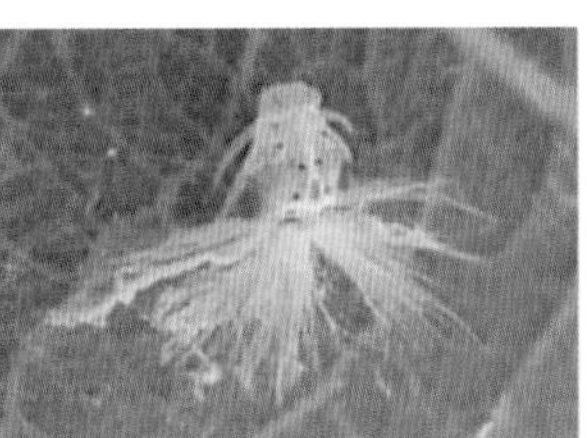
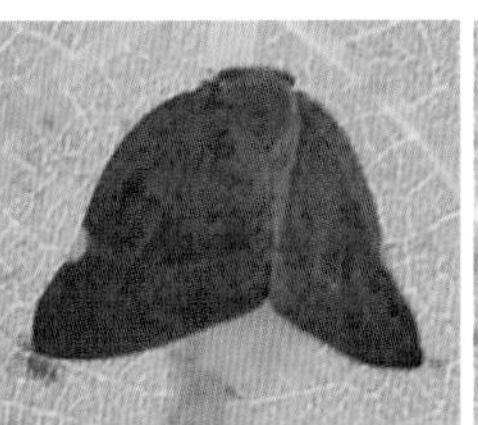

（a）广翅蜡蝉各龄段

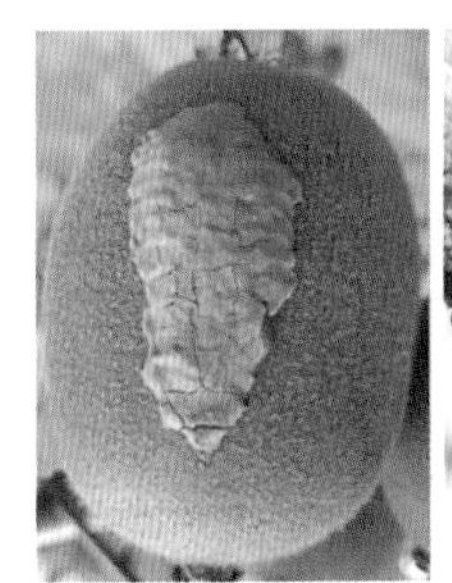

（b）斑衣蜡蝉各龄段

（c）蜡蝉危害果柄状

图 8-28　蜡蝉

（三）蛾类

1．葡萄透翅蛾

葡萄透翅蛾属鳞翅日透翅蛾科，主要危害猕猴桃等果树及林木。葡萄透翅蛾卵产于猕猴桃顶梢腋芽和嫩枝上，幼虫孵化后蛀入茎内取食（图 8-29），并向植株的形态下位为害，形成长形孔道，被害处以上的枝条枯死。幼虫蛀入主干后，植株受害，生长衰弱或死亡。蛀孔处常堆有虫粪，受害茎上多处膨大如瘤状，瘤状物多少与害虫发生呈正相关。

图 8-29　葡萄透翅蛾

2．苹小卷叶蛾

苹小卷叶蛾属鳞翅目卷叶蛾科，以幼虫危害嫩叶、花蕾和幼果为主。苹小卷叶蛾啃食幼果果皮和果肉，造成果面伤害或落果，对中华猕猴桃果实危害极大，严重影响果品质量和产量。苹小卷叶蛾在四川一年繁殖 3～4 代，9～10 月份以二龄幼虫在树干皮下、枯枝落叶结茧越冬，春天孵化幼虫，危害谢花后 20 d 左右的猕猴桃嫩叶和幼果（图 8-30）。

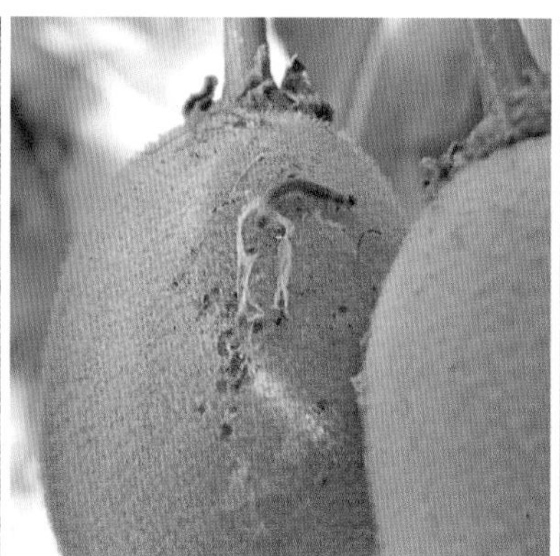

（a）幼虫

（b）卵块

（c）成虫

图 8-30　苹小卷叶蛾

3．蝙蝠蛾

蝙蝠蛾又名瘤纹蝙蝠蛾，属鳞翅目蝙蝠蛾科，以幼虫在树干基部 50 cm 内（主干基部较多）、主蔓基部和大骨干枝的皮层及木质部蛀食。蛀入时先吐丝结网，将虫体隐蔽，然后边蛀食边将咬下的木屑送出，粘在丝网上，最后连缀成包，将洞口掩住。有时幼虫在枝干上先啃一横沟再向髓心蛀入，常造成树皮环割，使上部枝干枯萎或折断（图 8-31）。幼虫多自枝干的髓心向下蛀食，可深达地下根部。

图 8-31　蝙蝠蛾幼虫及危害症状

4．吸果夜蛾类

吸果夜蛾类属鳞翅目夜蛾科。我国南方地区的吸果夜蛾有 43 种，而危害果树的有 8 种，其中危害猕猴桃果实的主要是鸟嘴壶夜蛾和枯叶夜蛾（图 8-32）。当果实近成熟期，成虫用虹吸式口器（具有粗壮而锐利的口器，喙的端部和两侧具有许多小刺）刺破果面吮吸果汁。刺孔甚小，难以察觉，约一周后，刺孔处果皮变黄，凹陷并流出胶液，其后伤口附近软腐，并逐渐扩大为椭圆形水渍状斑块，直至整个果实腐烂。

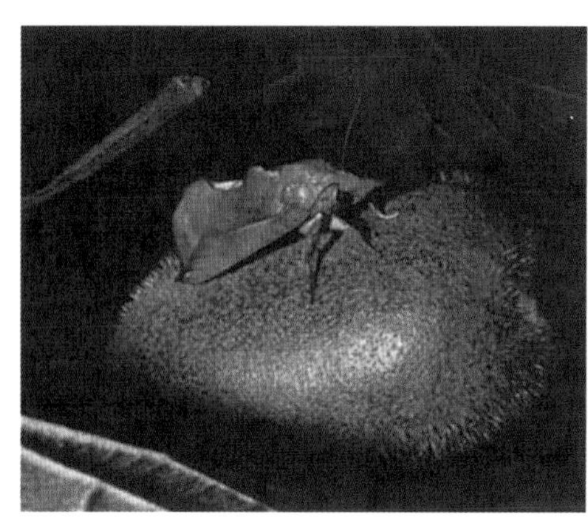

（a）鸟嘴壶夜蛾成虫

（b）枯叶夜蛾成虫

图 8-32　吸果夜蛾

注：图片来自《猕猴桃病虫原色图谱》（吴增军 等，2007）。

5. 斜纹夜蛾

斜纹夜蛾是一类杂食性和暴食性害虫，属鳞翅目夜蛾科斜纹夜蛾属，褐色，前翅具许多斑纹，中有一条灰白色宽阔的斜纹。斜纹夜蛾危害寄主相当广泛，包括瓜、茄、豆、葱、韭菜、菠菜，以及粮食、经济作物等近 100 科、300 多种植物。以幼虫咬食叶片、花蕾、花及果实，初龄幼虫啮食叶片下表皮及叶肉，仅留上表皮呈透明斑；4 龄以后进入暴食，咬食叶片，仅留主脉（图 8-33）。幼虫还可钻入猕猴桃果实内危害，把内部吃空，并排泄粪便，造成污染，使之降低乃至失去商品价值。

图 8-33　斜纹夜蛾

6. 蓑蛾

蓑蛾又称袋蛾，是鳞翅目蓑蛾科的通称，危害猕猴桃的蓑蛾有 2 ~ 3 种，成虫小型的翅展约为 8 mm，大型的翅展可达 50 mm。幼虫肥大，胸足和臀足发达，腹足退化呈跖状吸盘。幼虫吐丝造成各种形状蓑囊，囊上黏附断枝、残叶、土粒等。幼虫栖息囊中，行动时伸出头、胸，负囊移动。对猕猴桃主要是幼虫啃食叶片和茎干皮层造成锯齿状危害，大蓑蛾直接将叶片吃光，小蓑蛾仅吃叶肉，将叶片吃成网脉筛状（图 8-34）。

图 8-34　各种蓑蛾幼虫对猕猴桃茎叶的危害症状

（四）金龟子类

金龟子对猕猴桃植株尤其是幼年树危害较重，且对品种具有选择性。金龟子成虫、幼虫均以植物为食，成虫一般取食植物的幼芽、嫩叶、花蕾、幼果及嫩梢，严重时可将整片叶吃光，只留叶脉，严重影响叶片的光合作用，或将花、果吃光，影响果实品质与产量。有的种类甚至有群集为害特性。幼虫在地下活动，常将植物幼苗根茎咬断，使植物枯死（图 8-35）。

图 8-35　斑喙丽金龟、白星花金龟和幼虫，及幼树、叶片被斑喙丽金龟危害状

注：中间两张图片来自《猕猴桃病虫原色图谱》（吴增军　等，2007）。

（五）其他有害生物

危害猕猴桃的其他有害生物还有柑橘小实蝇、麻皮蝽、叶甲类、东方小薪甲、蝗虫、柑橘大灰象甲、食心虫、蚜虫、天牛等害虫，以及软体动物蜗牛和蛞蝓。此外，有的地方还出现鸟害。各类有害生物危害状见图 8-36 ~ 图 8-46。

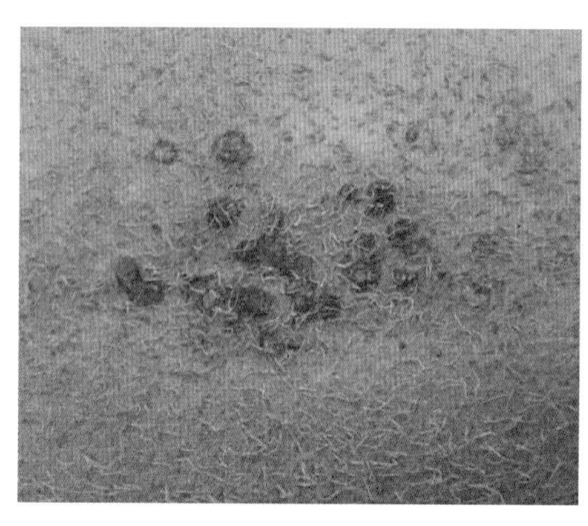
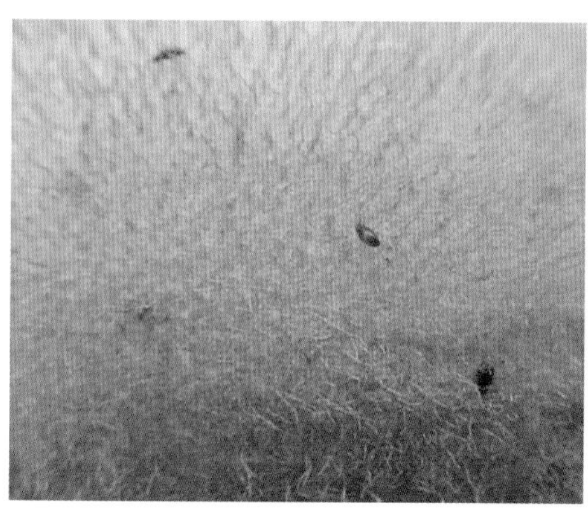

图 8-36　东方小薪甲危害果实

图 8-37　蝽象卵及若虫

图 8-38　不同种类的蝗虫

图 8-39　食心虫危害果实

图 8-40　柑橘小实蝇成虫及危害状

图 8-41　各类甲壳虫

图 8-42　野蛞蝓

图 8-43　蚜虫危害

图 8-44　环斑秃尾天牛及蛀干状（徐杰提供）

图 8-45　蜗牛及危害果实症状

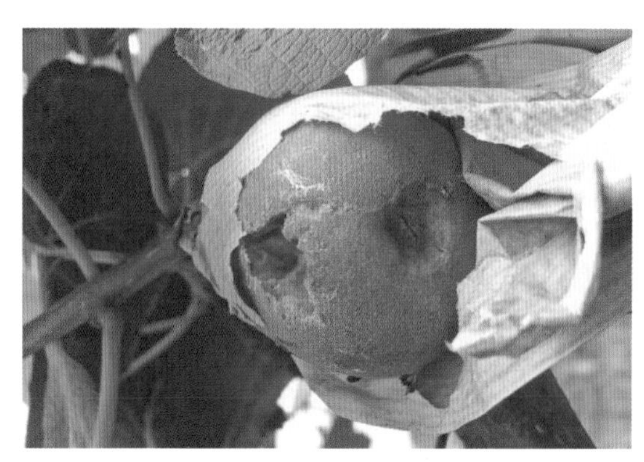

图 8-46　果实受鸟危害状

二、虫害综合防治措施

（一）农业防治

（1）加强苗木检疫。受害地区苗木、接穗调动时，应事先进行检疫，发现害虫及时处理。

（2）加强田间管理。及时清除落叶及杂草，冬季结合修剪剪除虫枝，深埋杂草，减少越冬虫源。加强夏季修剪，合理种植密度，改善果园通风透光条件，减轻蚧壳虫、叶蝉发生。果园避免施用未腐熟的粪肥，减少金龟子的虫源。

（3）人工抹杀。在冬季或早春萌芽前，用硬毛刷子等抹擦密集在树干上或枝条上的越冬蚧壳虫。针对金龟子，秋冬全园深翻，挖除越冬虫茧。生长季节利用金电子和象甲等的假死性，在成虫发生期，于清晨或傍晚捕杀。发现树干基部有虫包时将其撕去，用细铁丝插入虫孔，刺死幼虫；或用棉球醮药液塞进蛀孔内，人工捕杀蛀干幼虫。

（4）灯光诱杀。利用害虫的趋光性，果园内挂黑光灯、频振式杀虫灯进行诱杀（图 8-47）。

图 8-47　果园各种杀虫灯

（5）果实套袋。套袋可以防治吸果夜蛾、柑橘小实蝇和食心虫等危害果实的虫害。

（6）保护和利用天敌。食虫鸟、捕食性步甲和寄生蝇等均对吸果夜蛾类具一定抑制作用。

（7）植物诱杀。在猕猴桃园周边种植板栗等金龟子喜好植物，诱杀金龟子。

（二）化学防治

（1）针对蚧壳虫，冬季清园后喷施 20% 松脂酸钠溶液或 45% 石硫合剂 30 倍液。在各代产卵后期及幼龄若虫期，用常规杀介壳虫药剂适时进行喷药防治，先采取挑治，严重时全园喷治，药剂可选择扑虱灵、果圣等交替使用。

（2）在各代若虫发生盛期和成虫发生盛期，喷布 10% 吡虫啉可湿性粉剂、3% 吡蚜酮可湿性粉剂、除虫菊素、敌百虫 800 ~ 1 000 倍液；4.5% 高效氯氰菊酯乳油、甲维盐等可防治蛾类、蚜虫等害虫。

（3）药剂诱杀蛾类、金龟子类。在各代成虫期，可用 8% 糖和 1% 醋的水溶液加 0.2% 氟化钠配成的诱杀液挂瓶诱杀。

（4）针对金龟子，于成虫发生期用敌百虫做毒土、毒饵诱杀；傍晚喷药，喷施甲维盐、高效氯氰菊酯乳油等。

第三节　自然灾害及预防

一、冻害、霜冻害和冷害

（一）受害症状

冻害是指猕猴桃树在越冬期间遇到各品种适宜极端低温以下的温度（如 -15℃ 以下）或长时间处在各品种的极端低温下（如长时间处在 -6℃ 以下），造成枝干冰冻受害。霜冻害是指果树在生长期夜间土壤和植株表面温度短时降至 0℃ 及以下，引起幼嫩部分遭受伤害现象，是短时低温而引起的植物组织结冰的危害。

冻害和霜冻害的受害部位主要有根颈、枝干、皮层、一年生枝、花芽、花蕾等。猕猴桃受冻害和霜冻害的主要症状是，树皮开裂、枝蔓干枯、根部腐烂，新梢、花蕾、叶片受冻萎蔫，轻者导致长势衰弱、减产，重者绝收甚至死树（图 3-1）。

冷害是指在 0℃ 以上的低温条件下，由于温度的急剧变化造成的伤害。冷害主要发生在萌芽至开花坐果期间，会引起生长发育延缓、生理代谢阻滞，从而造成产量降低、果实品质变劣。在猕猴桃的萌芽开花期常易遇到倒春寒，直接影响花的形态分化，花粉停止生长或胚珠中途败育，授粉、受精不良，嫩叶受冷害而萎蔫（图 3-2）。严重时导致当年绝收，甚至出现死树。

（二）防护措施

1．选择抗寒树种和品种

应根据当地的自然条件、气象因子选择种植种类和品种，如在易受冻地区，宜选择抗寒性极强的软枣猕猴桃类型，而在高寒山区，宜选择‘金魁’‘海沃德’等抗寒性强的美味猕猴桃类型品种。

2．科学选址

低洼地冷空气易聚集，常造成冻害、霜冻害，不宜选择建园。

3．提高树体的抗寒能力

多施有机肥，加强秋季肥水管理，提高猕猴桃体内营养积累水平，克服过量结果和大小年结果现象，保障树势强旺，以增强抗寒力。

4．营造防护林

防护林既可防风，又可增加防护林内的温度，缓和气温变化幅度，从而减轻冻害或霜冻害程度。

5．加强抗寒栽培措施

（1）早春灌溉。如有寒流或霜冻到来，可提前浇水，抑制根系活动，延迟萌芽。

（2）培土保根颈。用细土对离地面 20 cm 以内的植株进行覆盖防寒（重点保护嫁接口），并用长、宽均 80 cm 以上的白色薄膜覆盖树盘。

（3）保护树干。冬季对成龄树进行树干涂白，尽量涂抹至主蔓分叉口附近；用稻草、麦秸等将植株主干包裹 1.5 m 左右，厚度 3 cm 以上，外包白色薄膜做隔离和增温。

（4）喷防冻剂和蔗糖液。冻害发生前，全树喷防冻剂，如螯合盐制剂、乳油胶制剂和生物制剂，也可喷施噻苯隆或芸苔素内酯等。民间也有采用喷蔗糖液进行预防的，于冻害来临前一天下午或傍晚对树体喷 0.3% ~ 0.5% 蔗糖水溶液，效果不错。

（5）熏烟促增温。在猕猴桃园行间每隔 20 m（或园区上风口）堆放潮湿的秸秆、树叶等，或在用烟煤做的煤球材料中加入废油，或用硝酸铵 20%、锯末 70%、废柴油 10% 混合在一起装入编织袋，于夜晚点燃，以暗火浓烟为宜。

（6）建保温设施，如温室大棚、简易塑料大棚（图 8-3）。

（三）灾害发生后的补救措施

1. 及时敲除冰雪

遭遇冰雪天气的区域，宜在雪停后敲除猕猴桃植株树干、枝蔓上的冰雪，避免雪融后形成冰块包裹枝蔓，加重冻害。

2. 涂抹伤口，防止感染

刮除冻害部位的表皮，剪除受冻严重的枝条，及时使用杀菌剂涂抹保护受冻部位，以防微生物侵染，特别是细菌性溃疡病菌。

3. 加强果园管理

及时剪除受害枝梢，促使未萌发的潜伏芽萌发。伤流期过后，要根据受冻程度及时减少花果量和枝叶量，同时少量多次施肥灌溉，尽快恢复树势。

二、涝　　害

（一）涝害对猕猴桃的影响

猕猴桃为肉质根系，生长过程中需要充足的氧气。如果果园遇到水淹，或降雨时园区排水不畅，很容易在连阴雨天气情况下，造成根系呼吸不良，诱发根腐病（图 8-48）。

（a）淹水后 2 d

（b）淹水后 10 d

图 8-48　猕猴桃涝害

猕猴桃长期渍水后叶片黄化、干枯、早落，严重时植株死亡，而突如其来的暴雨则很容易引起病害加重、裂果发生，特别在幼果期久旱后，裂果常有发生。

（二）主要应对措施

（1）选择地势较高的地块建园，当雨季来临前，及时修整沟渠，保障其排水通畅。

（2）当遇到强暴雨或水淹果园时，应根据地形开临时排水沟或用水泵抽水，及时排除园区多余水分，尽量减少水淹时间。

（3）涝害后，除及时排水外，对树适当修剪或疏花疏果，减轻树体负载，同时喷清水清洗受害枝叶，提高叶片光合功能。

（4）在根系未恢复前，多喷叶面肥，通过叶片吸收营养，并通过光合作用合成有机物，运至根部，促进根系功能恢复。

（5）根系恢复吸收功能后，可少量多次土施速效肥，逐渐增强树势，并预防根腐病。

三、旱　　害

（一）干旱胁迫对猕猴桃的影响

猕猴桃对干旱非常敏感，无论是幼树还是成年树在干旱条件下都会受害（图 8-49）。表现为新梢、叶片、果实萎蔫，果实表面发生日灼［图 3-3（b）］，叶缘干枯反卷，有时边缘会出现较宽的水烫状坏死，严重时脱落。如长期得不到水分供应，则会干枯而死亡。

图 8-49　干旱症状

（二）抗旱栽培措施

（1）选择水源充足的区域发展猕猴桃种植，建立自动化灌溉设施，确保及时供水喷雾，提高果园空气湿度，同时还可以降低高温、干旱的影响。这是抗旱的根本措施。

（2）选择优质的耐旱品种和砧木，是解决干旱问题的有效途径。

（3）加强土壤改良和水土保持工程，增强蓄水和保水能力，对旱区猕猴桃生长和结果具有明显的效果。

（4）基肥以深施、广施为宜，扩大根系的深度和广度，增加根系的吸收范围，增强抗旱

性能。

（5）果园覆盖。旱季地面覆盖可有效减少地面蒸发，保持根际土壤含水量，从而增加土壤湿度，增加保水功能。地面覆盖冬季增加土壤的温度，夏季降低土壤的温度，利于根系发育，促进植株健壮。

四、大风和冰雹

（一）受害症状

大风常使猕猴桃嫩枝折断、新梢枯萎、叶片破碎、果实脱落，或果实易与叶片、枝条或钢丝摩擦，在果面造成伤疤（图 8-50）。受害严重的果园出现支架倒塌，猕猴桃主干折劈，整片果树倒伏，果园绝收。

图 8-50　枝、叶、果的大风危害状

遭遇冰雹伤害的猕猴桃果园叶片破碎、嫩梢折断，花蕾凋落，树干枝皮不同程度砸破（图 8-51），不仅严重影响当年的产量和果实品质，受害严重时影响第二年的花芽量和产量。

图 8-51　枝、叶、果的冰雹危害状

（二）防护措施

（1）选择园地时，要综合考虑当地风速及冰雹发生的频率，尽量选择避风向阳、无冰雹发生、生态条件良好的地块。

（2）架型采用抗风性能强的网格式大棚架，地锚要坚固。

（3）风大的区域建防护林或防风网（图4-12、图4-13、图8-2），树种以速生杉木、水杉为佳。还可在果园迎风面的防护林上树立由塑料膜或草秸等构成的风障，减低风速。

（4）在气象部门的支持下建设固定人工防雹增雨作业炮站。

（5）有冰雹的地方，需要搭建防雹网（图8-52）。

图8-52 防雹网及防冰雹效果

注：照片由大方华麟果业有限公司杜在屹提供。

（三）灾害发生后的补救措施

1．风害补救措施

（1）对于倒伏的果园，更换破损水泥立柱和横杆，重新固定立柱并牵引钢丝；将树体慢慢扶起，枝蔓重新绑引固定。

（2）对叶片、枝蔓翻卷的果园进行果实套袋遮阴和绑蔓，或采用遮阳网避免果实暴晒产生日灼，同时应注意疏除伤残果，降低果树负载。

（3）若风害伴随暴雨，需要快速排除积水，减轻根系损伤；若风害未伴随暴雨，根据土壤墒情和树体水分及时浇水，促进树体伤根恢复。

（4）加强果园管理，调节树体生长平衡，并选喷42%的代森锰锌1 000倍液、70%甲基托布津1 200倍液或70%丙森锌1 000倍液杀菌，防止病害传播。

2．雹害补救措施

（1）疏沟排水。冰雹、大雨过后立即排除积水，并清除园内低洼地堆积的冰雹。

（2）培土固根。冰雹往往伴随大雨，坡地的猕猴桃因雨水冲刷而根系裸露，应及时培土固根，保护树体。适时浅耕松土，耕松深度8～12 cm为宜。

（3）清园。及时清除被打落的新梢枝叶，最好用钩耙等工具。

（4）对果实套袋遮阴，避免果实暴晒产生日灼。

（5）捆扎裂皮。适当捆扎主干或枝梢上的冰雹伤口，捆扎长度要超过裂口长度2 cm以上。

（6）根外追肥。灾后7 d左右进行第一次根外追肥，然后每隔7～10 d一次，连续两次，主要用0.2%～0.3%尿素液或0.2%磷酸二氢钾喷布新梢叶，促进新梢快速萌发。

（7）防治病虫害。用50%多菌灵可湿性粉剂 800 倍液或者70%甲基托布津可湿性粉剂

800～1 000 倍液喷布枝叶、伤口。喷药可结合根外施肥进行（周光萍，2000）。

五、日灼和热害

（一）受害症状

猕猴桃果实怕强烈日光直射，当温度在 35℃ 以上时，暴露在阳光下的果实很容易产生日灼危害，西晒位置的果实尤为严重。

果实日灼危害受害处皮色变深，多为红褐色或褐色，皮下果肉变褐，组织坏死并形成微凹状。病变组织容易继发感染真菌，导致果实腐烂、落果等［图 3-3（b）]。

叶片受强光照射时，开始边缘水渍状失绿，变褐发黑，之后叶片边缘变黑上卷，呈火烧状。严重时引起落叶，甚至导致植株死亡。

枝干受强光照射时，皮层初期变红褐色，后期开裂。严重时，韧皮部坏死，露出木质部［图 3-3（c）]。

热害较日灼的不同点在于，强光没有直射到果面，但由于温度过高、空气湿度太小而造成果面凹陷，经常造成果面多个凹陷点［图 3-3（a）]。凹陷部位颜色稍深，后期组织老化；若遇到阴雨天气，则病菌容易侵染，造成果实溃烂、落果等。

（二）防护措施

（1）建园时采用大棚架规范架型，重视叶幕层培养，对强光照地区，尽量把果实保护在叶幕层下。如果果实裸露在阳光下，则采取套袋、遮阴等办法预防。

（2）避光栽培。有条件可全园搭建遮阳网（图 8-53），以防直射光灼伤果树。最好采用浅色遮阳网，如果是黑色，则需透光率在 50% 以上。建有冰雹网的果园，其冰雹网同样有遮阴降温的效果。

（3）合理灌溉。在建园时要加强喷灌、滴灌等灌溉设施建设，水源缺少且易发生高温干旱危害的地区，要加强关键时段的水分管理。高温季节需及时补充水分，保持土壤含水量为田间持水量的 65%～80%。已生草覆盖的果园 15～20 d 灌溉 1 次，无覆盖果园 7～10 d 灌溉 1 次。高温强光天气，灌溉时间务必避开 11:00～17:00 时间段。

（a）意大利果园

（b）新西兰果园

图 8-53　遮阳网

（4）叶面喷雾保护。在高温季节，可喷施氨基酸 400 倍液，每隔 10 d 左右喷 1 次，连喷 2 ~ 3 次；或可喷施抗旱调节剂黄腐酸，每亩喷施 50 ~ 100 ml，可降低热害或日灼。

第四节　农药配制及禁用农药

一、农药配制

（一）计量单位间的换算

1．面积

1 hm^2（公顷）= 15 亩 = 10 000 m^2；

1 亩 = 666.7 m^2 = 6000 平方市尺 = 60 平方丈；

1 km^2（平方公里）= 100 hm^2（公顷）= 1500 亩 = 1 000 000m^2。

2．重量

1 t（吨）= 1 000 kg（公斤）= 2 000 市斤；

1 kg（公斤）= 2 市斤 = 1 000 g（克）；

1 市斤 = 500 g（克）；1 市两 = 50 g（克）；

1 g（克）= 1 000 mg（毫克）。

3．容量

1 L（升）= 1 000 ml（毫升，cc）；1 升水 = 2 市斤水 = 1 000 毫升水。

（二）农药配制时用药量的计算方法

（1）稀释倍数在 100 倍以上的计算公式（吴增军　等，2007）：

药剂用量 = 稀释药剂的用量 / 稀释倍数

例 1：需要配 40% 甲基托布津 1 500 倍稀释液 50 kg，求用药量。

甲基托布津用药量 = 50 / 1500 = 0.033（kg）= 33（g）

例 2：需要配 10% 吡虫啉 1 000 倍稀释液 50 kg，求用药量。

吡虫啉用药量 = 50 / 1000 = 0.05（kg）= 50（g）

（2）稀释倍数在 100 倍以下的计算公式（吴增军　等，2007）：

药剂用量 = 稀释药剂的用量 /（稀释倍数 − 1）

例 3：需要配 40%甲基托布津 80 倍稀释液 50kg，求用药量。

甲基托布津用药量 = 50 /（80 − 1）= 0.633（kg）= 633（g）

（三）农药配制方法及注意事项

1．配制方法

（1）配制前认真阅读农药商品使用说明书，了解产品的有效成分含量、单位面积的有效成分用量，根据施药面积及施药浓度计算用药量，要求认真计算药剂用量和配料用量，以免出现差错。

（2）计算出用量后，严格按照计算量称取或量取原药，并在专用的容器里稀释和混匀，混匀时要用工具搅拌。

2．注意事项

（1）不能用瓶盖倒药或饮水桶配药，不能用盛药水的桶直接下沟、河取水，不能用手伸入药液或粉剂中搅拌。

（2）在开启农药包装和称量配制时，操作要小心，特别是粉剂，要防止粉尘飞扬。操作人员必须戴上防护器具，孕妇和哺乳期妇女不能参与配药。

（3）配制人员必须经过专业培训，掌握必要的技术和熟悉所用农药的性能。

（4）配药器械一般要求专用，每次用后要洗净，不得在河流、小溪、井边冲洗。

（5）喷雾器不宜装得太满，以免药液泄漏，引起人畜中毒。当天配好的药当天用，少数剩余和废弃的农药应深埋入地坑中。

（四）波尔多液的配制及使用方法

波尔多液是一种天蓝色的胶体悬浮液，是果树上常用的保护性杀菌剂。喷到叶、果、枝上，形成一层薄药膜，逐渐释放出的铜离子可防止病菌侵入植物体，药效可持续 20 ~ 30 d。

1．配制方法

按不同果树对铜的耐受能力大小不同而配制比例不同，有等量式（硫酸铜与生石灰用量相等）、倍量式（生石灰用量是硫酸铜的两倍）和半量式（生石灰用量是硫酸铜的一半）。

用陶瓷器、木桶和水泥池等容器配制，不得用金属容器。

以等量式波尔多液为例，配制过程如下：先用 5 kg 温水将 0.5 kg 硫酸铜溶解，再加水 70 kg，配制成稀硫酸铜水溶液；同时，在大缸或药池中将 0.5 kg 生石灰加入 5 kg 水，配成浓石灰乳；然后，将稀硫酸铜水溶液慢慢倒入浓石灰乳中，边倒边搅拌。此种方法悬浮性好，质量好，防治效果佳（吴增军　等，2007；王仁才，2000）。

2．注意事项

（1）如园区已用过其他药剂，需要间隔 7 d 以后再用波尔多液。

（2）用过波尔多液之后，要间隔 15 d 以上再用其他药剂，以免产生药害。

（3）波尔多液不能与石硫合剂、松脂合剂等农药混用。

（4）波尔多液宜在晴天露水干后现配现用，不宜隔夜使用。

（5）波尔多液不宜在低温、潮湿、多雨时施用。

（五）石硫合剂的配制与使用方法

石硫合剂又叫石灰硫黄合剂，是以生石灰、硫黄粉为原料，加水熬煮制成的红褐色液体，其有效成分是多硫化钙。石硫合剂是病、虫兼治药剂，既能灭菌，又对一些蚧、螨类等害虫有触杀作用。喷石硫合剂后，会在植物表面形成药膜，故其还能起到防病作用。

1．熬制方法

生石灰、硫黄粉和水的比例是 1∶2∶10，具体熬制方法如下（吴增军　等，2007；王仁才，2000）：

（1）先把生石灰放在铁锅中，用少量水化开后加足量水，并在锅上做好水位标记；

（2）然后加热，同时用少量的温水将硫黄粉调成糊状备用；

（3）当锅中的石灰水烧至沸腾时，把硫黄糊沿锅边慢慢倒入石灰液中，边倒边搅；

（4）大火煮沸 40 ~ 60 min 后，缓火再慢慢熬，在熬制过程中，适当搅拌，并补足蒸发掉的水分（即补充到标记水位线处）；

（5）当药液熬成红褐色时立即停火，迅速倒入缸中；

（6）冷却后滤除渣子即成石灰硫黄合剂原液；

（7）用波美比重计测其浓度，得到的测量值称为波美度（°Bé），度数越高，质量越好，一般可达 25 ~ 30°Bé。

2．注意事项

（1）煮熬时要缓火，烧制成的原液波美度高。如急火煮熬，原液波美度低。

（2）煮熬时用热水随时补足蒸发量，如不补充热水，则在开始煮熬时应多加 20% ~ 30% 水，即配比调整成 1∶2∶（12 ~ 13）。

（3）要求生石灰不含杂质，硫黄先捏成粉状才能使用。

（4）稀释液不能留着过夜，要随配随用。

（5）原液用陶瓷容器密封保存，不能用铜、铝等容器。

（6）使用过程中，喷施石硫合剂和喷施波尔多液中间要隔 15 d 以上，否则易产生药害。

（7）当气温高于 32℃ 或低于 4℃ 均不能使用石硫合剂。

（8）休眠期和发芽前，用 3 ~ 5°Bé，主要防治病害和蚧、螨类等害虫；生长季节用 0.3 ~ 0.5°Bé，可防治细菌性溃疡病、花腐病、白粉病等，兼治蚧壳类害虫。

（9）石硫合剂原液稀释计算公式：

原液需用量（kg）= 所需稀释浓度 / 原液浓度×所需稀释液量

例如：配制 0.5°Bé 石硫合剂稀释液 100 kg，需 30°Bé 原液和水各多少？

原液需用量 = 0.5 / 30×100 = 1.7（kg）

需水量 = 100 − 1.7 = 98.3（kg）

（六）自制果树涂白剂

冬季给果树主干和主枝刷上涂白剂，是帮助其安全越冬与防除病虫害的一项有效措施。以下介绍两种自制方法，供参考使用（吴增军 等，2007）。

1. 石硫合剂石灰涂白剂

取 3 kg 生石灰用水化成熟石灰，继续加水配成石灰乳，再倒入少许油脂并不断搅拌，然后倒进 0.5 kg 石硫合剂原液和食盐，充分拌匀后即成。配制该涂白剂的总用水量为 10 kg，配制后立即使用。

2. 硫黄石灰涂白剂

将硫黄粉与生石灰充分拌匀后加水溶化，再将溶化的食盐水倒入其中，并加入油脂和水，充分搅匀，便得硫黄石灰涂白剂。当天配当天用，配制比例是硫黄 0.25 份、生石灰 5 份、食盐 0.1 份、油脂 0.1 份、水 20 份。

二、禁限用农药

2017 年修订的《农药管理条例》规定：农药使用者应当严格按照农药的标签标注的使用范围、使用方法和剂量、使用技术要求和注意事项使用农药，不得扩大使用范围、加大用药剂量或者改变使用方法。农药使用者不得使用禁用的农药。标签标注安全间隔期的农药，在农产品收获前应当按照安全间隔期的要求停止使用。剧毒、高毒农药不得用于防治卫生害虫，不得用于蔬菜、瓜果、茶叶、菌类、中草药材的生产，不得用于水生植物的病虫害防治。

（一）禁止（停止）使用的 46 种农药

六六六、滴滴涕、毒杀芬、二溴氯丙烷、杀虫脒、二溴乙烷、除草醚、艾氏剂、狄氏剂、汞制剂、砷类、铅类、敌枯双、氟乙酰胺、甘氟、毒鼠强、氟乙酸钠、毒鼠硅、甲胺磷、对硫磷、甲基对硫磷、久效磷、磷胺、苯线磷、地虫硫磷、甲基硫环磷、磷化钙、磷化镁、磷化锌、硫线磷、蝇毒磷、治螟磷、特丁硫磷、氯磺隆、胺苯磺隆、甲磺隆、福美胂、福美甲胂、三氯杀螨醇、林丹、硫丹、溴甲烷、氟虫胺、杀扑磷、百草枯、2,4-滴丁酯。

其中：氟虫胺自 2020 年 1 月 1 日起禁止使用；百草枯可溶胶剂自 2020 年 9 月 26 日起禁止使用；2,4-滴丁酯自 2023 年 1 月 29 日起禁止使用；溴甲烷可用于“检疫熏蒸处理”；杀扑磷已无制剂登记（农业农村部农药管理司，2019）。

（二）在部分范围禁止使用的 20 种农药

甲拌磷、甲基异柳磷、克百威、水胺硫磷、氧乐果、灭多威、涕灭威、灭线磷，禁止在蔬菜、瓜果、茶叶、菌类、中草药材上使用，禁止用于防治卫生害虫，禁止用于水生植物的病虫害防治。

内吸磷、硫环磷、氯唑磷，禁止在蔬菜、瓜果、茶叶、中草药材上使用。

乙酰甲胺磷、丁硫克百威、乐果，禁止在蔬菜、瓜果、茶叶、菌类和中草药材上使用。

氟虫腈，禁止在所有农作物上使用（玉米等部分旱田种子包衣除外）。

甲拌磷、甲基异柳磷、克百威，禁止在甘蔗作物上使用。

毒死蜱、三唑磷，禁止在蔬菜上使用。

丁酰肼（比久），禁止在花生上使用。

氰戊菊酯，禁止在茶叶上使用。

氟苯虫酰胺，禁止在水稻上使用（农业农村部农药管理司，2019）。

（三）果树上禁用的农药清单

以下为中国农药网列出的2002～2019年禁止在果树上使用的农药清单，供参考（公益植保，2019）。

艾氏剂、苯线磷、除草醚、滴滴涕、敌枯双、狄氏剂、地虫硫磷、毒杀芬、毒鼠硅、毒鼠强、对硫磷、二溴氯丙烷、二溴乙烷、氟乙酸钠、氟乙酰胺、甘氟、汞制剂、甲胺磷、甲拌磷、甲基对硫磷、甲基硫环磷、甲基异柳磷、久效磷、克百威、磷胺、硫环磷、六六六、氯唑磷、灭线磷、内吸磷、铅类、杀虫脒、砷类、特丁硫磷、涕灭威、蝇毒磷、治螟磷，自2002年5月24日起禁用。

对硫磷、甲胺磷、甲基对硫磷、久效磷、磷胺，自2007年1月1日起全面禁止使用，禁止生产和流通，禁止以单独或与其他物质混合等形式使用。

八氯二丙醚，自2008年1月1日起禁用，禁止销售、使用含八氯二丙醚的农药产品。

氟虫腈，自2009年10月1日起禁用，停止销售、使用含氟虫腈成分的农药制剂。

硫丹、硫线磷、灭多威、水胺硫磷、溴甲烷、氧乐果、苯线磷、地虫硫磷、甲基硫环磷、水胺硫磷、磷化钙、磷化镁、磷化锌、硫线磷、特丁硫磷、蝇毒磷、治螟磷，分别自2011年6月15日、2013年10月31日起禁用。其中：硫丹、灭多威，不得继续在苹果树上使用；硫线磷、灭多威、水胺硫磷、氧乐果，不得继续在柑橘树上使用；溴甲烷，不得继续在草莓上使用。

杀扑磷、溴甲烷、氯化苦，自2015年10月1日起禁用。其中：杀扑磷，禁止在柑橘树上使用；溴甲烷、氯化苦，只可在专业技术人员指导下用于土壤熏蒸。

福美胂、福美甲胂，自2015年12月31日起禁用。

百草枯水剂，自2016年7月1日起禁用。

磷化铝、三氯杀螨醇，自2018年10月1日起禁用。

含硫丹产品、含溴甲烷产品、乐果、丁硫克百威、乙酰甲胺磷，分别自2019年1月1日、2019年3月26日、2019年8月1日禁用。其中：乐果、丁硫克百威、乙酰甲胺磷，以及包含这三种农药有效成分的单剂、复配制剂，禁止在瓜果作物上使用。

参考文献

安华明，2000．秦美猕猴桃果实的生长发育规律［J］．山地农业生物学报，19（5）：355-358．

安华明，樊卫国，2002．猕猴桃果实发育过程中糖的积累规律［J］．种子，21（6）：43-44．

安华明，樊卫国，刘进平，2003．生育期猕猴桃果实中营养元素积累规律研究［J］．种子，22（4）：24-25，28．

白俊青，2019．不同品种猕猴桃在贮藏期对青霉病的抗性评价［D］．杨凌：西北农林科技大学：1．

卜范文，钟彩虹，王中炎，2003．中华猕猴桃新品种丰悦及翠玉果实发育规律研究［J］．湖南农业科学（4）：40-41．

曹森，李越，和岳，等，2019．1-MCP 对猕猴桃后熟质地品质的临界浓度研究［J］．保鲜与加工，19（6）：27-33．

陈栋，涂美艳，刘春阳，等，2019．不同环割处理对'Hort16A'猕猴桃枝叶营养和果实品质的影响［M］// 钟彩虹．猕猴桃研究进展（IX）．北京：科学出版社：168-176．

陈虹君，杨国安，迟旭春，2018．猕猴桃溃疡病致病因素与防治经验探讨［J］．南方农业，12（17）：1-2．

陈美艳，韩飞，赵婷婷，等，2017．蒲江县域内'金艳'猕猴桃采收指标的研究［M］// 黄宏文．猕猴桃研究进展（VIII）．北京：科学出版社：201-204．

陈美艳，张鹏，赵婷婷，等，2019．猕猴桃品种'金桃'采收指标与果实软熟品质相关性研究［J］．植物科学学报，37（5）：621-627．

陈敏，2009．生长调节剂和叶果比对红阳猕猴桃果实生长发育和品质影响的研究［D］．雅安：四川农业大学：1．

陈文，孙燕芳，吴石平，等，2018．贵州修文猕猴桃根结线虫的发生种类与鉴定［J］．西南农业学报，31（1）：84-88．

陈竹君，周建斌，史清华，等，1999．猕猴桃叶内矿质元素含量年生长季内的变化［J］．西北农业大学学报，27（5）：54-57．

程杰山，沈火林，孙秀波，等，2008．果实成熟软化过程中主要相关酶作用的研究进展［J］．北方园艺，32（1）：49-52．

程小梅，彭亚军，杨玉，等，2018．猕猴桃青霉病病原菌鉴定及中草药提取物对其抑菌效果［J］．植物保护，44（3）：186-189．

崔永亮，2015．猕猴桃褐斑病的研究［D］．雅安：四川农业大学：1．

崔致学，1993．中国猕猴桃［M］．济南：山东科学技术出版社：6-66．

丁爱冬，于梁，石蕴莲，1995．猕猴桃采后病害鉴定和侵染规律研究［J］．植物病理学报，25（2）：149-153．

董婧，刘永胜，唐维，2018．中华猕猴桃（*Actinidia chinensis* Planch）果实香气成分及相关基因表达［J］．应用与环境生物学报，24（2）：307-314．

董水丽，2011．山地果园覆草与生草对土壤水分影响［J］．陕西农业科学，57（5）：64-65．

段眉会，朱建斌，曹改莲，2013．猕猴桃冰温贮藏技术［J］．山西果树（4）：18-21．

段舜山，蔡昆争，王晓明，2000．鹤山赤红壤坡地幼龄果园间作牧草的水土保持效应［J］．草业科学，17（6）：12-17．

范崇辉，杨喜良，2003．秦美猕猴桃根系分布试验［J］．陕西农业科学，49（5）：13-14．

公益植保．（2019-11-28）［2020-03-31］．我国果树上禁用的农药清单［EB］．http://www.agrichem.cn/n/2019/11/28/2259181179.shtml

顾曼如，张若杼，束怀瑞，等，1981．苹果氮素营养研究初报：植株中氮素营养的年周期变化特性［J］．园艺学报，8（4）：21-28．

顾曼如，束怀瑞，周宏伟，1986．苹果氮素营养研究：IV. 贮藏 ^{15}N 的运转、分配特性［J］．园艺学报，13（1）：25-30．

韩飞，刘小莉，钟彩虹，2017．不同类型果袋对‘金魁’猕猴桃果实品质的影响．中国果树（3）：45-49．
韩飞，刘小莉，黄文俊，等，2018．套袋对‘金艳’猕猴桃果实品质及贮藏性的影响．中国南方果树，47（2）：133-139．
何科佳，王中炎，王仁才，2007．夏季遮阴对猕猴桃园生态因子和光合作用的影响［J］．果树学报，24（5）：616-619．
何忠俊，张广林，张国武，等，2002．钾对黄土区猕猴桃产量和品质的影响［J］．果树学报，19（3）：163-166．
黄宏文，2009．猕猴桃驯化改良百年启示及天然居群遗传渐渗的基因发掘［J］．植物学报，44（2）：127-142．
黄宏文，2013．中国猕猴桃种质资源［M］．北京：中国林业出版社：1．
黄宏文，等，2013．猕猴桃属：分类 资源 驯化 栽培［M］．北京：科学出版社：1．
黄文俊，刘小莉，张琦，等，2019．黄肉红心猕猴桃‘东红’果实在不同贮藏方式下的生理和品质变化研究［J］．植物科学学报，37（3）：382-388．
季春艳，2018．三个中华猕猴桃品种青霉病抗性差异［D］．合肥：合肥工业大学：1．
姜景魁，高日霞，林尤剑，1995．中华猕猴桃黑斑病的研究［J］．果树科学，12（3）：182-184．
姜景魁，张绍升，廖廷武，2007．猕猴桃黄腐病的研究［J］．中国果树（6）：14-16．
焦红红，吴云峰，屈学农，2014．陕西省猕猴桃菌核病的发生与防治［J］．落叶果树，46（4）：37-38．
金方伦，韩成敏，黎明，2010．中华猕猴桃果实生长发育的研究［J］．北方园艺（12）：24-27．
李爱华，郭小成，1994．猕猴桃软腐病的发生与防治初探［J］．植保技术与推广（3）：31．
李诚，蒋军喜，冷建华，等，2012．奉新县猕猴桃果实腐烂病原菌分离鉴定［J］．江西农业大学学报，34（2）：259-263．
李诚，蒋军喜，赵尚高，2014．猕猴桃灰霉病病原菌鉴定及室内药剂筛选［J］．植物保护，40（3）：48-52．
李聪，2016．猕猴桃枝叶组织结构及内含物与溃疡病的相关性研究［D］．杨凌：西北农林科技大学：1．
李磊，龙友华，尹显慧，等，2019．猕猴桃园套种蕺菜对土壤养分、酶活性及果实品质的影响［J］．经济林研究，37（3）：128-137．
李黎，钟彩虹，李大卫，等，2013．猕猴桃细菌性溃疡病的研究进展［J］．华中农业大学学报，32（5）：124-133．
梁铁兵，母锡金，1995．美味猕猴桃和软枣猕猴桃种间杂交花粉管行为和早期胚胎发生的观察［J］．植物学报，37（8）：607-612．
林太宏，熊兴耀，李顺望，等，1989．猕猴桃良种选育及栽培技术的研究：IV．“东山峰 78-16”雌性品系选育及生物学特性的初步研究［J］．湖南农学院学报，15（2）：25-32．
刘德林，1989．中华猕猴桃对磷钾钙矿质营养的吸收运转研究［J］．湖南农业科学（1）：35-37．
刘德林，1994．猕猴桃对钾素营养吸收分配特性研究［J］．激光生物学，3（4）：564-567．
刘娟，2015．猕猴桃溃疡病抗性材料评价及其亲缘关系的 ISSR 聚类分析［D］．雅安：四川农业大学：1．
刘鹏，2002．硼胁迫对植物的影响及硼与其它元素关系的研究进展［J］．农业环境保护，21（4）：372-374．
罗禄怡，张晓燕，2000．为害猕猴桃的两种叶斑病及防治［J］．中国南方果树，29（2）：40．
罗云波，蔡同一，2001．园艺产品贮藏加工学：贮藏篇［M］．北京：中国农业大学出版社：1-236．
农业农村部农药管理司．（2019-11-29）［2020-03-31］．禁限用农药名录［EB］．http://www.zzys.moa.gov.cn/gzdt/201911/t20191129_6332604.htm
彭永宏，章文才，1994．猕猴桃的光合作用［J］．园艺学报，21（2）：151-157．
齐秀娟，徐善坤，张威远，等，2013．美味猕猴桃‘徐香’与长果猕猴桃远缘杂交亲和性的解剖学研究［J］．园艺学报，40（10）：1897-1904．
齐秀娟，等，2015．猕猴桃高效栽培与病虫害识别图谱［M］．北京：中国农业科学技术出版社：1-216．
秦虎强，高小宁，赵志博，等，2013．陕西猕猴桃细菌性溃疡病田间发生动态和规律［J］．植物保护学报，40（3）：225-230．
秦虎强，赵志博，高小宁，等，2016．四种杀菌剂防治猕猴桃溃疡病的效果及田间应用技术［J］．植物保护学报，43（2）：321-328．

曲泽洲，孙云蔚，黄昌贤，等，1987．果树栽培学总论［M］．2 版．北京：农业出版社：40-70，134．
尚海涛，郜海燕，朱麟，等，2016．动态冰温对红阳猕猴桃冷害与贮藏品质的影响［J］．保鲜与加工，16（1）：7-11，15．
申哲，黄丽丽，康振生，2009．陕西关中地区猕猴桃溃疡病调查初报［J］．西北农业学报，18（1）：191-193，197．
石志军，张慧琴，肖金平，等，2014．不同猕猴桃品种对溃疡病抗性的评价［J］．浙江农业学报，26（3）：752-759．
宋爱环，李红叶，马伟，2003．浙江江山地区猕猴桃贮运期主要病害鉴定［J］．浙江农业科学（3）：132-134．
谭皓，廖康，涂正顺，2006．金魁猕猴桃发育过程中香气成分的动态变化［J］．果树学报，23（2）：205-208．
涂正顺，李华，李嘉瑞，等，2002．猕猴桃品种间果香成分的 GC/MS 分析［J］．西北农林科技大学学报（自然科学版），30（2）：96-100．
王贵禧，于梁，1993．秦美猕猴桃在 5%O_2 和不同 CO_2 浓度下气调贮藏的研究［J］．园艺学报，20（4）：401-402．
王建，2008．猕猴桃树体生长发育，养分吸收利用与累积规律［D］．杨凌：西北农林科技大学：1．
王井田，刘达富，刘允义，等，2013．猕猴桃果实腐烂病的发生规律及药剂筛选试验［J］．浙江林业科技，33（3）：55-57．
王明忠，余中树，2013．红肉猕猴桃产业化栽培技术［M］．成都：四川科学技术出版社：39．
王仁才，2000．猕猴桃优质丰产周年管理技术［M］．北京：中国农业出版社：61，127-129，131-137．
王仁才，陈梦龙，李顺望，等，1991．猕猴桃良种选育及栽培技术的研究：V. 美味猕猴桃品种抗旱性研究［J］．湖南农学院学报，17（1）：42-48．
王仁才，闫瑞香，于慧瑛，2000a．猕猴桃幼果期钙处理对果实贮藏和品质的影响［J］．果树科学，17（1）：45-47．
王仁才，谭兴和，吕长平，等，2000b．猕猴桃不同品系耐贮性与采后生理生化变化［J］．湖南农业大学学报，26（1）：46-49．
王仁才，夏利红，熊兴耀，等，2006．钾对猕猴桃果实品质与贮藏的影响［J］．果树学报，23（2）：200-204．
王绍华，杨建东，段春芳，2013．猕猴桃果实采后成熟生理与保鲜技术研究进展［J］．中国农学通报，29（10）：102-107．
王宇道，张诗元，林太宏，等，1984．中华称猴桃良种选育及栽培技术的研究：I. 东山峰 79-09 雌株选育及生物学特性的初步研究［J］．湖南农学院学报，10（1）：53-62．
尉莹莹，梁晨，赵洪梅，2017．软枣猕猴桃镰孢菌根腐病的病原［J］．菌物学报，36（10）：1369-1375．
翁百琦，罗涛，应朝阳，等，2004．福建红壤区适生牧草种质筛选及其套种于山地果园的生态效应［J］．热带作物学报，25（2）：95-101．
吴彬彬，饶景萍，李百云，等，2008．采收期对猕猴桃果实品质及其耐贮性的影响［J］．西北植物学报，28（4）：788-792．
吴增军，林青兰，姜家彪，2007．猕猴桃病虫原色图谱［M］．杭州：浙江科学技术出版社：1-101．
西南农学院，1980．土壤学：南方本［M］．北京：农业出版社：169-211．
谢海生，1986．氮肥施用期对苹果幼树吸收、贮藏和再利用 ^{15}N 的影响［J］．山东农业大学学报，17（4）：45-52．
谢鸣，蒋桂华，赵安祥，等，1992．猕猴桃采后生理变化及其与耐藏性的关系［J］．浙江农业学报，4（3）：124-127．
辛广，张博，冯帆，等，2009．软枣猕猴桃果实香气成分分析［J］．食品科学，30（4）：230-232．
徐石兰，2019．龙眼不同时间修剪对树体内源激素、酶活性及生长结果的影响［D］．南宁：广西大学：1．
杨德荣，曾志伟，周龙，2018．柚树高产栽培技术（系列）II：防护林对柚园田间小气候、病虫害和果实品质的影响初步观察［J］．南方农业，12（19）：11-14，18．
杨青松，李小刚，蔺经，等，2007．生草对梨园土壤有效养分、水分、温度及果实品质、产量的影响［J］．江苏农业科学（5）：109-111．
易盼盼，2014．不同猕猴桃品种溃疡病抗性鉴定及抗性相关酶研究［D］．杨凌：西北农林科技大学：1．
袁飞荣，王中炎，卜范文，等，2005．夏季遮阴调控高温强光对猕猴桃生长与结果的影响［J］．34（6）：54-56．
张海晶，温雯，杨扬，等，2019．我国猕猴桃植物新品种权保护现状与分析［J］．北方园艺，43（18）：140-145．
张慧琴，毛雪琴，肖金平，等，2014．猕猴桃溃疡病病原菌分子鉴定与抗性材料初选［J］．核农学报，28（7）：

1181-1187.

张洁，2015. 猕猴桃栽培与利用［M］. 2版. 北京：金盾出版社：41-47.

张力田，黄宏文，张忠慧，1996. 猕猴桃藤肿病及膏药病防治研究［J］. 果树科学，13（2）：113-114.

张美丽，2016. 银杏叶粗提物和槲皮素诱导猕猴桃果实对青霉病的抗性研究［D］. 杨凌：西北农林科技大学：1.

张鹏，韩飞，钟彩虹，等，2011. 猕猴桃品种'金桃'和'金艳'果实发育规律研究［M］// 黄宏文. 猕猴桃研究进展（VI）. 北京：科学出版社：197-200.

张玉星，2011. 果树栽培学总论［M］. 4版. 北京：中国农业出版社：60-305.

赵丰，2013. 奉新猕猴桃果梗炭疽病病原菌鉴定及防治研究［D］. 南昌：江西农业大学：1.

赵金梅，高贵田，谷留杰，2013. 中华猕猴桃褐斑病病原鉴定及抑菌药剂筛选［J］. 中国农业科学，46（23）：4916-4925.

赵其国，吴志东，张桃林，1998. 我国东南红壤丘陵地区农业持续发展和生态环境建设：II. 措施、对策和建议［J］. 土壤，30(4)：169-177.

赵锡如，1983. 防护林对果树物候期的影响［J］. 河北农业大学学报，6（1）：36-42.

郑浩，韩佳欣，韩飞，等，2019. 有机及生态绿色栽培对猕猴桃果实品质的影响［J］. 植物科学学报，37（6）：820-827.

中华人民共和国农业部，2005. 农田灌溉水质标准：GB 5084—2005［S］. 北京：中国标准出版社：1-5.

中科院武汉植物园，六盘水市农业委员会，六盘水市市场监督管理局，等，2018. 猕猴桃主栽品种果实采收标准：DB 5202/T008—2018［S］. 贵阳：贵州科技出版社：1

钟彩虹，2012. 中华猕猴桃倍性遗传及多倍体杂交育种研究［D］. 北京：中国科学院大学：1.

钟彩虹，张鹏，姜正旺，等，2011. 中华猕猴桃和毛花猕猴桃果实碳水化合物及维生素C的动态变化研究［J］. 植物科学学报，29（3）：370-376.

钟彩虹，刘小莉，李大卫，等，2014. 不同猕猴桃种硬枝扦插快繁研究［J］. 中国果树（4）：23-26.

钟彩虹，张鹏，韩飞，等，2015. 猕猴桃种间杂交新品种'金艳'的果实发育特征［J］. 果树学报，32（6）：1152-1160.

钟彩虹，李大卫，韩飞，等，2016. 猕猴桃品种果实性状特征和主成分分析研究［J］. 植物遗传资源学报，17（1）：92-99.

钟彩虹，黄宏文，2018. 中国猕猴桃科研与产业四十年［M］. 合肥：中国科学技术大学出版社：1-20.

周光萍，2000. 猕猴桃雹灾后的管理技术［J］. 中国南方果树，29（3）：42.

朱北平，李顺望，1993. 猕猴桃良种选育及栽培技术的研究：VI. 美味猕猴桃雌花芽分化与结果母枝营养代谢的关系［J］. 湖南农学院学报，19（5）：428-436.

朱鸿云，2009. 猕猴桃［M］. 北京：中国林业出版社：71.

朱玉燕，邬波龙，姜天甲，等，2015. 外源草酸对猕猴桃采后果实扩展青霉生长及展青霉素积累的影响［J］. 果树学报，32（2）：298-303.

ПИЛЪЩИКОВ Φ Η, и др.，1985. 深翻和施肥对苹果土壤农化性质和微生物活性的影响［J］. 汪景彦，译. 烟台果树（2）：33，34-38.

末澤克彦，福田哲生，2008. キウイフルーツの作業便利帳：個性的品種をつくりこなす［M］. 東京：農山漁村文化協会：84-85.

AUGER J，PÉREZ I，ESTERIO M，2013. *Diaporthe ambigua* associated with post-harvest fruit rot of kiwifruit in Chile［J］. Plant disease，97（6）：843-843.

CAREY P L，BENGE J R，HAYNES R. J，2009. Comparison of soil quality and nutrient budgets between organic and conventional kiwifruit orchards［J］. Agriculture，ecosystems and environment，132：7-15.

FERGUSON A R，HUANG Hongwen，2007. Genetic resources of kiwifruit: domestication and breeding［J］. Horticultural reviews，33：1-121.

GERASOPOULOS D，CHLIOUMIS G，SFAKIOTAKIS E，2006. Non-freezing points below zero induce low-temperature

breakdown of kiwifruit at harvest [J]. Journal of the science of food and agriculture，86 (6)：886-890.

GÜNTHER C S，MARSH K B，WINZ R A，et al.，2015. The impact of cold storage and ethylene on volatile ester production and aroma perception in 'Hort16A' kiwifruit [J]. Food chemistry，169：5-12.

HARVEY C F，FRASER L G，KENT J，1991. *Actinidia* seed development in interspecific crosses[J]. Acta horticulturae，297：71-78.

HAWTHRONE B T，REID M S，1982. Possibility for fungicidal control of kiwifruit fungal storage rots[J]. New Zealand journal of experimental agriculture，10 (3)：333-336.

HOPPING M E，1976. Structure and development of fruit and seeds in Chinese gooseberry (*Actinidia chinensis* Planch) [J]. New Zealand journal of botany，14 (1)：63-68.

HOPPING M E，SIMPSON L M，1982. Supplementary pollination of tree fruits：III suspension media for kiwifruit pollen [J]. New Zealand journal of agricultural research，25 (2)：245-250.

LI Li，PAN Hui，CHEN Meiyan，et al.，2017a. Isolation and identification of pathogenic fungi causing post-harvest fruit rot of kiwifruit (*Actinidia chinensis*) in China [J]. Journal of phytopathology，165 (11/12)：782-790.

LI Li，PAN Hui，CHEN Meiyan，et al.，2017b. First report of anthracnose caused by *Colletotrichum gloeosporioides* on kiwifruit (*Actinidia chinensis*) in China [J]. Plant disease，101 (12)：2151.

LI Li，PAN Hui，CHEN Meiyan，et al.，2018. First report of *Nigrospora oryzae* causing brown/black spot disease of kiwifruit in China [J]. Plant disease，102 (1)：243.

MANOLOPOULOU H，PAPADOPOULOU P，1998. A study of respiratory and physico-chemical changes of four kiwi fruit cultivars during cool-storage [J]. Food chemistry，63 (4)：529-534.

McATEE P A，RICHARDSON A C，NIEUWENHUIZEN N J，et al.，2015. The hybrid non-ethylene and ethylene ripening response in kiwifruit (*Actinidia chinensis*) is associated with differential regulation of MADS-box transcription factors [J]. BMC plant biology，15：304.

McCann H C，LI L，LIU Y F，et al.，2017. Origin and evolution of the kiwifruit canker pandemic [J]. Genome biology and evolution，9 (4)：932-944.

McDONALD B，HARMAN J E，1982. Controlled-atmosphere storage of kiwifruit：I. Effect on fruit firmness and storage life [J]. Scientia horticulturae，17 (2)：113-123.

MICHAILIDES T J，ELMER P A G，2000. *Botrytis* gray mold of kiwifruit caused by *Botrytis cinerea* in the United States and New Zealand [J]. Plant disease，84 (3)：208-223.

OPGENPORTH D C，1983. Storage rot of California-grown kiwifruit [J]. Plant disease，67(4)：382-383.

PENNYCOOK S R，1985. Fungal fruit rots of *Actinidia deliciosa* (kiwifruit) [J]. New Zealand journal of experimental agriculture，13 (4)：289-299.

RICHARDSON A C，BOLDINGH H L，McATEE P A，et al.，2011. Fruit development of the diploid kiwifruit，*Actinidia chinensis* 'Hort16A' [J]. BMC plant biology，11：182.

SMITH G S，ASHER C J，CLARK C J，1987. Kiwifruit nutrition：diagnosis of nutritional disorders [M]. Hamilton：Ruakura Soil and Plant Research Station，Ministry of Agriculture and Fisheries，New Zealand：16-17，20-21，38.

SOMMER N F，SUADI J E，1984. Postharvest disease and storage life of kiwifruits [J]. Acta horticulturae，157：295-302.

USHIYAMA K，AONO N，KITA N，et al.，1996. First report of pestalotia disease，anthracnose and angular leaf spot of kiwifruit and their pathogens in Japan [J]. Japanese journal of phytopathology，62 (1)：61-68.

WANG Chunwei，AI Jun，FAN Shutian，et al.，2015. Fusarium acuminatum: a new pathogen causing postharvest rot on stored kiwifruit in China [J]. Plant disease，99 (11)：1644.

WANG Yuan，SHAN Tingting，YUAN Yahong，et al.，2017. Evaluation of *Penicillium expansum* for growth，patulin accumulation，nonvolatile compounds and volatile profile in kiwi juices of different cultivars [J]. Food chemistry，228：211-218.

WARRINGTON I J，WESTON G C，1990. Kiwifruit：science and management［M］. Wellington：New Zealand Society for Horticultural Science：276-277.

WHITE A，de SILVA H N，REQUEJO-TAPIA C，et al.，2005. Evaluation of softening characteristics of fruit from 14 species of *Actinidia*［J］. Postharvest biology and technology，35（2）：143-151.

ZHAO Tingting，LI Dawei，LI Lulu，et al.，2017. The differentiation of chilling requirements of kiwifruit cultivars related to ploidy variation［J］. Horticultural science，52（12）：1676-1679.

ZHOU You，GONG Guoshu，CUI Yongliang，et al.，2015. Identification of Botryosphaeriaceae species causing kiwifruit rot in Sichuan Province, China［J］. Plant disease，99（5）：699-708.

ZHU Yuyan，YU Jie，BREEHT J K，et al.，2016. Pre-harvest application of oxalic acid increases quality and resistance to *Penicillium expansum* in kiwifruit during postharvest storage［J］. Food chemistry，190：537-543.